普通高等院校计算机基础教育"十四五"规划教材

计算思维与信息技术

宋宏伟　张　静　郝　爽　◎主　编
刘晓鹤　时建峰　刘智国　
董　伟　赵德民　◎副主编

中国铁道出版社有限公司
CHINA RAILWAY PUBLISHING HOUSE CO., LTD.

内 容 简 介

本书按照教育部高等学校大学计算机课程教学指导委员会编制的 2022 版《新时代大学计算机基础课程教学基本要求》，结合计算机发展的新技术、应用型大学计算机基础课程的改革方向以及理工科专业特点编写，旨在培养学生严谨、科学的思维方式，提高用信息技术解决复杂性、系统性问题的能力，为学生后续计算机课程的学习和专业学习奠定扎实的基础。全书共 7 章，包括信息技术基础知识、计算机系统、计算机网络与信息安全、新一代信息技术、数据分析与展示、计算思维与程序设计基础、Raptor 可视化程序设计。

本书由浅入深、循序渐进，内容新颖、图文并茂，案例典型、强调实用，适合作为高等院校理工科非计算机专业的计算机基础课程教材，也可作为高等院校成人教育的培训教材或自学参考用书。

图书在版编目（CIP）数据

计算思维与信息技术 / 宋宏伟，张静，郝爽主编 . —北京：中国铁道出版社有限公司，2023.12
普通高等院校计算机基础教育"十四五"规划教材
ISBN 978-7-113-30781-3

Ⅰ.①计… Ⅱ.①宋… ②张… ③郝… Ⅲ.①电子计算机 - 高等学校 - 教材 Ⅳ.①TP3

中国国家版本馆 CIP 数据核字（2023）第 254107 号

书　　名：	计算思维与信息技术
作　　者：	宋宏伟　张　静　郝　爽

策　　划：	魏　娜	编辑部电话：	（010）63549508
责任编辑：	陆慧萍　张　彤		
封面设计：	穆　丽		
封面制作：	刘　颖		
责任校对：	刘　畅		
责任印制：	樊启鹏		

出版发行：中国铁道出版社有限公司（100054，北京市西城区右安门西街 8 号）
网　　址：http://www.tdpress.com/51eds/
印　　刷：三河市宏盛印务有限公司
版　　次：2023 年 12 月第 1 版　2023 年 12 月第 1 次印刷
开　　本：787 mm×1 092 mm　1/16　印张：13.75　字数：331 千
书　　号：ISBN 978-7-113-30781-3
定　　价：39.00 元

版权所有　侵权必究

凡购买铁道版图书，如有印制质量问题，请与本社教材图书营销部联系调换。电话：（010）63550836
打击盗版举报电话：（010）63549461

前 言

大学生要步入社会、融入社会、适应社会，应该学会运用计算思维解决工作和生活中遇到的问题。"计算思维和信息技术"作为高校非计算机专业公共基础课程，承载着培养计算思维"第一课"的重任，着重培养学生的计算思维能力，让学生了解和掌握如何充分利用信息技术，对现实世界中的问题进行抽象、形式化、自动化，达到求解问题的目的，从而提高学生的思维能力，扩展思维宽度，提高解决实际问题的能力。

本书按照教育部高等学校大学计算机课程教学指导委员会编制的2022版《新时代大学计算机基础课程教学基本要求》，以市级精品课程、市级精品资源共享课程"大学计算机基础"内容为起点，经十多年的教学改革实践，根据社会需求、学生实际和理工科学生的特点编写而成。在内容选取上，注重实用性和代表性。在内容编排上，根据章节特点，有的将相关知识点分解到项目中，让学生通过对项目的分析和实现来掌握相关理论知识；有的将知识点与例题相结合，便于学生理解相关技术和理论；有的将知识点与典型应用整合在一起，使学生在学习知识的同时，掌握信息技术的应用。依据应用型人才培养目标的要求，研究工程认证背景下教材的规范，围绕实际工作过程中综合能力的形成，整合相应的知识和技能，形成课程知识体系。全书共7章，包括信息技术基础知识、计算机系统、计算机网络与信息安全、新一代信息技术、数据分析与展示、计算思维与程序设计基础、Raptor可视化程序设计。

本书由宋宏伟、张静、郝爽任主编，刘晓鹤、时建峰、刘智国、董伟、赵德民任副主编。具体编写分工如下：刘晓鹤、刘智国编写第1章，郝爽、时建峰编写第2章，宋宏伟、赵德民编写第3章，宋宏伟、刘晓鹤编写第4章，宋宏伟、郝爽编写第5章，董伟、张静编写第6章，宋宏伟、张静编写第7章。全书由宋宏伟负责统稿、定稿，赵英豪、张兴华、张丽娟、陈永肖对全书进行核查。

本书在编写过程中，得到了石家庄学院教务处王俊奇处长、石家庄学院未来信息技术学院姚振伟书记的大力支持，在此表示衷心感谢。

限于编者水平，加之时间仓促，书中难免存在不足之处，恳请各位领导、专家、学者和广大读者批评指正。

编 者
2023年7月

目 录

第 1 章　信息技术基础知识 1
 1.1　信息化社会 1
  1.1.1　信息的相关概念 1
  1.1.2　信息化与信息化社会 2
  1.1.3　信息素养 3
 1.2　计算机的发展 3
  1.2.1　机械计算机 3
  1.2.2　电子计算机的诞生与发展 4
  1.2.3　微型计算机的发展 6
  1.2.4　新型计算机的研究 7
  1.2.5　我国计算机技术的发展 9
 1.3　信息的表示 10
  1.3.1　信息的数字化 10
  1.3.2　常用数制 11
  1.3.3　不同数制的转换方法 12
  1.3.4　数值信息的表示 13
  1.3.5　字符信息的表示 14
  1.3.6　多媒体信息的表示 16
 拓展练习 18

第 2 章　计算机系统 19
 2.1　计算机系统的发展与组成 19
  2.1.1　图灵机 19
  2.1.2　冯·诺依曼计算机 20
  2.1.3　计算机系统的组成 22
 2.2　计算机硬件系统 23
  2.2.1　计算机硬件的五大功能部件 23
  2.2.2　中央处理器 23
  2.2.3　内存和外存 24
  2.2.4　常用的输入设备 25

    2.2.5 常用的输出设备 25
  2.3 计算机软件系统 26
    2.3.1 系统软件 26
    2.3.2 应用软件 27
  2.4 操作系统 28
    2.4.1 操作系统的定义 28
    2.4.2 操作系统的分类 29
    2.4.3 常用操作系统简介 32
    2.4.4 国产操作系统的发展 35
  拓展练习 36
第 3 章 计算机网络与信息安全 37
  3.1 计算机网络 37
    3.1.1 计算机网络的定义 37
    3.1.2 计算机网络的分类 39
  3.2 计算机网络的组成 39
    3.2.1 网络通信基础 39
    3.2.2 网络传输介质 40
    3.2.3 网络互联设备 42
    3.2.4 局域网连接设备 43
    3.2.5 局域网拓扑结构 44
  3.3 计算机网络体系结构 45
    3.3.1 计算机网络的通信协议 45
    3.3.2 OSI 分层模型 46
    3.3.3 TCP/IP 参考模型 47
    3.3.4 IP 协议与 IP 地址 49
  3.4 常用网络命令 52
    3.4.1 ping 52
    3.4.2 IP 配置程序 ipconfig 53
    3.4.3 显示网络连接程序 netstat 54
    3.4.4 路由分析诊断程序 tracert 55
    3.4.5 arp 地址解析协议 56
  3.5 因特网服务 56
    3.5.1 域名系统 57
    3.5.2 因特网基本服务 58

		3.5.3 HTML	61
	3.6	信息安全与网络安全	62
		3.6.1 信息安全	62
		3.6.2 信息系统不完善因素	65
		3.6.3 计算机病毒与防治	66
		3.6.4 恶意软件的防治	67
		3.6.5 黑客及攻击形式	68
		3.6.6 防止攻击策略	70
	拓展练习		71
第4章	新一代信息技术		72
	4.1	物联网技术	72
		4.1.1 物联网体系架构	73
		4.1.2 物联网的关键技术	73
		4.1.3 物联网的应用	76
		4.1.4 物联网发展面临的问题	77
	4.2	云计算技术	78
		4.2.1 云计算的概念及特征	78
		4.2.2 云计算关键技术	79
		4.2.3 云计算的服务模式	80
		4.2.4 云计算的应用	81
	4.3	大数据技术	81
		4.3.1 大数据的定义	81
		4.3.2 大数据处理技术	82
		4.3.3 大数据的应用	82
	4.4	人工智能	83
		4.4.1 人工智能的概念	83
		4.4.2 人工智能的核心技术	83
		4.4.3 人工智能的应用	84
	4.5	区块链	87
		4.5.1 区块链的概念	87
		4.5.2 区块链的类型与特征	87
		4.5.3 关键技术	88
		4.5.4 区块链的应用	89
	4.6	虚拟现实	90

		4.6.1 虚拟现实概念	90
		4.6.2 虚拟现实特征	91
		4.6.3 虚拟现实技术的应用	91
	拓展练习		92

第 5 章 数据分析与展示 93

- 5.1 Excel 基本操作 93
  - 5.1.1 情境导入 93
  - 5.1.2 相关知识 94
  - 5.1.3 任务实现 95
- 5.2 Excel 数据类型与数据输入 96
  - 5.2.1 情境导入 97
  - 5.2.2 相关知识 97
  - 5.2.3 任务实现 102
- 5.3 Excel 公式与函数的使用 103
  - 5.3.1 情境导入 104
  - 5.3.2 相关知识 104
  - 5.3.3 任务实现 108
- 5.4 Excel 数据统计及图表创建 110
  - 5.4.1 情境导入 110
  - 5.4.2 相关知识 110
  - 5.4.3 任务实现 117
- 5.5 Excel 数据管理与分析 119
  - 5.5.1 情境导入 119
  - 5.5.2 相关知识 119
  - 5.5.3 任务实现 123
- 5.6 展示手段 1——Word 长文档排版 124
  - 5.6.1 情境导入 124
  - 5.6.2 相关知识 124
  - 5.6.3 任务实现 129
- 5.7 展示手段 2——演示文稿制作 134
  - 5.7.1 情境导入 134
  - 5.7.2 相关知识 134
  - 5.7.3 任务实现 139

拓展练习 145

第 6 章 计算思维与程序设计基础 149

6.1 计算 149
6.2 计算思维概述 150
 6.2.1 计算思维的概念 150
 6.2.2 计算思维的本质 151
 6.2.3 计算思维的特性 151
 6.2.4 计算思维与计算机的关系 152
6.3 程序设计基本步骤 153
 6.3.1 程序 153
 6.3.2 程序设计 153
 6.3.3 计算机程序解决问题的过程 155
6.4 算法 157
 6.4.1 算法的特征 158
 6.4.2 算法的评价 158
 6.4.3 算法的描述 159
6.5 结构化程序设计 160
 6.5.1 结构化程序设计的原则 161
 6.5.2 结构化程序的基本结构 161
6.6 面向对象的程序设计 163
 6.6.1 基本概念 163
 6.6.2 面向对象程序设计的特点 164
 6.6.3 面向对象和面向过程的区别 165
拓展练习 167

第 7 章 Raptor 可视化程序设计 168

7.1 Raptor 简介 168
7.2 Raptor 基本知识 169
7.3 常量、变量、函数 171
7.4 Raptor 基本控制结构 175
7.5 数组变量 184
 7.5.1 一维数组及使用 185
 7.5.2 二维数组及使用 187
 7.5.3 字符数组 189
7.6 子图和子程序 190
 7.6.1 子图 191

	7.6.2 子程序	191
7.7	图形编程	195
7.8	经典算法案例	199
	7.8.1 枚举算法	200
	7.8.2 查找算法	200
	7.8.3 排序算法	204
	7.8.4 迭代算法	209
拓展练习		209

第 1 章 信息技术基础知识

计算机从诞生到今天,在运算速度、存储容量、可靠性上都有了巨大的提升,其应用也已经覆盖人类社会的方方面面,对人们的生产和生活产生了极其深刻的影响。在当今信息时代,我们可以借助现代计算机高效地进行信息处理和利用。本章主要介绍信息、信息技术、信息化、计算机的发展,进而介绍各种信息在计算机中的表示方法。

学习目标:
- 了解信息、信息存储的基本知识。
- 熟悉计算机的诞生和发展。
- 掌握计算机中信息的表示和处理。了解不同的计数制和数制之间的转换;熟悉数值、文本、图形图像、音频等信息在计算机中的表示。

1.1 信息化社会

信息社会是培育、发展以智能化工具为代表的新的生产力并使之造福于社会的历史阶段。不同于工业社会,信息时代的生产力来源包括信息和知识的获取、产生、分配和应用。信息化将促使知识生产成为主要的生产形式。以计算机、微电子和通信技术为主的信息技术革命是社会信息化的动力源泉。

1.1.1 信息的相关概念

1. 信息

20世纪40年代,信息的奠基人香农(C. E. Shannon)给出了信息的明确定义:"信息是用来消除随机不确定性的东西。"长期以来人们认为信息是消息,但信息的含义要比消息、情报的含义广,消息、情报是信息,指令、代码、符号语言、文字等一切有内容的信号都是信息。

信息的主要特征如下:

① 可度量性:信息可采用某种度量单位进行度量,并进行信息编码。

② 可识别性:信息可采取直观识别、比较识别和间接识别等多种方式来把握。

③ 可存储性:信息可以存储。大脑就是一个天然的信息存储器。文字、摄影、录音、录像以及计算机存储器等都可以进行信息存储。

④ 可处理性：人脑就是最佳的信息处理器。人脑的思维功能可以进行决策、设计、研究、写作、改进、发明、创造等多种信息处理活动。计算机也具有信息处理功能。

⑤ 可传递性：信息的传递是信息通过各种媒介进行传播，从而也具有共享性。

⑥ 可压缩性：信息可以进行压缩，可以用不同的信息量来描述同一事物。人们常常用尽可能少的信息量描述一件事物的主要特征。

⑦ 可利用性：信息的可利用性指信息不仅是客观世界的反映，也可以被人类用来改造客观世界，从而体现信息的价值。

随着科技的发展和时代的进步，"信息"的概念已经与计算机技术紧密地联系在一起。借助现代计算机，我们可以高效地进行信息的产生、收集、表示、检测、处理和存储，也可以对信息进行传递变换、显示、识别、提取、控制和利用等。

2. 信息处理及载体

信息处理：即数据处理。计算机进行信息处理的过程就是将信息转化成计算机能接收的数字形式。

信息载体：媒体是信息的载体。表示信息的媒体有数值、文字、声音、图形、图像、视频等。

3. 信息技术

信息技术是指有关信息的收集、识别、提取、变换、存储、传递、处理、检索、检测、分析和利用等技术。概括而言，信息技术是在信息科学的基本原理和方法的指导下扩展人类信息功能的技术，是人类开发和利用信息资源的所有手段的总和。

在现今的信息化社会，一般来说，我们所提及的信息技术，又特指是以电子计算机和现代通信为主要手段实现信息的获取、加工、传递和利用等功能的技术总和。

1.1.2 信息化与信息化社会

1. 信息化

信息化是指充分利用信息技术，开发利用信息资源，促进信息交流和知识共享，提高经济增长质量。从以上对信息化的定义可以看出：信息化代表了一种信息技术被高度应用，信息资源被高度共享，从而使得人的智能潜力以及社会物质资源潜力被充分发挥，个人行为、组织决策和社会运行趋于合理化的理想状态。同时，信息化也是IT（information technology，信息技术）产业发展与IT在社会经济各部门扩散的基础之上，不断运用IT改造传统的经济、社会结构从而通往如前所述的理想状态的一个持续的过程。

2. 信息化社会

信息化社会是脱离工业化社会以后，信息将起主要作用的社会。在农业社会和工业社会中，物质和能源是主要资源，所从事的是大规模的物质生产，而在信息社会中，信息成为比物质和能源更为重要的资源，以开发和利用信息资源为目的的信息经济活动迅速扩大，逐渐取代工业生产活动而成为国民经济活动的主要内容。信息经济在国民经济中占据主导地位，并构成社会信息化的物质基础。以计算机、微电子和通信技术为主的信息技术革命是社会信息化的动力源泉。信息技术在生产、科研教育、医疗保健、企业和政府管理以及家庭中的广泛应用对经济和社会发展产生了巨大而深刻的影响,从根本上改变了人们的生活方式、行为方式和价值观念。

1.1.3 信息素养

信息素养的本质是全球信息化需要人们具备的一种基本能力,它包括能够判断什么时候需要信息,并且懂得如何去获取信息,如何去评价和有效利用所需的信息。

信息素养定义为:信息的获取、加工、管理与传递的基本能力;对信息及信息活动的过程、方法、结果进行评价的能力;流畅地发表观点、交流思想、开展合作,勇于创新,并解决学习和生活中的实际问题的能力;遵守道德与法律,形成社会责任感。

信息素养是一种对信息社会的适应能力,它涉及信息的意识、信息的能力和信息的应用。同时,信息素养也是一种综合能力,它涉及各方面的知识,是一个特殊的、涵盖面很宽的能力,它包含人文的、技术的、经济的、法律的诸多因素,和许多学科有着紧密的联系。

信息素养主要包括四个方面:

① 信息意识:即人的信息敏感程度,是人们对自然界和社会的各种现象、行为、理论观点等,从信息角度的理解、感受和评价。

② 信息知识:既是信息科学技术的理论基础,又是学习信息技术的基本要求。

③ 信息能力:它包括信息系统的基本操作能力,信息的采集、传输、加工处理和应用的能力,以及对信息系统与信息进行评价的能力等。

④ 信息道德:培养学生具有正确的信息伦理道德修养,要让学生学会对媒体信息进行判断和选择,自觉地选择对学习、生活有用的内容,自觉抵制不健康的内容,不组织和参与非法活动,不利用计算机网络从事危害他人信息系统和网络安全、侵犯他人合法权益的活动。

信息素养的四个要素共同构成一个不可分割的统一整体。信息意识是先导,信息知识是基础,信息能力是核心,信息道德是保证。

1.2 计算机的发展

计算工具经历了从简单到复杂、从低级到高级的发展过程,例如,绳结、算盘、计算尺、手摇机械计算机、电动机械计算机等。它们在不同的历史时期发挥了各自的作用。而电子计算机的诞生使人类的计算工具产生了质的飞跃,开创了计算机的新时代。

1.1.1 机械计算机

1642年,法国数学家布莱士•帕斯卡(Blaise Pascal)制造了第一台能进行6位十进制加法运算的机器。帕斯卡加法器由一系列齿轮组成(见图1-1),利用发条作为动力装置。帕斯卡加法器主要的贡献在于:某一位小齿轮或轴完成10个数字的转动,促使下一个齿轮转动一个数字,从而解决了机器计算的自动进位问题。此时的计算机属于机械式计算机。

1822年6月14日,英国数学家查尔斯•巴贝奇(Charles Babbage)向皇家天文学会递交了一篇名为《论机械在天文及数学用表计算中的应用》的论文,能计算多项式的差分机的设计概念正式问世。1832年他设计了一种基于计算自动化的程序控制分析机,提出了几乎完整的计算机设计方案。由于制造水平限制和缺少资金支持，完整的差分机只能停留于稿纸。1985—1991年，伦敦科学博物馆为了纪念巴贝奇诞辰200周年，根据其1849年的设计，用纯19世纪的技术成功造出了差分机2号（见图1-2），才彻底巩固了他的历史地位。他的设计思想为现代电子计算机的结构设计奠定了基础。

图1-1　帕斯卡加法器

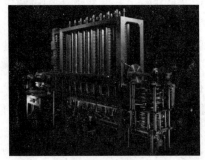

图1-2　差分机2号

1.1.2　电子计算机的诞生与发展

1. 电子计算机的诞生

1946年，世界上诞生了第一台通用电子计算机ENIAC（electronic numerical integrator and computer），使人类的计算工具由机械手工式过渡到了电子自动化式，产生了质的飞跃，开创了计算机的新时代。

第二次世界大战时期，美国因新式火炮弹道计算需要运算速度更快的计算机。1943年，宾夕法尼亚大学莫尔学院36岁的物理学家约翰·莫克利（John Mauchly）教授和他24岁的学生普雷斯伯·埃克特（Presper Eckert）博士，提交了一份研制ENIAC计算机的设计方案。在获得48万美元经费资助后，莫克利于1946年2月成功研制出了ENIAC计算机，如图1-3所示。

ENIAC采用了18 000多个电子管，10 000多个电容器，7 000多个电阻器，1 500多个继电器，功率为150 kW，质量达30 t，占地面积约170 m^2。ENIAC的任务是分析炮弹轨迹，它能在1 s内完成5 000次加法运算，也可以在0.003 s的时间内完成2个10位数乘法，1条炮弹轨迹的计算只需要20 s。

ENIAC采用了全电子管电路，但没有采用二进制。ENIAC的程序为外插型，即用线路连接、拨动开关和交换插孔等形式实现。它没有存储器，只有20个10位十进制数的寄存器，输入/输出设备有卡片、指示灯、开关等。ENIAC进行一个2 s的运算，需要用2天的时间进行准备工作，编制一个解决小规模问题的程序，就要在40多块几英尺（1英尺=0.304 8 m）长的插接板上，插上几千个带导线的插头。显然，这样的计算机不仅效率低，且灵活性非常差。

针对ENIAC程序与计算分离的缺陷，美籍匈牙利数学家冯·诺依曼（John von Neumann）提出了把指令和数据一起存储在计算机的存储器中，让计算机能自动地执行程序，即"存储程序"的思想。冯·诺依曼发表了计算机史上著名的论文 *First Draft of a Report on the EDVAC*，这篇手稿为101页的论文，称为"101报告"。在"101报告"中，冯·诺依曼提出了计算机的五大结构，即计算机必须包括输入设备、输出设备、存储器、控制器、运算器五大部分。这份报告以及存储程序的设计思想，奠定了现代计算机设计的基础。1952年，EDVAC计算机投入运行，主要用于核武器的理论计算。EDVAC 的改进主要有两点：一是为了充分发挥电子元件的高速性能采用了二进制；二是把指令和数据都存储起来，让机器能自动执行程序。EDVAC 使用了大约 6 000 个电子管和 12 000 个二极管，占地面积约为 45.5 m^2，质量为 7.85 t，功率为 56 kW。EDVAC 利用汞延迟线作主存，可以存储 1 000 个 44 位的字，用磁鼓作辅存，并且具有加减乘除的功能，运算速度比 ENIAC 提高了 240 倍。图 1-4 为冯·诺依曼和 EDVAC。

图 1-3　ENIAC

图 1-4　冯·诺依曼和 EDVAC

2. 电子计算机的发展

从第一台电子计算机诞生至今，计算机技术得到了迅猛的发展。通常，根据计算机所采用的主要物理器件，可将计算机的发展大致分为四个阶段：电子管时代、晶体管时代、中小规模集成电路时代、大规模和超大规模集成电路时代。表 1-1 为四代计算机的主要特征。

表 1-1　四代计算机的主要特征

项　目	年　代			
	第一代 （1946—1957 年）	第二代 （1958—1964 年）	第三代 （1965—1970 年）	第四代 （1971 年至今）
电子器件	电子管	晶体管	中小规模集成电路	大规模与超大规模集成电路
主存储器	阴极射线示波管静电存储器、汞延迟线存储器	磁芯、磁鼓存储器	磁芯、半导体存储器	半导体存储器
运算速度	几千～几万次 /s	几十万～百万次 /s	百万～几百万次 /s	几百万～千亿次 /s
技术特点	辅助存储器采用磁鼓；输入输出装置主要采用穿孔卡；使用机器语言和汇编语言编程，主要用于科学计算	辅助存储器采用磁盘和磁带；提出了操作系统的概念；使用高级语言编程，应用开始进入实时过程控制和数据处理领域	磁盘成为不可缺少的辅助存储器，并开始采用虚拟存储技术；出现了分时操作系统，程序设计采用结构化、模块化的设计方法	计算机体系结构有了较大发展，并行处理、多机系统、计算机网络等进入实用阶段；软件系统工程化、理论化、程序设计实现部分自动化
代表机型	UNIVAC(Universal Automatic Computer)	美国贝尔实验室 TRAD-IC，IBM 7090	IBM S/360	美国阿姆尔的 470V/6，日本富士通的 M-190，英国曼彻斯特大学的 DAP，西门子与飞利浦公的 Unidata 7710

第五代计算机也就是智能电子计算机，正在研究过程中，目标是希望计算机能够打破以往固有的体系结构，能够像人一样具有理解自然语言、声音、文字和图像的能力，并且具有说话的能力，使人机能够用自然语言直接对话，它可以利用已有的和不断学习到的知识，进行思维、联想、推理并得出结论，能解决复杂问题，具有汇集、记忆、检索有关知识的能力。

1.1.3 微型计算机的发展

日常生活中,我们使用最多的个人计算机(personal computer,PC)又称微型计算机。其主要特点是采用中央处理器(central processing unit,CPU,又称微处理器)作为计算机的核心部件。按照计算机使用的微处理器的不同,形成了微型计算机不同的发展阶段。

第一代(1971—1973年)。Intel公司于1971年利用4位微处理器Intel 4004,组成了世界上第一台微型计算机MCS-4。1972年Intel公司又研制了8位微处理器Intel 8008,这种由4位、8位微处理器构成的计算机,人们通常把它们划分为第一代微型计算机。

第二代(1973—1978年)。1973年开发出了第二代8位微处理器。具有代表性的产品有Intel公司的Intel 8080,Zilog公司的Z80等。由第二代微处理器构成的计算机称为第二代微型计算机。它的功能比第一代微型计算机明显增强,以它为核心的外围设备也有了相应发展。

1975年推出的Altair 8800(牛郎星)是第一台现代意义上的通用型微型计算机。如图1-5所示,最初的Altair 8800微型计算机包括:1个Intel 8080微处理器、256 B存储器(后来增加为4 KB)、1个电源、1个机箱和有大量开关和显示灯的面板。

1977年,斯蒂夫·乔布斯(Steve Jobs)在研发出Apple Ⅰ之后的第二年,推出了经典机型Apple Ⅱ(见图1-6),计算机从此进入了发展史上的黄金时代。Apple Ⅱ微型计算机采用摩托罗拉(Motorola)公司M6502芯片作为CPU,整数加法运算速度为50万次/s。它有4 KB动态随机存储器(DRAM)、16 KB只读存储器(ROM)、8个插槽主板、1个键盘、1台显示器,以及固化在ROM芯片中的BASIC语言。Apple Ⅱ微型计算机风靡一时,成为当时市场上的主流微型计算机。

图1-5 Altair 8800

图1-6 Apple Ⅱ

第三代(1978—1981年)。1978年开始出现了16位微处理器,代表性的产品有Intel公司的Intel 8086等。由16位微处理器构成的计算机称为第三代微型计算机。

1981年8月,IBM公司推出了第一台16位个人计算机IBM PC 5150(见图1-7)。IBM公司将这台计算机命名为PC。现在PC已经成为计算机的代名词。微型计算机终于突破了只为个人计算机爱好者使用的状况,迅速普及到工程技术领域和商业领域。

图1-7 IBM PC 5150

第四代(1981—1993年)。1981年采用超大规模集成电路构成的32位微处理器问世,具有代表性的产品有Intel公司的Intel 386、Intel 486,Zilog公司的Z8000等。用32位微处理器构成的计算机称为第四代微型计算机。

第五代（1993—2003年）。1993年以后，Intel又陆续推出了Pentium、Pentium Pro、Pentium MMX、Pentium Ⅱ、Pentium Ⅲ和Pentium 4，这些CPU的内部都是32位数据总线宽度，所以都属于32位微处理器。在此过程中，CPU的集成度和主频不断提高，带有更强的多媒体效果。

第六代（2003年至今）。2003年9月，AMD公司发布了面向台式机的64位处理器：Athlon 64和Athlon 64 FX，标志着64位微型计算机的到来；2005年2月，Intel公司也发布了64位处理器。由于受物理元器件和工艺的限制，单纯提升主频已经无法明显提高计算机的处理速度，2005年6月，Intel公司和AMD公司相继推出了双核心处理器；2006年Intel公司和AMD公司发布了四核心桌面处理器。多核心架构并不是一种新技术，以往一直运用于服务器，所以将多核心也归为第六代——64位微处理器。

总之，微型计算机技术发展异常迅猛，平均每两三个月就有新产品出现，平均每两年芯片集成度提高一倍，性能提高一倍，价格反而有所降低。微型计算机将向着质量更小、体积更小、运行速度更快、功能更强、携带更方便、价格更便宜的方向发展。

1.1.4　新型计算机的研究

20世纪70年代，人们发现能耗会导致计算机中的芯片发热，极大地影响了芯片的集成度，从而限制了计算机的运行速度。当前集成电路在制造中采用了光刻技术，集成电路内部晶体管的导线宽度达到了几十纳米。然而，当晶体管元件尺寸小到一定程度时，单个电子将会从线路中逃逸出来，这种单电子的量子行为（量子效应）将产生干扰作用，致使集成电路芯片无法正常工作。目前，计算机集成电路的内部线路尺寸将接近这一极限。这些物理学及经济方面的制约因素，促使科学家进行新型计算机方面的研究和开发。

1. 超导计算机

超导是指导体在接近绝对零度（-273.15 ℃）时，电流在某些介质中传输时所受阻力为零的现象。1962年，英国物理学家约瑟夫森（Josephson）提出了"超导隧道效应"，即由超导体-绝缘体-超导体组成的器件（约瑟夫森元件）。当对两端施加电压时，电子就会像通过隧道一样无阻挡地从绝缘介质中穿过，形成微小电流，而该器件的两端电压为零。利用约瑟夫森器件制造的计算机称为超导计算机，这种计算机的耗电仅为用半导体器件耗电的几千分之一，它执行一条指令只需十亿分之一秒，比半导体元件快10倍。

超导现象只有在超低温状态下才能发生，因此在常温下获得超导效果还有许多困难需要克服。

2. 量子计算机

与现有计算机类似，量子计算机同样由存储元件和逻辑门元件构成。在现有计算机中，每个晶体管存储单元只能存储一位二进制数据，非0即1。在量子计算机中，数据采用量子位存储。由于量子的叠加效应，一个量子位可以是0或1，也可以既存储0又存储1。所以，一个量子位可以存储两位二进制数据，就是说同样数量的存储单元，量子计算机的存储量比晶体管计算机大。量子计算机的优点有：能够实行并行计算，加快了解题速度；大大提高了存储能力；可以对任意物理系统进行高效率的模拟；能实现发热量极小的计算机。量子计算机也存在一些问题：一是对微观量子态的操纵太困难；二是受环境影响大，量子并行计算本质上是利用了量子的相干性，遗憾的是，在实际系统中，受到环境的影响，量子相干性很难保持；三是量子编码是迄今发现的克服量子相干性衰减最有效的方法，但是它纠错较复杂，效率不高。

2007年，加拿大量子计算机公司 D-Wave System 宣布研制了世界上第一台16量子位的量子计算机样机（见图1-8），2008年，又提高到48量子位。到了2011年5月提高到128量子位。随着量子信息科学的研究和发展，2019年初又大幅度地提高到超过5 000量子位。

图1-8　量子位的量子计算机的处理器

3. 光子计算机

光子计算机是以光子代替电子，光互连代替导线互连。和电子相比，光子具备电子所不具备的频率和偏振，从而使它负载信息的能力得以扩大。光子计算机的主要优点是光子不需要导线，即使在光线相交的情况下，它们之间也丝毫不会相互影响。一台光子计算机只需要一小部分能量就能驱动，从而大大减少了芯片产生的热量。光子计算机的优点是并行处理能力强，具有超高速运算速度。目前超高速电子计算机只能在常温下工作，而光子计算机在高温下也可工作。光子计算机信息存储量大，抗干扰能力强。光子计算机具有与人脑相似的容错性，当系统中某一元件损坏或出错时，并不影响最终的计算结果。

光子计算机也面临一些困难：一是随着无导线计算机能力的提高，要求有更强的光源；二是光线严格要求对准，全部元件和装配精度必须达到纳米级；三是必须研制具有完备功能的基础元件开关。

4. 生物计算机

生物计算机的运算过程是蛋白质分子与周围物理化学介质的相互作用过程。计算机的转换开关由酶来充当。生物计算机的信息存储量大，能够模拟人脑思维。

利用蛋白质技术生产的生物芯片，信息以波的形式沿着蛋白质分子链中单键、双键结构顺序改变，从而传递了信息。蛋白质分子比硅晶片上的电子元件要小得多，生物计算机完成一项运算，所需的时间仅为10 ps（皮秒）。由于生物芯片的原材料是蛋白质分子，具有生物活性，有自我修复的功能，更易于模拟人类大脑功能。

蛋白质作为工程材料来说也存在一些缺点：一是蛋白质受环境干扰大，在干燥的环境下会不工作，在冷冻时又会凝固，加热时会使机器不能工作或者不稳定；二是高能射线可能会打断化学键，从而分解分子机器；三是DNA（deoxyribonucleic acid，脱氧核糖核酸）分子容易丢失，不易操作。

5. 神经网络计算机

神经网络计算机是模仿人的大脑神经系统，具有判断能力和适应能力，具有并行处理多种数据功能的计算机。神经网络计算机可以同时并行处理实时变化的大量数据，并得出结论。以往的信息处理系统只能处理条理清晰的数据。而人的大脑神经系统却具有处理支离破碎、含糊不清信息的能力。神经网络计算机类似于人脑的智慧和灵活性。

神经网络计算机的信息不存储在存储器中，而是存储在神经元之间的联络网中。若有节点断裂，计算机仍有重建资料的能力。它还具有联想记忆、视觉和声音识别能力。

未来的计算机技术将向超高速、超小型、并行处理、智能化方向发展。超高速计算机将采用并行处理技术，使计算机系统同时执行多条指令，或同时对多个数据进行处理。计算机也将进入人工智能时代，它将具有感知、思考、判断、学习以及一定的自然语言能力。随着新技术的发展，未来计算机的功能将越来越多，处理速度也将越来越快。

1.1.5 我国计算机技术的发展

我国从1958年在中国科学院计算技术研究所开始研制通用数字电子计算机，并组装调试成第一台电子管计算机（103机）；1965年中国科学院计算技术研究所研制成功了我国第一台大型晶体管计算机109乙机；对109乙机加以改进，两年后又推出109丙机，在我国两弹试制中发挥了重要作用，被用户誉为"功勋机"。1971年，研制成功第三代集成电路计算机。1974年后，DJS-130晶体管计算机形成了小批量生产。1982年，采用大、中规模集成电路研制成功16位的DJS-150机。1983年，国防科技大学推出向量运算速度达1亿次/s的银河Ⅰ巨型计算机。进入20世纪90年代，我国的计算机开始步入高速发展阶段，超级计算机的研发也取得巨大成果。

神威·太湖之光（Sunway TaihuLight）超级计算机（见图1-9）是由国家并行计算机工程技术研究中心研制、安装在国家超级计算无锡中心的超级计算机，搭载了40 960个中国自主研发的"神威26010"众核处理器，采用64位自主神威指令系统，峰值性能为12.54京次/s，持续性能为9.3京次/s（1京为1亿亿）。神威·太湖之光超级计算机由40个运算机柜和8个网络机柜组成。2020年7月，中国科学技术大学在"神威·太湖之光"上首次实现千万核心并行第一性原理计算模拟。

天河二号（见图1-10），是一组由国防科技大学研制的异构超级计算机，为天河一号超级计算机的后继机型。天河二号的组装和测试由国防科技大学和浪潮集团来负责，于2013年底入驻位于广东省广州市的中山大学广州校区东校园的国家超级计算广州中心并进行验收，2013年底交付使用后对外开放接受运算项目任务，用于实验、科研、教育、工业等领域。天河二号整个系统占地面积达720 m^2。它于2013年至2015年连续6次位居全球超级计算机500强榜单之首。天河二号的处理器是英特尔的Xeon E5-2692v2 12核心处理器，基于英特尔Ivy Bridge微架构（Ivy Bridge-EX核心），采用22 nm制程，峰值性能0.2112TFLOPS。运算加速使用基于英特尔集成众核架构的Xeon Phi 31S1P协处理器，运行时钟频率为1.1 GHz，拥有57个x86核心，每个x86核心借由特殊的超线程技术能运作四个线程，产生峰值性能为1.003TFLOPS。

2023年第60期超级计算机TOP 500榜单公布，中国的"神威·太湖之光"和天河二号甲分别位列第七和第十。中国上榜数量为134套，占比26.8%。

中华人民共和国工业和信息化部2021年11月15日发布《"十四五"软件和信息技术服务业发展规划》，聚焦关键软件、开源生态、信息技术应用创新等关键词，多次提及"聚力攻坚基础软件"，特别指出了关键基础软件补短板，加强操作系统总体架构设计和技术路径规划，推动芯片设计、操作系统、系统集成企业与科研院所、高校开展操作系统关键技术联合攻关，提升操作系统与底层硬件的兼容性、与上层应用的互操作性。

图 1-9　神威·太湖之光

图 1-10　天河二号

1.3　信息的表示

日常生活中，我们经常利用计算机输入文字、查看图片、打印文件、查询资料、浏览网页和视频，这些活动无时无刻不在进行着和计算机之间的信息交换。那么计算机这个由各种复杂元器件构成的硬件是如何呈现丰富多彩的信息的？计算机是如何"看见、听见、感觉"的？

1.3.1　信息的数字化

为了有效地进行信息的传输、存储和处理，需要建立一套信息表示系统，这就需要对信息进行编码即用代码与信息中的基本单位建立一一对应关系。图灵用一种机器能识别、理解并存储的语言，即二进制，将现实的具体与纯数字的抽象世界连接在一起。人们可以将现实世界中的信息，以文字、符号、数值、表格、声音、图形等形式表达出来。这些信息可以由人工或计算机设备输入计算机中。计算机将这些要处理的信息转换成二进制数据，经过计算机的处理，得到人们希望的结果。任何信息要让计算机处理都必须转化为计算机硬件能识别的形式，即二进制形式，也就是用 0 和 1 表示一切信息。把这个过程称为信息的数字化。

那么，为什么计算机要采用二进制数形式呢？第一，二进制数在电气元件中最容易实现，而且稳定、可靠。二进制数只要求识别"0"和"1"两个符号，计算机就是利用电路输出电压的高或低分别表示数字"1"或"0"的。第二，二进制数运算法则简单，可以简化硬件结构。第三，便于逻辑运算。逻辑运算的结果称为逻辑值，逻辑值只有两个，即"0"和"1"。这里的"0"和"1"并不是表示数值，而是代表问题的结果有两种可能：真或假、正确或错误等。

计算机只识别二进制数，即在计算机内部，运算器运算的是二进制数。因此，计算机中数据的最小单位就是二进制的一位数，简称位，英文名称是 bit，音译为"比特"。比特是度量信息的基本单位。任何复杂的信息都可以根据结构和内容，按照一定的编码规则分割为更简单的成分，一直分割到最小的信息单位，最终变换为一组"0"和"1"构成的二进制数据。不管是文字、数据、照片，还是音乐、讲话录音或电影，都可以编码为一组二进制数据，并能基本无损地保持其代表的信息含义。将信息转换为"二进制编码"（也就是用 0 和 1 表示的信息）的方法通常称为"信息的数字化"。1 位二进制只能表示 2 个信息（0 或 1），2 位二进制就能表示 4 个信息。n 个二进制能表示 2^n 个信息。以下为信息单位的换算公式：

1 B=8 bit

1 KB=2^{10} B=1 024 B

1 MB=2^{10} KB=1 024 KB

1 GB=2^{10} MB=1 024 MB

1 TB=2^{10} GB=1 024 GB

将8个二进制位的集合称为"字节"（Byte，简写为B），它是计算机存储和运算的基本单位。在计算机内部的数据传送过程中，数据通常是按字节的整数倍传送的。将计算机一次能同时传送数据的位数称为字长。

1.3.2 常用数制

1. 十进制数

数制是用符号的组合来表示数值的规则，进制是按照进位方式计数的数制系统。

十进制有0、1、2、……、9共10个数字符号，每个符号表示0~9之间的一个不同的值。十进制数的运算规则是"逢十进一，借一当十"。为了便于区分，十进制数用下标10或在数字尾部加D表示，如$(23)_{10}$或23D。

将十进制数15.76D按位权展开表示，即

$$15.76D=1 \times 10^1+5 \times 10^0+7 \times 10^{-1}+6 \times 10^{-2}$$

2. 二进制数

二进制数的基本数字符号为"0"和"1"。二进制数的运算规则是"逢二进一，借一当二"。二进制数用下标2或在数字尾部加B表示，如$(1011)_2$或1011B。

将二进制数1011.0101B按位权展开表示，即

$$1011.0101B=1 \times 2^3+1 \times 2^1+1 \times 2^0+1 \times 2^{-2}+1 \times 2^{-4}$$

3. 十六进制数

二进制数书写冗长，辨认困难，因此经常采用十六进制数来表示二进制数。十六进制的数码是：0、1、2、3、4、5、6、7、8、9、A、B、C、D、E、F。运算规则是"逢十六进一，借一当十六"。为了便于区分，十六进制数用下标16或在数字尾部加H表示，如$(18)_{16}$或18H。但是在计算机领域，更多用前置"0x"的形式表示十六进制数。

4. 任意进制数的表示方法

任何一种进制都能用有限几个基本数字符号表示出所有的数。进制称为基数，如十进制的基数为10，二进制的基数为2。位于不同数位上的数字符号有不同的位权，简称权。对于任意的R进制数，基本数字符号为R个。任意进制的数可以用如下式子表示：

$$A_{n-1} \cdots A_1 A_0 A_{-1} A_{-2} \cdots A_{-m}(R) = A_{n-1}R^{n-1} + \cdots + A_1 R^1 + A_0 R^0 + A_{-1} R^{-1} + A_{-2} R^{-2} + \cdots + A_{-m} R^{-m}$$

$A_i(-m \leq i \leq n-1)$为R进制的数字符号，n、m分别为该数的整数位数和小数位数，R为基数，R^i为第i位的权。

常用数制与编码的对应关系见表1-2。

表 1-2 常用数制与编码的对应关系

十 进 制 数	十六进制数	二 进 制 数
0	0	0000
1	1	0001
2	2	0010
3	3	0011
4	4	0100
5	5	0101
6	6	0110
7	7	0111
8	8	1000
9	9	1001
10	A	1010
11	B	1011
12	C	1100
13	D	1101
14	E	1110
15	F	1111

1.3.3 不同数制的转换方法

1. 十进制与非十进制数之间的转换

非十进制数到十进制数的转换方法是按相应的权表达式展开。如：

$$1011.11B = 1 \times 2^3 + 0 \times 2^2 + 1 \times 2^1 + 1 \times 2^0 + 1 \times 2^{-1} + 1 \times 2^{-2} = 8+2+1+0.5+0.25 = 11.75D$$

$$5B.8H = 5 \times 16^1 + 11 \times 16^0 + 8 \times 16^{-1} = 80+11+0.5 = 91.5D$$

十进制数到非十进制数的转换是采用取余法。十进制转换到二进制时：对整数除以2取余；对小数乘2取整。对十六进制的转换：对整数除以16取余；对小数乘16取整。对八进制的转换：对整数除以8取余；对小数乘8取整。图1-11展示了将十进制数10.6875D转换为二进制数的过程。最终，$(10.6875)_{10} = (1010.1011)_2$

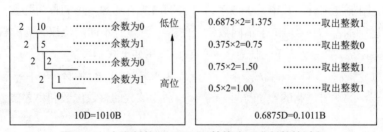

图 1-11 十进制数 10.6875D 转换为二进制数的过程

2. 二进制数与十六进制数之间的转换

对于二进制整数，只要自右向左将每4位二进制数分为1组，不足4位时，在左面添0，补足4位，每组对应1位十六进制数；对于二进制小数，只要自左向右将每4位二进制数分为1

组，不足4位时，在右面添0，补足4位，然后每4位二进制数对应1位十六进制数，即可得到十六进制数。如：

$(111101.010111)_2=(0011\ 1101.0101\ 1100)_2=(3D.5C)_{16}$

将十六进制数转换成二进制数，以小数点为界，向左或向右每1位十六进制数用相应的4位二进制数表示即可。如：

CA.6AH= 1100 1010.0110 1010B= 11001010.01101010B

1.3.4 数值信息的表示

计算机最初主要用于数值计算。数值信息在计算机内部中是如何实现数字化的？

1. 机器数的表示

在计算中，数值有"正数"和"负数"之分。人们用符号"+"表示正数（常被省略），符号"-"表示负数。但是计算机只有"0"和"1"两种状态，为了区分二进制数的"+""-"，符号在计算机中被"数码化"了。当用1个字节表示1个数值时，将该字节的最高位作为符号位，用"0"表示正数，用"1"表示负数，其余位表示数值的大小。"符号化"的二进制数称为机器数或原码，而符号没有"数码化"的数称为数的真值。

数值信息的编码方法有原码、补码、反码等。原码表示法是将最高位作为符号位（"0"表示正，"1"表示负），其余为真值部分。字长为8位时，数0的原码有两种，+0（00000000）和-0（10000000），这与数学中0的概念不相符，且计算机中用原码进行加减运算比较困难。

对一个机器数X：若$X>0$，X的反码=X的原码；若$X<0$，X的反码为对应原码的符号位不变，数值部分按位求反。如：二进制数字长为8位时，X=-52=-0110100

$[X]_原$=1 0110100；

$[X]_反$=1 1001011。

反码也存在和原码表示法同样的缺陷。所以，现代计算机普遍采用补码表示数值信息。当$X>0$，X的补码=X的反码=X的原码；当$X<0$，X的补码=X的反码+1。

$[+0]_补$= $[+0]_原$=00000000；

$[-0]_补$= $[-0]_反$+1=11111111+1=1 0000 0000。

在计算过程中，如果计算结果超出数据的表示范围称为"溢出"。利用"溢出"现象，补码可以解决0的表示不唯一的问题，同时，采用补码进行加减运算更方便。因为不论数是正还是负，总是可以把减法转换为加法进行运算。表1-3是8位二进制数各种编码表示方法。

表1-3 8位二进制数各种编码表示方法

十进制数	真 值	原 码	反 码	补 码
0	0	00000000	00000000	00000000
0	0	10000000	11111111	00000000
+1	+1	00000001	00000001	00000001
-1	-1	10000001	11111110	11111111
+15	+1111	00001111	01110001	01110001

续表

十进制数	真 值	原 码	反 码	补 码
-15	-1111	10001111	11110000	11110001
-127	-1111111	11111111	10000000	10000001
-128	-10000000	—	—	10000000

2. 浮点数的表示

小数点位置浮动变化的数称为浮点数。浮点数采用指数表示形式时,指数部分称为"阶码"(整数),小数部分称为"尾数"。尾数和阶码有正负之分。同理,任何一个二进制数也可以表示成指数形式。与十进制数不同的是,二进制数的阶码和尾数都用二进制数表示。

如用8位二进制表示110.011B,110.011B=$0.110011 \times 2^{+3}$,在计算机中的表示形式为

阶符	阶码	尾符	尾数
0	11	0	110011

又如,一个32位的浮点数,如果规定阶符为1位,阶码长7位;尾符为1位,尾数长23位;则二进制数-0.00011011B=-0.11011×2^{-11}在计算机中的表示形式为

阶符	阶码	尾符	尾数
1	0000011	1	11011000 00000000 0000000

尾数的位数决定数的精度,阶码的位数决定数的范围。浮点表示法的主要优点是表示范围大,运算速度快。浮点数的编码在实际应用中都有编码长度的限制,不论数的大小,都采用统一长度的编码,一般是字节的倍数。IEEE 754规定了两种基本浮点数格式,即单精度和双精度。单精度浮点数是4字节,符号占1位(正数为0,负数为1),阶码占8位,尾数占23位,精度达2^{23};双精度浮点数是8字节,符号占1位(正数为0,负数为1),阶码占11位,尾数占52位,精度达2^{52}。

1.3.5 字符信息的表示

计算机的文本字符信息占有很大比重。字符数据包括西文字符(字母、数字、各种符号)和汉字字符。它们需要进行二进制数编码后,才能存储在计算机中进行处理,称为字符编码。

1. ASCII编码

西文字符的编码普遍采用ASCII码(美国标准信息交换码)。ASCII码是世界上目前比较通用的信息交换码,采用7位二进制数对1个字符进行编码,共计可以表示128个字符的编码。由于计算机存储器的基本单位是字节(B),因此以1字节来存放1个ASCII码字符编码,每个字节的最高位为0。表1-4为部分ASCII码对应关系表。

表1-4 部分ASCII码对应关系表

字 符	二 进 制	字 符	二 进 制	字 符	二 进 制
.	101110	0	0110000	2	0110010
/	101111	1	0110001	3	0110011

续表

字 符	二进制	字 符	二进制	字 符	二进制
4	0110100	M	1001101	f	1100110
5	0110101	N	1001110	g	1100111
6	0110110	O	1001111	h	1101000
7	0110111	P	1010000	i	1101001
8	0111000	Q	1010001	j	1101010
9	0111001	R	1010010	k	1101011
:	0111010	S	1010011	l	1101100
;	0111011	T	1010100	m	1101101
<	0111100	U	1010101	n	1101110
=	0111101	V	1010110	o	1101111
>	0111110	W	1010111	p	1110000
?	0111111	X	1011000	q	1110001
@	1000000	Y	1011001	r	1110010
A	1000001	Z	1011010	s	1110011
B	1000010	[	1011011	t	1110100
C	1000011	\	1011100	u	1110101
D	1000100	]	1011101	v	1110110
E	1000101	^	1011110	w	1110111
F	1000110	_	1011111	x	1111000
G	1000111	`	1100000	y	1111001
H	1001000	a	1100001	z	1111010
I	1001001	b	1100010	{	1111011
J	1001010	c	1100011	|	1111100
K	1001011	d	1100100	}	1111101
L	1001100	e	1100101	~	1111110

2．汉字字符的编码

常用的汉字有 6 000～7 000 个，作为象形文字的汉字的处理要复杂得多。要让计算机能够处理汉字，首先要解决的是汉字字符的标准键盘输入问题，在输出时也要转换为字形码。所以，包括外码、内码、形码。当用标准键盘输入一个汉字到显示出来其实是各种编码之间的转换。

（1）输入码

为方便汉字的输入而制定的汉字编码，称为汉字输入码。汉字输入码属于外码。不同的输入方法，形成了不同的汉字外码。常见的输入法有以下几类：按汉字的排列顺序形成的编码（流水码），如区位码；按汉字的读音形成的编码（音码），如全拼、简拼、双拼等；按汉字的字形形成的编码（形码），如五笔字型、郑码等；按汉字的音、形结合形成的编码（音形码），如自然码、智能 ABC。

（2）国标码

计算机只识别由 0、1 组成的代码，ASCII 码是英文信息处理的标准编码，汉字信息处理也必须有一个统一的标准编码,所以国标码应运而生。所谓"国标码",是指国家标准汉字编码。一般是指国家标准局1981年发布的GB/T 2312—1980《信息交换用汉字编码字符集 基本集》。在这个集中,收进汉字6 763个,其中一级汉字3 755个,二级汉字3 008个。一级汉字为常用字,按拼音顺序排列;二级汉字为次常用字,按部首排列。

（3）机内码

为避免和ASCII码发生冲突,国家标准规定将汉字国标码每个字节的最高位统一规定为"1",作为识别汉字代码的标志,首位是"0"即为字符,首位是"1"即为汉字,这样就形成了机内码。汉字在计算机中是用机内码来表示的。

（4）字形码

ASCII码和GB 2312—1980汉字编码主要解决了字符信息的存储、传输、计算、处理（录入、检索、排序等）等问题,而字符信息在显示和打印输出时,需要另外对"字形"编码。通常,将所有字形编码的集合称为字库,先将字库以文件的形式存放在硬盘中,在字符输出（显示或打印）时,根据字符编码在字库中找到相应的字形编码,再输出到外设（显示器或打印机）中。由于文件中的字形有多种形式,计算机中有几十种中英文字库。字形编码有点阵字形和矢量字形两种类型。

点阵字形是将每一个字符分成16×16或24×24个点阵,然后用每个点的虚实来表示字符的轮廓。点阵字形最大的缺点是不能放大,一旦放大后就会发现字符边缘的锯齿。图1-12是"你"的点阵字形。

矢量字形保存的是对每一个字符的数学描述信息,如一个笔画的起始坐标、终止坐标、半径、弧度等。在显

图1-12　点阵字形

示、打印这一类字形时,要经过一系列的数学运算才能输出结果。矢量字形可以无限地放大,笔画轮廓仍然能保持圆滑。Windows系统中,打印和显示的字符绝大部分为矢量字形,只有很小的字符（一般是小于8磅的字符）采用点阵字形。Windows中的TT矢量字形解释器已包含在GDI（图形设备接口）中,任何Windows支持的输出设备（显示器、打印机等）,都能用TT字形输出。Windows使用的矢量字库保存在C:\Windows\Fonts目录下。

3. Unicode编码

全世界存在着多种字符编码方式。同一个二进制数在不同的字符编码中可以被解释成不同的字符。Unicode（统一码）是由多家语言软件制造商组成的统一码协会制定的一种国际通用字符编码标准。Unicode字符集的目标是收录世界上所有语言的文字和符号,并对每一个字符定义一个值,这个值称为代码点。代码点可以用2字节表示（UCS-2）,也可以用4字节（UCS-4）表示。而且Unicode/UCS对每个字符赋予了一个正式的名称,方法是在一个代码点值（十六进制数）前面加上"U+",如字符"A"的名称是"U+0041"。目前Unicode和UCS已经获得了网络、操作系统、编程语言等领域的广泛支持。所有主流操作系统都支持Unicode和UCS。

1.3.6　多媒体信息的表示

除了数值、字符之外,计算机还能够处理声音、图像、视频等多媒体信息。这里以位图和声音信息为例,介绍多媒体信息在计算机中的表示。

1. 位图信息的表示

位图就是以无数的色彩点按照一定行列顺序组成的图像。位图信息的数字化过程可经过采样、量化、编码过程实现。对位图的采样就是将空间上连续的图像变换为二维空间的一个个点，称为像素点（pixel）。量化是指图像在空间上离散化后，将表示图像色彩浓淡的连续变化值用一个数值表示。编码就是用二进制表示图的灰度值。

位深度主要是用来度量在图像中使用多少位二进制来显示或打印像素。1位深度的像素有2种颜色信息：黑和白。8位深度的像素有256种颜色信息。24位深度的图像有16 777 216种颜色信息。由图1-13可以看出，随着位深度的增加，图像色彩信息越来越丰富。

图 1-13　位深度变化实例

2. 声音信息的表示

声音是在时间和振幅上连续变化的信息。计算机无法处理连续的信息，所以首先应将声音信息在时间上和振幅上离散化。声音的采样就是每隔一定时间间隔对模拟波形上取一个幅度值。然后将每个采样点得到的幅度值以数字存储，即量化。再通过编码将采样和量化后的数字数据以一定的格式记录下来，就能实现声音信息的数字化。图1-14是声音信息的数字化过程。

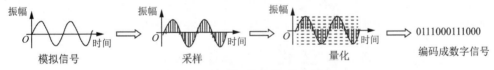

图 1-14　声音信息的数字化过程

影响数字音频质量的主要因素有三个，即采样频率、采样精度和声道数。采样频率指每秒的采样次数。从图1-15可以看出，增加采样频率能更好地模拟原始声音波形。采样精度指存放采样点振幅值的二进制位数。声道数表明声音产生的波形数，一般分单声道和立体声道。采样精度、采样频率、声道数越大，声音质量越高，占用空间也越大。

图 1-15　声音采样频率变化图

拓展练习

一、填空题

1. 世界上第一台通用电子计算机是_____，1946年诞生于美国宾夕法尼亚大学。
2. 冯·诺依曼提出了把_____和_____一起存储在计算机的存储器中。
3. 冯·诺依曼计算机由_____、_____、_____、_____和_____五大部件组成。
4. Apple Ⅱ是字长为_____位的微型计算机。
5. 2023年第60期世界TOP500超级计算机排名中，我国的_____和_____名列前十。
6. 在计算机内，一切信息都是以_____形式表示的。
7. 在微机中，信息的最小单位是_____。
8. 在计算机中，1KB表示的二进制位数是_____。
9. 二进制数10100110B转换为十进制数是_____，转换为十六进制数是_____。
10. 目前国际上广泛采用的西文字符编码标准是_____，它是用_____位二进制码表示一个字符。
11. 若处理的信息包括文字、图片、声音和电影，则其信息量相对最小的是_____。
12. 汉字在计算机系统内存储使用的编码是_____。
13. 计算机要想处理连续变化的声音或图像信号，需要进行_____和量化。
14. 用8位二进制码表示的图像信息可以表达_____种图像的颜色信息。

二、简答题

1. 查阅相关资料，介绍一种新型计算机技术或计算机技术的应用。
2. 电子计算机为什么采用二进制？
3. 请比较智能ABC、搜狗、微软这三种输入法的主要区别。
4. 用思维导图整理中国大型机的发展。

第 2 章 计算机系统

计算机系统是一个复杂的系统，它分为硬件系统和软件系统。操作系统是协调和控制计算机各部分进行和谐工作的一个系统软件，是计算机所有资源的管理者和组织者。本章主要介绍计算机系统的构成、计算机硬件系统、计算机软件系统和常用操作系统的知识。

学习目标：

- 了解计算机的发展和应用现状。
- 理解冯·诺依曼计算机的思想和结构。
- 了解计算机的系统软件和应用软件。
- 理解操作系统的定义和功能，熟练使用 Windows。
- 了解国产操作系统的发展。

2.1 计算机系统的发展与组成

从 18 世纪开始，人类就开始追求实现自动计算的梦想，并进行着不懈的努力，但关于自动计算的理论直到 20 世纪才取得突破性的成果，并为现代计算机的飞速发展奠定了坚实的理论基础。

2.1.1 图灵机

1. 图灵机的思想

1936 年，图灵在伦敦数学杂志上发表了一篇具有划时代意义的论文《论可计算数及其在判定问题中的应用》。在论文里，图灵构造了一台完全属于想象中的"计算机"，数学家们将它称为"图灵机"。

图灵机的基本思想是用机器模拟人用纸笔进行数学运算的过程，这样的运算过程可以分解为如下两种简单的动作：

① 在纸上写上或擦除某个符号。
② 把关注点从纸的一个位置移动到另一个位置。

而下一步要执行的动作，依赖于"当前所关注的纸上某个位置上的符号"和"当前思维的状态"。

为了模拟这种运算过程,图灵构造了一台假想的机器,如图2-1所示,该机器由以下几个部分组成:

① 一条无限长的纸带(tape)。纸带被划分为一个接一个的小格子,每个格子上包含一个来自有限字母表的符号,字母表中有一个特殊的符号来表示空白。纸带上的格子从左到右依此被编号为0、1、2、……,纸带的右端可以无限伸展。

② 一个读写头(head)。该读写头可以在纸带上左右移动,它能读出当前所指的格子上的符号,并能改变当前格子上的符号。

③ 一套控制规则(table)。它根据当前机器所处的状态以及当前读写头所指的格子上的符号来确定

图 2-1　图灵机模型

读写头下一步的动作,并改变状态寄存器的值,令机器进入一个新的状态。

④ 一个状态寄存器(state)。它用来保存图灵机当前所处的状态。图灵机的所有可能状态的数目是有限的,并且有一个特殊的状态,称为停机状态。

2. 图灵机的意义

图灵机是一个理想的数学计算模型,或者说是一种理想中的计算机。图灵机本身并没有直接带来计算机的发明,但是图灵机对计算本质的认识,是计算机科学的基础。它告诉人们计算是系列指令的集合,什么是可计算的、什么是不可计算的。图灵机的重大意义如下:

① 它证明了通用计算理论,肯定了计算机实现的可能性。

② 图灵机引入了读/写、算法、程序、人工智能等概念,极大地突破了计算机的设计理念。

③ 图灵机模型是计算学科最核心的理论,因为计算机的极限计算能力就是通用图灵机的计算能力,很多复杂的理论问题可以转化为图灵机这个简单的模型进行分析。

图灵机理论不仅解决了纯数学的基础理论问题,另一个巨大的收获是理论上证明了通用数字计算机的可行性。虽然早在1834年,巴贝奇设计制造了"分析机",证实了机器计算的可行性,但并没有在理论上证明计算机的"必然可行"。图灵机在理论上证明了"通用机"的必然可行性。

2.1.2　冯·诺依曼计算机

1. 冯·诺依曼计算机的思想

冯·诺依曼计算机的核心思想是"程序存储执行",具体内容是:事先编制程序,并将程序(包含指令和数据)存入主存储器中,计算机在运行程序时自动地、连续地从存储器中依次取出指令并且执行。

冯·诺依曼类型的计算机一般应具有以下几个功能:

① 必须具有长期记忆程序、数据、中间结果及最终运算结果的能力。

② 能够完成各种算术、逻辑运算和数据传送等数据加工处理的能力。

③ 能够根据需要控制程序走向，并能根据指令控制机器的各部件协调操作。

④ 能够按照要求将处理结果输出给用户。

冯·诺依曼体系结构的计算机，其核心设计思想就是存储程序和程序控制，这种类型的计算机从本质上讲采取的是串行顺序处理的工作机制，即使有关数据已经准备好，也必须逐条执行指令序列。

2. 冯·诺依曼计算机的结构

冯·诺依曼提出了计算机必须包括运算器（arithmetic logical unit，ALU）、控制器（controller 或 control unit）、存储器（memory）、输入设备（input device）和输出设备（output device）五大部件，并规定了这五大部件的基本功能。

图 2-2 展示了冯·诺依曼计算机的基本结构，这种体系架构的基本特征是"程序存储，共享数据，顺序执行"，需要中央处理器（CPU）从存储器取出指令和数据然后进行相应的计算。概括起来，这种体系架构的主要特点有：

① 单处理机结构，计算机系统以运算器为中心。

② 采用程序存储思想。

③ 指令和数据一样可以参与运算。

④ 程序和数据均以二进制数表示。

⑤ 将软件和硬件完全分离。

⑥ 指令由操作码和操作数组成。

⑦ 指令顺序执行。

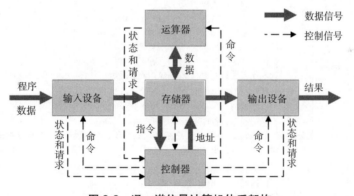

图 2-2　冯·诺依曼计算机体系架构

这种体系架构还是有其自身的局限性，主要表现为，CPU 与共享存储器间的信息交换的速度成为影响系统性能的主要因素，而信息交换速度的提高又受制于存储元件的速度、存储器的性能和结构等诸多条件。冯·诺依曼计算机体系结构主要存在以下几点缺陷。

① 指令和数据存储在同一个存储器中，形成系统对存储器的过分依赖。如果存储器的发展受阻，系统的发展也将受阻。

② 指令在存储器中按其执行顺序存放，由指令计数器 PC 指明要执行的指令所在的单元地址，然后取出指令执行操作任务。所以指令的执行是串行，会影响整个系统执行的速度。

③ 存储器是按地址访问的线性编址，按顺序排列的地址访问，有利于存储和执行的机器语

言指令，适用于作数值计算。但是以高级语言形式表示的存储器则是一组有名字的变量，按名字调用变量，不按地址访问。机器语言同高级语言在语义上存在很大的距离，称为冯·诺依曼语义间隔。消除语义间隔成了计算机发展面临的一大难题。

④ 冯·诺依曼体系结构计算机是为算术和逻辑运算而诞生的，目前在数值处理方面已经达到较高的速度和精度，而在非数值处理领域的应用却发展缓慢，需要在体系结构方面有重大的突破。

⑤ 传统的冯·诺依曼型结构属于控制驱动方式。它是执行指令代码对数值代码进行处理，只要指令明确，输入数据准确，启动程序后自动运行而且结果是可预期的。一旦指令和数据有错误，机器不会主动修改指令并完善程序。而人类生活中有许多信息是模糊的，事件的发生、发展和结果是不能预期的，现代计算机的智能无法应对如此复杂任务。

面对冯·诺依曼计算机体系结构的不足，自然需要进行改进甚至设计新的架构，冯·诺依曼计算机体系结构仍然是我们的首选方案。

2.1.3 计算机系统的组成

计算机系统由硬件和软件两部分组成。硬件是构成计算机系统的各种物理设备的总称。软件是运行、管理和维护计算机的各类程序、数据和文档的总称。通常将不安装任何软件的计算机称为"裸机"。计算机之所以能够应用到各个领域，是由于软件的丰富多彩，使计算机能按照人们的意图完成各种不同的任务。计算机系统的组成如图2-3所示。

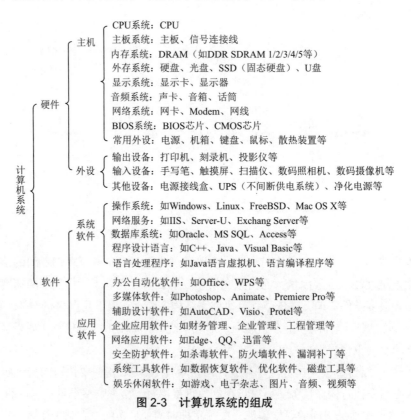

图2-3 计算机系统的组成

2.2 计算机硬件系统

2.2.1 计算机硬件的五大功能部件

1. 运算器

运算器又称算术逻辑单元，用于对数据进行算术运算和逻辑运算。算术运算主要是指加、减、乘、除。逻辑运算是指逻辑与、逻辑或、逻辑非等操作。

2. 控制器

控制器的功能是控制计算机各部件自动协调地工作，完成对指令的解释和执行。控制器通常由指令寄存器、指令译码器、控制电路和时序电路组成，指令执行过程是控制器首先按程序计数器所指出的地址从内存中取出一条指令，并对指令进行分析，根据指令功能向有关部件发出控制命令实现相应的操作，然后再对下一条指令进行分析、执行直到全部程序运行完毕。控制器和运算器一起称为中央处理单元（CPU），它是计算机的核心。

3. 存储器

存储器是计算机存放程序和数据的设备，是计算机的重要组成部分。计算机中的全部信息包括原始的输入数据、经过初步加工的中间数据以及最后处理完成的结果，都存储在存储器中，并且规定对输入数据如何进行加工处理的一系列操作指令也都存储在存储器中。存储器分为内存储器（内存）和外存储器（外存）两种。

4. 输入设备

输入设备是给计算机输入信息的设备，它是重要的人机接口，负责将输入的信息（包括数据和指令）转换成计算机能识别的二进制代码输入存储器保存。

5. 输出设备

输出设备是输出计算机处理结果的设备，在大多数情况下它将这些结果转换成便于人们识别的形式。

2.2.2 中央处理器

中央处理器（CPU）主要包括运算器（ALU）和控制器（CU）两大部件，此外还包括若干寄存器和高速缓冲存储器，它是计算机的核心部件，在微型计算机中又称微处理器，如图 2-4 所示。计算机的所有操作都受 CPU 控制，CPU 和内存储器构成了计算机的主机，是计算机系统的主体，CPU 的性能指标直接决定了由它构成的微型计算机系统性能指标。

运算器是负责处理数据的部件；控制器是硬件系统的控制部件。它向计算机的各个部件发出控制信号，使机器自动、协调地工作。

图 2-4 微处理器

① 指令寄存器：用于存放从存储器取出的指令。

② 译码器：将指令中的操作码翻译成相应的控制信号。

③ 时序节拍发生器：产生一定的时序脉冲和节拍电位，使得计算机有节奏、有次序地工作。

④ 操作控制部件：将脉冲、电位和译码器的控制信号组合起来，有时序地控制各个部件完成相应的操作。

⑤ 指令计数器：指出下一条指令的地址。

2.2.3 内存和外存

计算机的存储器分为两大类：一类是设在主机中的内部存储器，称作主存储器，用于存放当前运行的程序和程序所用的数据，属于临时存储器；另一类是属于计算机外围设备的存储器，称作外部存储器（简称外存），也称辅助存储器（简称辅存）。

内存储器最突出的特点是存取速度快，但是容量小、价格贵。外存储器的特点是容量大、价格低，但是存取速度慢。内存储器用于存放那些立即要用的程序和数据，外存储器用于存放暂时不用的程序和数据，内存储器和外存储器之间常常频繁地交换信息。

1. 内存储器

目前微型机的内存储器由半导体器件构成，而半导体存储器件由只读存储器（read only memory，ROM）和随机存储器（random access memory，RAM）两部分构成，如图2-5所示。

内存储器（主存）的技术指标主要有：

（1）存储容量

存储容量是用来衡量存储器存储信息的能力，主存容量越大存储的信息就越多，计算机处理信息的能力也就越强，主存容量用字节数表示，目前市场上常见的内存条有4 GB、8 GB、16 GB、32 GB等。

图2-5 只读存储器ROM与随机存储器RAM

（2）存取周期

存取周期是用来衡量存储器的工作速度，它是指访问一次（读/写）存储器所需要的时间。

（3）读写时间

读写时间是用来衡量存储器的读写速度。

2. 外存储器

在计算机系统中除了有内存储器外还有外存储器，用于存储暂时不用的程序和数据，常用的有硬盘、U盘和可移动硬盘，它们和内存一样存储容量也是以字节为基本单位。外存储器与内存储器之间频繁交换信息，而不能被计算机系统的其他部件直接访问。

（1）硬盘

硬盘作为微机系统的外存储器，它由硬盘片、硬盘驱动电机和读写磁头等组装并封装在一起，硬盘工作时，固定在同一个转轴上的数张盘片以7 200 r/min的速度旋转磁头，在驱动马达的带动下，在磁盘上做径向移动，寻找定位点完成写入或读出数据工作。

（2）可移动硬盘与U盘

可移动硬盘主要指采用计算机外设标准（USB/IEEE1394）接的硬盘，作为一种便携式的大容量存储系统，它有许多优点：容量大、单位存储成本低、速度快且兼容性好。

可移动硬盘还具有极高的安全性，一般采用玻璃盘片和巨阻磁头组成，并且在盘体上精密设计了专有的防震、防静电保护膜，提高了抗震能力、防尘能力和传输速度，不用担心锐物、灰尘、高温或磁场等对可移动硬盘造成伤害。

便携存储器（USB Flash Disk）也称为U盘或闪存盘，是采用USB接口和非易失随机访问存储器技术结合的方便携带的移动存储器，特点是断电后数据不消失，因此可以作为外部存储器使用，具有可多次擦写、速度快而且防磁、防震、防潮的优点，它不需要驱动器无外接电源，使用简便、即插即用、带电插拔、存取速度快、可靠性好、可擦写达百万次、数据可保存10年以上，并可带密码保护等功能。

2.2.4 常用的输入设备

输入设备的任务是输入操作者提供的原始信息，并将它变为机器能识别的信息，然后存放在内存中。微型计算机系统中常用的输入设备有键盘、鼠标器、图形扫描仪、条形码读入器、光笔、触摸屏等。

1. 键盘

键盘是计算机系统中最常用和最主要的输入设备，用户的各种命令、程序和数据都可以通过键盘输入计算机，起着人与计算机进行信息交流的桥梁作用，按键的开关类型一般可分为机械式、电容式、薄膜式和导电胶皮四种。

2. 鼠标器

鼠标器简称鼠标，是一种"指点"设备，现在多用于Windows操作系统环境下，可以取代键盘上的光标移动键，移动光标、定位光标于菜单处或按钮处，完成菜单系统下特定的命令操作或按钮的功能操作，对用户而言，鼠标操作简便、高效。

3. 图形扫描仪

图形扫描仪是一种图形、图像的专用输入设备，利用它可以迅速地将图形、图像、照片、文本从外部环境输入到计算机中。

4. 条形码读入器

条形码是一种用线条和线条间的间隔按一定规则表示数据的条形符号，条形码读入器通过光电传感器把条形码信息转换成数字代码输入计算机，它具有准确、可靠、灵活、实用、制作容易、输入速度快等优点，广泛用于物资管理、商品、银行、医院等部门。

5. 光笔

光笔是用来显示屏幕上作图的输入设备，与相应的硬件和软件配合，可实现在屏幕上作图、改图及进行图形放大、移动、旋转等操作。

6. 触摸屏

触摸屏是一种快速实现人机对话的工具，一般直接在荧光屏前安装一块特殊的玻璃屏，当手指触摸屏幕时，引起触点正反面间电容值或电阻发生变化，控制器将这种变化转换成触点坐标，再送给CPU，它同时能接收CPU发来的命令并加以执行。

2.2.5 常用的输出设备

1. 显示器

显示器是计算机必备的输出设备，它一般有两个作用：一是在输入信息时与输入设备配合显示用户输入的命令和数据，实现人与计算机对话；二是显示程序运行过程中的信息和输出结果。

2. 打印机

打印机是传统的输出设备，用来打印输入微机的处理结果、程序清单以及用户所需的其他各种文书，根据打印机的工作原理可分为：针式打印机、喷墨打印机、激光打印机。

3. 绘图仪

绘图仪是一种输出图形的设备。绘图仪在绘图软件的支持下可绘制出复杂、精确的图形，是各种计算机辅助设计不可缺少的工具。

2.3 计算机软件系统

软件是为了运行、管理和维护计算机所编制的各种程序及相应文档资料的总和。软件系统可分为系统软件和应用软件两大类。

2.3.1 系统软件

系统软件是为了方便用户使用和管理计算机，以及为生成、准备和执行其他程序所需要的一系列程序和文件的总称，系统软件分为操作系统、各种程序设计语言和语言处理程序、数据库管理系统和工具软件四大类。

1. 操作系统

操作系统是最基本的系统软件，直接管理计算机的所有硬件和软件资源。操作系统是用户与计算机之间的接口，绝大部分用户都是通过操作系统来使用计算机的。同时，操作系统又是其他软件的运行平台，任何软件的运行都必须依靠操作系统的支持。

2. 程序设计语言和语言处理程序

程序设计语言是生成和开发应用软件的工具。它一般包括机器语言、汇编语言和高级语言三大类。

机器语言是面向机器的语言，是计算机唯一可以识别的语言，它用一组二进制代码（又称机器指令）来表示各种各样的操作。用机器指令编写的程序称为机器语言程序（又称目标程序），其优点是不需要翻译而能够直接被计算机接收和识别，由于计算机能够直接执行机器语言程序，所以其运行速度最快；缺点是机器语言通用性极差，用机器指令编制出来的程序可读性差，程序难以修改、交流和维护。

机器语言程序的不易编制与难以阅读促使了汇编语言的产生。为了便于理解和记忆，人们采用能反映指令功能的英文缩写助记符来表达计算机语言，这种符号化的机器语言就是汇编语言。汇编语言采用助记符，比机器语言直观、容易记忆和理解。汇编语言也是面向机器的程序设计语言，每条汇编语言的指令对应了一条机器语言的代码，不同型号的计算机系统都有自己的汇编语言。

高级语言采用英文单词、数学表达式等人们容易接受的形式书写程序中的语句，相当于低级语言中的指令。它要求用户根据算法，按照严格的语法规则和确定的步骤用语句表达解题的过程，它是一种独立于具体的机器而面向过程的计算机语言。

高级语言的优点是其命令与人类自然语言和数学语言十分接近，通用性强、使用简单。高级语言的出现使得各行各业的专业人员，无须学习计算机的专业知识，就拥有了开发计算机程序的强有力工具。

用高级语言编写的程序即源程序，必须翻译成计算机能识别和执行的二进制机器指令，才能被计算机执行。由源程序翻译成的机器语言程序称为"目标程序"。

高级语言源程序转换成目标程序有两种方式：解释方式和编译方式。解释方式是把源程序逐句翻译，翻译一句执行一句，边解释边执行。解释程序不产生将被执行的目标程序，而是借助于解释程序直接执行源程序本身。编译方式是首先把源程序翻译成等价的目标程序，然后再执行此目标程序。

目前，比较流行的高级语言有 C++、微软的 .NET 平台、Java 等。有时也把一些数据库开发工具归入高级语言，如 SQL Server、MySQL、PowerBuilder 等。

3. 数据库管理系统

数据库系统是20世纪60年代后期才产生并发展起来的，它是计算机科学中发展最快的领域之一。数据库（database，DB）是存储计算机存储设备上的有结构、有组织的数据的集合，数据库管理系统（database management system，DBMS）是一个在操作系统支持下进行工作的庞大软件，主要是面向解决数据的非数值计算问题，可以帮助用户建立、管理、查询和输出数据，更方便地在数据库管理系统上创建一些应用。目前主要用于档案管理、财务管理、图书资料管理及仓库管理等的数据处理，此类数据的特点是数据量比较大，数据处理的主要内容为数据的输入、存储、查询、修改、更新、排序、分类等。数据库技术是针对这类数据的处理而产生发展起来的，目前仍在不断发展和完善。

数据库管理系统可以分为层次数据库类型、网状数据库类型、关系数据库类型和面向对象的数据库类型，数据库系统有 Oracle、Sybase、Informix、SQLServer 等大型数据库管理系统，也有用于小型企业和个人数据管理的数据库管理系统如 FoxPro、Microsoft Access 等。

4. 工具软件

工具软件是指软件开发、实施和维护过程中使用的程序，包括计算机测试和诊断程序及网络软件等，其中诊断程序主要用于对计算机系统硬件的检测，并能进行故障定位，方便了对计算机的维护，它能对 CPU、内存、软硬驱动器、显示器、键盘及 I/O 接口的性能和故障进行检测，目前常用的诊断程序有 QAPLUS、PCBENCH、WINTEST、CHECKITPRO 等。

2.3.2 应用软件

应用软件是指计算机用户利用计算机的硬软件资源为某一专门应用目的而开发的软件。应用软件有的通用性较强，如一些文字和图表处理软件；有的是为解决某个应用领域的专门问题而开发的，如人事管理程序、工资管理程序等。应用软件往往涉及某个领域的专业知识，开发此类程序需要较强的专业知识作为基础。应用软件在系统软件的支持下工作。

1. 文字处理程序

主要用于将文字输入计算机存储中，用户能对输入的文字进行修改、编辑，并能将输入的文字以多种字体、多种字形及各种格式打印出来。目前常用的文字处理软件有 WPS、Word 等。

2. 表格处理软件

表格处理软件主要处理各式各样的表格，它可以根据用户的要求自动生成各式各样的表格，表格中的数据可以输入也可以从数据库中取出，可根据用户给出的计算公式完成复杂的表格计算，计算结果自动填入对应栏目里，如果修改了相关的原始数据，计算结果栏目中的结果数据也会自动更新，不需用户重新计算。目前常用的表格处理软件有Excel等。

3. 辅助设计软件

辅助设计软件能高效率地绘制、修改、输出工程图纸设计中的常规计算，可帮助设计人员寻找较好的方案，设计周期大幅度缩短，而设计质量提高，应用该技术使设计人员从繁重的绘图设计中解脱出来，使设计工作计算机化。目前常用的软件有AutoCAD、印刷电路板设计系统等。

2.4 操作系统

操作系统在计算机系统中的作用相当于"大脑"在人体中的作用。无论这种比喻是否恰当，但却说明了操作系统在计算机系统中的重要性。

操作系统设计的主要目标是高效、方便和稳定。对于大型机来说，操作系统的主要目的是为充分优化硬件系统的利用率，使整个系统高效执行；个人计算机的操作系统是为了方便用户使用；掌上电脑的操作系统则是为用户提供一个可以与计算机方便交互并执行程序的环境。

2.4.1 操作系统的定义

操作系统是控制和管理计算机硬件资源和软件资源，并为用户提供交互操作界面的程序集合。操作系统是直接运行在"裸机"上的最基本的系统软件，任何其他软件都必须在操作系统的支持下才能运行。操作系统在整个计算机系统中具有极其重要的特殊地位，计算机系统层次结构如图2-8所示。

从图2-6中可以看出，操作系统是用户和计算机的接口，同时也是计算机硬件和其他软件的接口。操作系统的功能包括管理计算机系统的硬件、软件及数据资源，控制程序运行，改善人机界面，为其他应用软件提供支持等，使计算机系统所有资源最大限度地发挥作用，提供各种形式的用户界面，使用户有一个好的工作环境。操作系统的作用总体上包括以下几个方面：

① 隐藏硬件，为用户和计算机之间的"交流"提供统

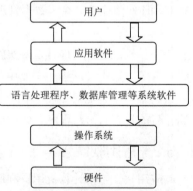

图2-6 计算机系统层次结构

一的界面。由于直接对计算机硬件进行操作非常困难和复杂，当计算机配置了操作系统之后，用户可利用操作系统所提供的命令和服务去使用计算机。因此，从用户的角度看，需要计算机具有友好、易操作的使用平台，使用户不必考虑不同硬件系统可能存在的差异。对于这种情况，操作系统设计的主要目的是方便用户使用，性能、资源利用率是次要的。

② 管理系统资源。从资源管理角度看，操作系统是管理计算机系统资源的软件。计算机系统资源包括硬件资源（CPU、存储器、输入/输出设备等）和软件资源（文件、程序、数据

等）。操作系统负责控制和管理计算机系统中的全部资源，确保这些资源能被高效合理地使用，确保系统能够有条不紊地运行。

根据操作系统所管理的资源的类型，操作系统具有处理机管理、存储器管理、设备管理、文件管理和用户接口五大基本功能（见图2-7）。

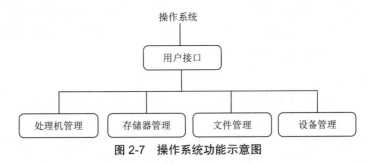

图 2-7　操作系统功能示意图

① 处理机管理，又称进程管理，负责 CPU 的运行和分配。

② 存储器管理，负责主存储器的分配、回收、保护与扩充。

③ 设备管理，负责输入/输出设备的分配、回收与控制。

④ 文件管理，负责文件存储空间和文件信息的管理，为文件访问和文件保护提供更有效的方法及手段。

⑤ 用户接口，用户操作计算机的界面称为用户接口，用户通过命令接口或程序接口实现各种复杂的应用处理。

用户需求的提升和硬件技术进步是操作系统发展的两大动力。

早期的计算机没有操作系统，用户在计算机上的操作完全由手工进行，使用机器语言编写程序，通过接插板或开关板控制计算机操作。程序的准备、启动和结束，都是手工处理，烦琐耗时。这个时期的计算机只能一个个、一道道地串行计算各种问题，一个用户上机操作，就独占了全机资源，资源的利用率和效率都很低，程序在运行过程中缺乏和程序员的有效交互。

1947年，晶体管的诞生使得计算机产生了一次革命性的变革。操作系统的初级阶段是系统管理工具以及简化硬件操作流程的程序。1960年，商用计算机制造商设计了批处理系统，此系统可将工作的建立、调度以及执行序列化。此时，厂商为每一台不同型号的计算机创造了不同的操作系统，无通用性。

1964年，第一代共享型、代号为 OS/360 的操作系统诞生，它可以运行在 IBM 推出的一系列用途与价位都不同的大型计算机 IBM System/360 上。

随着计算机技术的发展，操作系统的功能越来越强大。现在的操作系统已包括分时、实时、并行、网络、嵌入式操作系统等多种类型，成为不论大型机、小型机还是微型机都必须安装的系统软件。

2.4.2　操作系统的分类

经过多年的迅速发展，操作系统种类繁多，功能也相差很大，已经能够适应不同的应用和各种不同的硬件配置，很难用单一标准统一分类。但无论是哪一种操作系统，其主要目的都是：实现在不同环境下，为不同应用目的提供不同形式和不同效率的资源管理，以满足不同用户的操作需要。操作系统有以下不同的分类标准。

根据应用领域划分，可分为桌面操作系统、服务器操作系统、主机操作系统和嵌入式操作系统等。

根据系统功能划分，操作系统可分为三种基本类型，即批处理操作系统、分时系统、实时系统。随着计算机体系结构的发展，又出现了许多种操作系统，如个人计算机操作系统、网络操作系统和智能手机操作系统。除此之外，还可以从源码开放程度、使用环境、技术复杂程度等多种不同角度分类。下面简要介绍几种操作系统。

1. 批处理操作系统

批处理操作系统是一种早期用在大型计算机上的操作系统，用于处理许多商业和科学应用。批处理操作系统是指在内存中存放多道程序，当某个程序因为某种原因（例如执行I/O操作时）不能继续运行而放弃CPU时，操作系统便调度另一程序投入运行。这样可以使CPU尽量忙碌，提高系统效率。

批处理操作系统的工作方式是：用户事先把作业准备好，该作业包括程序、数据和一些有关作业性质的控制信息，提交给计算机操作员。计算机操作员将许多用户的作业按类似需求组成一批作业，输入计算机中，在系统中形成一个自动转接的连续的作业流，系统自动、依次执行每个作业。最后由操作员将作业结果交给用户。

批处理系统的特点是：内存中同时存放多道程序，在宏观上多道程序同时向前推进，由于CPU只有一个，在某一时间点只能有一个程序占用CPU，因此在微观上是串行的。目前，批处理系统已经不多见了。

2. 分时操作系统

分时操作系统允许多个终端用户同时共享一台计算机资源，彼此独立互不干扰。分时操作系统的工作方式是：一台高性能主机连接若干个终端，每个终端有一个用户在使用，终端机可以没有CPU与内存（见图2-8）。用户交互式地向系统提出命令请求，系统接受每个用户的命令，采用时间片轮转方式处理服务请求，并通过交互方式在终端上向用户显示结果。

为使一个CPU为多道程序服务，分时操作系统将CPU划分成若干个很小的片段（如50 ms），称为时间片。操作系统以时间片为单位，采用循环轮作方式将这些CPU时间片分配给排列队列中等待处理的每个程序（见图2-9）。分时操作系统的主要特点是允许多个用户同时运行多个程序，每个程序都是独立操作、独立运行、互不干涉，具有多路性、交互性、独占性和及时性等特点。

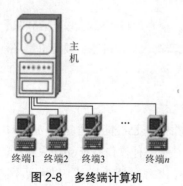

图 2-8　多终端计算机　　　　　图 2-9　分时占用CPU时间片示意图

多路性是指多个联机用户可以同时使用一台计算机，宏观上看是多个用户同时使用一个 CPU，微观上是多个用户在不同时刻轮流使用 CPU。交互性是指多个用户或程序都可以通过交互方式进行操作。独占性是指由于分时操作系统是采用时间片轮转方法为每个终端用户作业服务，用户彼此之间都感觉不到计算机为其他人服务，就像整个系统为他所独占。及时性指系统对用户提出的请求及时响应。

现代通用操作系统是分时系统与批处理系统的结合。其原则是：分时优先，批处理在后，典型的分时操作系统有 UNIX 和 Linux。

3. 实时操作系统

实时操作系统是指使计算机能及时响应外部事件的请求，在严格规定的时间内完成对该事件的处理，并控制所有实时设备和实时任务协调一致地工作的操作系统。实时系统的主要特点是资源的分配和调度首先要考虑实时性，然后才是效率。当对处理器或数据流动有严格时间要求时，就需要使用实时操作系统。

实时操作系统有明确的时间约束，处理必须在确定的时间约束内完成，否则系统会失败，通常用在工业过程控制和信息实时处理中。例如，控制飞行器、导弹发射、数控机床、飞机票（火车票）预订等。实时操作系统除具有分时操作系统的多路性、交互性、独占性和及时性等特性之外，还必须具有可靠性。在实时系统中，一般都要采取多级容错技术和措施用以保证系统的安全性和可靠性。

4. 个人计算机操作系统

个人计算机操作系统是随着微型计算机的发展而产生的，用来对一台计算机的软件资源和硬件资源进行管理的单用户、多任务操作系统，主要特点是计算机在某个时间内为单个用户服务；采用图形用户界面，界面友好；使用方便，用户无须专门学习，也能熟练操作机器。个人计算机操作系统的最终目标不再是最大化 CPU 和外设的利用率，而是最大化用户方便性和响应速度。

个人计算机操作系统主要供个人使用，功能强、价格便宜，可以在几乎任何地方安装使用。它能满足一般人操作、学习、游戏等方面的需求。典型的个人计算机操作系统是 Windows。

5. 分布式操作系统

分布式操作系统是通过网络将大量的计算机连接在一起，以获取极高的运算能力、广泛的数据共享以及实现分散资源管理等功能为目的的操作系统。分布式操作系统主要具有共享性、可靠性、加速计算和通信等优点。

① 共享性。实现分散资源的深度共享，如分布式数据库的信息处理、远程站点文件的打印等。

② 可靠性。由于在整个系统中有多个 CPU 系统，因此当一个 CPU 系统发生故障时，整个系统仍旧能够继续工作。

③ 加速计算。可以将一个特定的大型计算分解成能够并发运行的子运算，并且分布式操作系统允许将这些子运算分布到不同的站点，这些子运算可以并发运行，加快了计算速度。

6. 嵌入式操作系统

嵌入式操作系统是用于嵌入式系统环境中，对各种装置等资源进行统一调度、指挥和控制的操作系统。由于嵌入式系统一般是应用于小型电子装置的，系统资源相对有限，所以内核较之传统的操作系统要小得多。嵌入式操作系统具有如下特点：

① 专用性强。嵌入式系统的个性化很强，其中的软件系统和硬件的结合非常紧密，一般要

针对硬件进行系统的移植,即使在同一品牌、同一系列的产品中也需要根据系统硬件的变化和增减不断进行修改。

② 高实时性。高实时性是嵌入式软件的基本要求。而且软件要求固态存储,以提高速度;软件代码要求高质量和高可靠性。

③ 系统精简。嵌入式操作系统一般没有系统软件和应用软件的明显区分,不要求其功能设计及实现上过于复杂,这样一方面利于控制系统成本,同时也利于实现系统安全。

嵌入式操作系统广泛应用在生活和工作的各个方面,涵盖范围从便携设备到大型固定设施,如数码照相机、手机、平板计算机、家用电器、医疗设备、交通灯、航空电子设备和工厂控制设备等,越来越多嵌入式操作系统安装有实时操作系统。

2.4.3 常用操作系统简介

操作系统从20世纪60年代出现以来,技术不断进步,功能不断扩展,产品类型也越来越丰富。目前主要有Windows、UNIX、Linux、Mac OS、iOS和Android。

1. Windows操作系统

Windows是由微软公司推出的基于图形窗口界面的多任务的操作系统,是目前流行、常见的操作系统之一。随着计算机软硬件的不断发展,微软的Windows操作系统也在不断升级,从最初的Windows 1.0到大家熟知的Windows 95/98/XP/7/10/11等系列。Windows 10是跨平台及设备应用的操作系统,不仅可以运行在笔记本计算机和台式计算机上,还可以运行在智能手机、物联网等设备上。

Windows 10有32位和64位之分。因为目前CPU一般都是64位的,所以操作系统既可以安装32位的,也可以安装64位的。

通常人们所说的32位有两种意思,32位计算机和32位操作系统。32位计算机,是指CPU的数据宽度为32位,也就是它一次最多可以处理32位数据。其内存寻址空间为 2^{32}=4 294 967 296 B=4 GB左右。32位计算机只能安装32位操作系统,不能安装64位操作系统。而32位操作系统,是针对32位计算机而研发的,它最多可以支持4 GB内存,且只能支持32位的应用程序,满足普通用户的使用。

若安装64位操作系统,需要CPU支持64位,能识别到128 GB以上内存,能够支持32位和64位的应用程序,如图2-10所示。

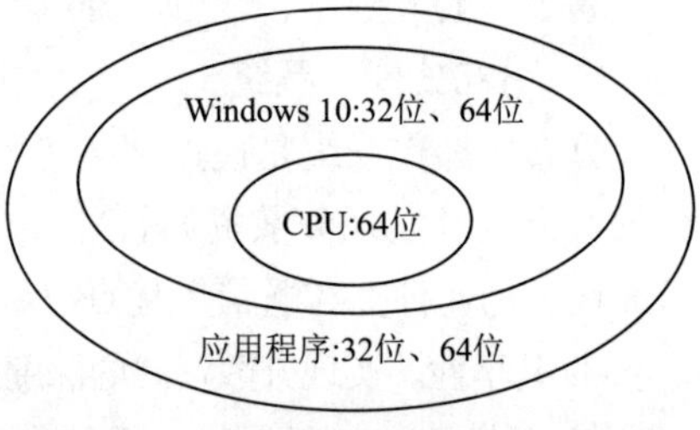

图2-10 Windows 10与CPU和应用程序的位数关系

2. UNIX操作系统

UNIX操作系统是当今世界最流行的多用户、多任务操作系统,支持多种处理器架构,属于分时操作系统,也是唯一能在各种类型计算机(微型计算机、工作站、小型机、巨型机等)都能稳定运行的全系列通用操作系统。UNIX最早于1969年在美国AT&T(美国电话电报公司)的贝尔实验室开发,是应用面最广、影响力最大的操作系统之一。

UNIX操作系统的特点和优势很多,下面仅列出几个主要的特点,便于对UNIX操作系统有一个初步的了解。

① 多用户、多任务。UNIX 操作系统内部采用分时多任务调度管理策略，能够同时满足多个相同或不同的请求。

② 开放性。开放性意味着系统设计、开发遵循国际标准规范，能够很好地兼容，很方便地实现互联。UNIX 操作系统是目前开放性最好的操作系统。

③ 可移植性。UNIX 操作系统内核的大部分是用 C 语言实现的，易读、易懂、易修改，可移植性好，这也是 UNIX 操作系统拥有众多用户群以及不断有新用户加入的重要原因之一。

④ 稳定性、可靠性和安全性。由于 UNIX 操作系统的开发是基于多用户环境进行的，因此在安全机制上考虑得比较严谨，其中包括了对用户的管理、对系统结构的保护及对文件使用权限的管理等诸多因素。

⑤ 具有网络特性。新版 UNIX 操作系统中，TCP/IP 协议已经成为 UNIX 操作系统中不可分割一部分，优良的内部通信机制，方便的网络接入方式，快速的网络信息处理方法，使 UNIX 操作系统成为构造良好网络环境的操作系统。

UNIX 操作系统的缺点是缺乏统一的标准，应用程序不够丰富，并且不易学习，这些都限制了 UNIX 操作系统的普及应用。

3. Linux 操作系统

Linux 操作系统是免费使用和开放源码的类 UNIX 操作系统，是一个基于 POSIX（portable operating system interface，可移植操作系统接口）和 UNIX 的多用户、多任务、支持多线程和多 CPU 的操作系统。Linux 操作系统可安装在各种计算机硬件设备中，比如手机、平板计算机、路由器、视频游戏控制台、台式计算机、大型机和超级计算机。

Linux 操作系统是由芬兰赫尔辛基大学计算机系学生 Linux Torvalds 在 1991 年开发的一个操作系统，主要用在基于 Intel x86 系列 CPU 的计算机上。Linux 操作系统能运行主要的 UNIX 工具软件、应用程序和网络协议。Linux 主要具有如下特点：

① 完全免费。Linux 最大的特点在于它是一个源代码公开的操作系统，其内核源代码免费。用户可以任意修改其源代码，无约束地继续传播。因此，吸引了越来越多的商业软件公司和无数程序员参与了 Linux 的修改、编写工作，使 Linux 快速向高水平、高性能发展。如今，Linux 已经成为一个稳定可靠、功能完善、性能卓越的操作系统。

② 多用户、多任务。Linux 支持多用户，各个用户对于自己的文件设备有自己特殊的权利，保证了各用户之间互不影响。

③ 友好的界面。Linux 提供了三种界面：字符界面、图形用户界面和系统调用界面。

④ 支持多种平台。Linux 可以运行在多种硬件平台上，如具有 x86、680x0、SPARC、Alpha 等处理器的平台。此外，Linux 还是一种嵌入式操作系统，可以运行在掌上计算机、机顶盒或游戏机上。

> **注意**
>
> Linux 是一种外观和性能与 UNIX 相同或比 UNIX 更好的操作系统，但是源代码和 UNIX 没有任何关系。换句话讲，Linux 不是 UNIX，但像 UNIX。

4. macOS 操作系统

macOS 是苹果公司（Apple Inc.）为系列产品开发的专属操作系统，不兼容 Windows 系统软件。一般情况下，在普通 PC 上无法安装。另外，现在流行的计算机病毒几乎都是针对 Windows 系统的，由于 Mac 的架构与 Windows 不同，所以很少受到计算机病毒的袭击。macOS 界面非常独特，突出了形象的图标和人机对话。

macOS 系统主要具有如下特点：

① 稳定、安全、可靠。macOS 构建于安全可靠的 UNIX 操作系统之上，并包含了旨在保护 Mac 和其中信息的众多功能。用户可在地图上定位丢失的 Mac 计算机，并进行远程密码设置等操作。

② 简单易用。macOS 从开机桌面到日常应用软件，处处体现了简单、直观的设计风格。系统能自动处理许多事情，查找、共享、安装和卸载等一切操作都十分轻松简单。

③ 先进的网络和图形技术。macOS 提供超强性能、超炫图形处理能力并支持互联网标准。

5. 苹果移动设备操作系统（iOS）

iOS 是由苹果公司开发的移动操作系统，最初是设计给 iPhone 使用的，后来陆续套用到 iPod touch、iPad 以及 Apple TV 等苹果产品上。iOS 与苹果的 macOS 操作系统一样，属于类 UNIX 的商业操作系统。原本这个系统名为 iPhone OS，但因 iPad、iPhone、iPod touch 都使用，所以 2010 年 6 月改名为 iOS。

iOS 的系统结构分为四个层次：核心操作系统层（core OS layer）、核心服务层（core services layer）、媒体层（media layer）和可触摸层（cocoa touch layer），如图 2-11 所示。

① 核心操作系统层，位于 iOS 系统架构最下面的一层，包括文件管理、文件系统以及一些其他操作系统任务。它可以直接和硬件设备进行交互。App 开发者不需要与这一层打交道。

② 核心服务层，为应用程序提供所需要的基础的系统服务。如 Accounts 账户框架、广告框架、数据存储框架、网络连接框架、地理位置框架、运动框架等。

图 2-11 iOS 的系统结构

③ 媒体层，为应用程序提供视听方面的技术，如绘制图形图像、录制音频与视频以及制作基础的动画效果等。

④ 可触摸层，为应用程序开发提供各种常用的框架并且大部分框架与界面有关，从本质上来说，它负责用户在 iOS 设备上的触摸交互操作。

iOS 的主要优点是流畅、稳定、新颖、简洁，性能与美观同时兼具。

6. Android 操作系统

Android（安卓）是基于 Linux 内核的开放源代码操作系统，主要使用于移动设备，如智能手机和平板计算机。

Android 操作系统采用软件堆层（software stack，又名软件叠层）的架构，底层 Linux 内核只提供基本功能，其他的应用软件则由各公司自行开发，部分程序以 Java 编写。

Android 平台系统主要具有如下特点：

① 开放性。开放的平台允许任何移动终端厂商加入 Android 联盟中来。显著的开放性可以

使其拥有更多的开发者，随着用户和应用的日益丰富，一个崭新的平台也将很快走向成熟。开放性对于Android的发展而言，有利于积累人气，这里的人气包括消费者和厂商，而对于消费者来讲，最大的受益正是丰富的软件资源。开放的平台也会带来更大竞争，如此一来，消费者将可以用更低的价位购得心仪的手机。

② 摆脱运营商的束缚。手机应用不再受运营商制约，使用什么功能接入什么网络，手机可以随意接入。

③ 丰富的硬件选择。由于Android的开放性，众多的厂商会推出功能特色各具的多种产品，但不会影响数据同步和软件的兼容。

④ 方便开发。Android平台提供给第三方开发商一个十分宽泛、自由的环境，不会受到各种条条框框的干扰，可想而知，会有多少新颖别致的软件会诞生，目前层出不穷的手机应用正源于此。

⑤ 无缝结合Google应用。Android平台手机可以无缝结合Google服务。

2.4.4 国产操作系统的发展

国产操作系统是指中国软件公司开发的计算机操作系统，目前主要是基于Linux开发的，但也有一些是自主开发的。常见的有红旗Linux操作系统、麒麟操作系统、统信UOS操作系统、深度操作系统、雨林木风操作系统等。

1. 红旗Linux操作系统

红旗Linux操作系统是一种国产操作系统，由中国电子信息产业集团有限公司旗下的中科红旗软件有限公司开发。它是一种基于Linux内核的操作系统，目标是为用户提供一个安全、可靠、易于使用的Linux发行版。

红旗Linux操作系统有多个版本，包括桌面版、服务器版和办公家具版。桌面版适用于个人用户和企事业单位的桌面环境，提供了美观易用的界面和高效的性能。服务器版适用于企业级应用的服务器环境，提供了强大的网络功能、安全策略和服务器应用。办公家具版适用于办公室和家庭环境，提供了高效的文档处理、电子邮件、互联网和多媒体应用等。

红旗Linux操作系统的特点包括安全可靠、适应国情、系统稳定、提供专业的技术支持等。此外，红旗Linux操作系统还具有丰富的应用软件，包括文本编辑器、浏览器、音乐播放器、视频播放器等。

2. 麒麟操作系统

麒麟操作系统（简称麒麟OS），是一种国产操作系统，由国防科技大学研发，目前授权于麒麟软件有限公司。该操作系统基于Linux内核，提供了桌面版和服务器版两种版本。

麒麟操作系统的桌面版提供了美观易用的界面和丰富的应用软件，包括办公软件、浏览器、音乐播放器等。它还支持多种文件格式和硬件设备，并提供了家长模式和青少年模式等功能。

3. 统信UOS操作系统

统信UOS（unified operating system）操作系统是一种国产操作系统，由统信技术有限公司开发。它基于Linux内核，并提供了桌面版和服务器版两种版本。

统信UOS的服务器版适用于企业级应用，提供了高效的性能和安全策略。它支持多种服务器应用，包括Web服务器、数据库服务器等。此外，统信UOS操作系统还提供了专业的技术支持和安全更新服务。

4. 深度操作系统

深度操作系统（deepin）是一款基于Linux内核的开源GNU/Linux操作系统，主要面向桌面应用。它由深度技术社区和专业的操作系统研发团队共同打造，以对人生和未来的深刻追求和探索为名称由来。

深度操作系统包含了深度桌面环境（DDE）和近30款深度原创应用，以及数款来自开源社区的应用软件，能够支撑广大用户的日常学习与工作。此外，通过深度商店还能够获得近千款应用软件的支持，满足用户对操作系统的扩展需求。

5. 雨林木风操作系统

雨林木风操作系统是广东雨林木风计算机科技有限公司为纪念雨林木风工作室成立一周年，制作了雨林木风工作室周年纪念版操作系统，作为雨林木风开源操作系统的初始发布版本。

雨林木风操作系统基于Ubuntu 9.10版本定制，采用了全新的操作界面，并根据中国人的使用习惯，去除不常用系统软件包，增加中文语言包和一些常用的精品软件，界面操作简洁明快，更加符合中国人操作习惯。

拓展练习

一、填空题

1. 内存是采用_____工艺制作的半导体存储芯片。
2. _____是按照数据结构来组织、存储和管理数据的仓库。
3. 计算机的性能主要取决于_____与容量。
4. _____断电后，其中的程序和数据都会丢失。
5. _____指软件运行在某一个操作系统下时，可以正常运行而不发生错误。
6. _____指不同硬件在同一操作系统下运行性能的好坏。
7. 国产操作系统主要是基于_____开发的，但也有一些是自主开发的。

二、问答题

1. 简要说明总线有哪些。
2. 内存条的主要技术性能有哪些？
3. 系统软件有哪些？
4. 简述常用的操作系统。
5. 简述国产操作系统的发展。

第 3 章　计算机网络与信息安全

计算机之间的信息传输是一个复杂的过程，复杂问题需要建立一些简化的模型，将复杂的问题分解成一些能够理解和控制的层次和模块，然后用系统化的方法进行解决，这是计算思维的方法。本章主要介绍计算机网络的层次模型和通信协议，如何组建一个计算机网络、调试网络、管理网络，以及因特网的应用、和信息安全等内容。

学习目标：
- 了解网络化社会的构成。
- 熟悉计算机网络的技术和设备，了解如何组建一个计算机网络。
- 了解计算机网络中信息的组织、传播、搜索方式。
- 熟悉计算机网络管理的常用命令。
- 了解因特网的工作原理。
- 了解计算机网络安全的相关知识。

3.1　计算机网络

计算机网络是计算机技术和通信技术紧密结合的产物，计算机网络在社会和经济发展中起着非常重要的作用，是人类生活与工作不可缺少的工具。我国在互联网技术应用与创新上取得了迅猛的发展，已经成为互联网的大国，因此，掌握计算机网络的基本知识及应用，是当今信息时代大学生的基本要求。

3.1.1　计算机网络的定义

计算机网络是把分散的具有独立功能的多台计算机利用通信线路和通信设备，用一定的连接方法互相连接在一起，按照网络协议进行数据通信，实现资源共享和协同工作。

网络建立的主要目的是实现数据通信和资源共享；互连的计算机是分布在不同地理位置的多台独立的"自治计算机系统"；连网计算机在通信过程中必须遵循网络协议。

1. 网络的基本功能

（1）数据通信

数据通信的形式有很多种，如电话是一种远程数据通信方式，但是只有音频，没有视频；

电视是一种具有音频和视频的远程数据通信方式，但是交互性不好。在计算机网络中，数据通信以交互方式进行，主要有网页、邮件、论坛、即时通信、IP电话、视频点播等形式。

（2）资源共享

计算机网络的资源指硬件资源、软件资源和信息资源。硬件资源有：交换设备、路由设备、存储设备、网络服务器等设备。例如，网络硬盘可以为用户免费提供数据存储空间。软件资源有：网站服务器（Web）、文件传输服务器（FTP）、邮件服务器（E-mail）等，它们为用户提供网络后台服务。信息资源也称数据资源有：网页、论坛、数据库、音频和视频文件等，它们为用户提供新闻浏览、电子商务等功能。资源共享可使网络用户对资源互通有无，大大提高网络资源的利用率。

（3）协同工作

利用网络技术可以将许多计算机连接成具有高性能的计算机系统，使其具有解决复杂问题的能力。这种协同工作、并行处理的方式，要比单独购置高性能大型计算机便宜得多。当某台计算机负载过重时，网络可将任务转交给空闲的计算机来完成，这样能均衡各计算机的负载，提高处理问题的能力。

2. 性能指标

计算机网络的性能指标：速率、带宽、吞吐量、传输时延、信道利用率。

① 速率即数据率（data rate）或比特率（bit rate）是计算机网络中最重要的一个性能指标。速率的单位是bit/s，或kbit/s、Mbit/s、Gbit/s等。比特（bit）是计算机中数据量的单位，也是信息论中使用的信息量的单位。

bit来源于binary digit，意思是一个"二进制数字"，因此一个比特就是二进制数字中的一个1或0。

② 带宽是数字信道所能传送的"最高数据率"，单位是"比特每秒"，即bit/s。现在局域网的带宽一般是千兆。

常用的带宽单位是：

千比每秒，即kbit/s（10^3 b/s）。

兆比每秒，即Mbit/s（10^6 b/s）。

吉比每秒，即Gbit/s（10^9 b/s）。

太比每秒，即Tbit/s（10^{12} b/s）。

在计算机界，1 K = 2^{10} = 1 024，1 M = 2^{20}，1 G = 2^{30}，1 T = 2^{40}。

③ 吞吐量(throughput)表示在单位时间内通过某个网络（或信道、接口）的数据量。吞吐量常用于对现实世界中网络的一种测量，以便知道实际上到底有多少数据量能够通过网络。吞吐量受网络带宽或网络额定速率的限制。

④ 传输时延（发送时延）表示在发送数据时，数据块从节点进入传输媒体所需要的时间。也就是从发送数据帧的第一个比特算起，到该帧的最后一个比特发送完毕所需的时间。

⑤ 信道利用率指出某信道有百分之几的时间是被利用的（有数据通过）。完全空闲的信道利用率是零。网络利用率则是全网络的信道利用率的加权平均值。信道利用率并非越高越好。

3.1.2 计算机网络的分类

从不同的角度对计算机网络有不同的分类方法。常见的有以下几种：

① 按网络的连接范围可分为：局域网（LAN）、城域网（MAN）、广域网（WAN）。

局域网（local area network，LAN）是指在局部地区范围内将计算机、外部设备和通信设备互连在一起的网络系统。它的特点是范围小，速度快，误码率低。

城域网（metropolitan area network，MAN）是在一个城市范围内所建立的计算机通信网。城域网是一种大型的局域网，通常使用与局域网相似的技术。城域网主要用作主干网，通过它将位于同一城市内不同地点的主机、数据库，以及局域网等互相连接起来，它用的通信线路是光缆。

广域网（wide area network，WAN）也称为远程网，所覆盖的范围比城域网更广，它一般是在不同城市和不同国家之间的局域网或者城域网互联，形成国际性的远程网络，将地球变成了"一个村"。

② 按物理连接方式（网络的拓扑结构）可分为：总线型、星状、环状、网状和蜂窝状拓扑结构。

③ 按照交换方式可分为：线路交换网络、存储转发交换网络。存储转发交换网络又可以分为报文交换网络和分组交换网络。

④ 按网络数据传输与交换系统的所有权可分为：公用网和专用网。

⑤ 按传输方式和传输带宽方式可分为：基带网和宽带网。

3.2 计算机网络的组成

3.2.1 网络通信基础

网络通信的三大要素包括：信源、信宿和信道。信源是信息的发送方，信宿是信息的接收方，信道是连接信源和信宿的通道，是信息的传送媒介，信源通过信道可以将信息传输到信宿。

信源应具有产生信号、编码信号和发送信号的能力。可以将由 0、1 串表达的信息转换成不同波形、不同频率的信号发送到信道上；信宿应具有接收信号及解码信号的能力，即依据接收到的不同波形、不同频率的信号通过译码器还原回 0、1 串表示的数字信息。信道可以是有线的，即利用各种电缆线进行传输，也可以是无线的，即利用各种频率的电波进行传输，如图 3-1 所示。

图 3-1 网络通信示意图

在计算机网络中，信源和信宿通常都是计算机。计算机之间为了相互通信，必须通过软件或硬件实现编解码器的功能，网卡就是常用的可以实现编解码器的硬件。网卡（network interface card，NIC，又称网络适配器）是局域网中最基本的部件之一，插在计算机或服务器扩展槽中，提供主机与网络间数据交换的通道。无论是双绞线连接、同轴电缆连接还是光纤连接，都必须借助于网卡才能实现与计算机进行通信。网卡的工作是双重的：一方面它将本地计算机上的数据转换格式后送入网络；另一方面它负责接收网络上传过来的数据包，对数据进行与发送数据时相反的转换，将数据通过主板上的总线传输给本地计算机。每块网卡都有一个唯一的网络节点地址，它是网卡生产厂家在生产时写入ROM中的，把它称为MAC地址（物理地址），且保证其绝对不会重复。

3.2.2 网络传输介质

网络通信中，信道（信息传输的媒介）可以分为有线和无线两类。目前最常用的有以下几种：

1. 双绞线

（1）双绞线的分类

双绞线属于有线传输介质，类似于普通的相互绞合的电线，拥有8根相互绝缘的铜芯。这8根铜芯分为4对，每2根为1对，并按照规定的密度和一定的规律相互缠绕，双绞线两端必须安装RJ-45接头，也就是水晶头，如图3-2所示。

双绞线按照内部组成分成屏蔽双绞线和非屏蔽双绞线，屏蔽双绞线比非屏蔽双绞线多了一层金属屏蔽网，因此它的抗干扰能力要强一些。

双绞线按传输质量分为1至5类，局域网中常用为3类、4类和5类双绞线。

3类：指目前在ANSI和EIA/TIA568标准中指定的电缆，该电缆的传输频率为16 MHz，用于语音传输及最高传输速率为10 Mbit/s的数据传输。主要用于10BASE-T。

4类：该类电缆的传输频率为20 MHz，用于语音传输及最高传输速率16 Mbit/s的数据传输。主要用于基于令牌的局域网和10BASE-T/100BASE-T。

5类：该类电缆增加了绕线密度，外套一种高质量的绝缘材料，传输频率为100 MHz，用于语音传输和最高传输速率为10 Mbit/s的数据传输。主要用于100BASE-T和10BASE-T网络。这是最常用的以太网电缆。超五类线的网络传输衰减程度比较小，受到串扰的因素比较少，超五类线的时延误差相对比较小，与五类线相比，其具有更为良好的网络传输性能，多用于千兆以太网中。

（2）制作双绞线主要工具

双绞线因为其质地较软，容易施工，很适合于楼宇内部的布线。制作工具简单，主要有下列两种，如图3-3所示。

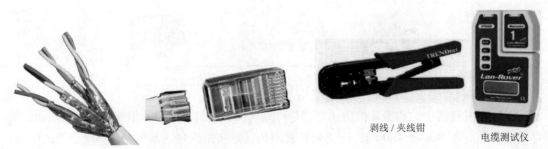

图3-2 双绞线和RJ-45接头　　　　图3-3 双绞线制作主要工具

夹线钳：主要用于施工中双绞线按所需切割分段，以及外皮的分离和水晶头的压和。

测线仪：主要用于双绞线制作完成后的连通性测试，看是否符合各种连接要求。

（3）双绞线的制作标准

3类或5类双绞线是由8线4对呈螺旋排列、两根导线相互绞在一起，并由坚韧外皮包裹组成。其中8根导线以不同颜色区分，白橙与橙为一对，用作发送线对（TD+、TD-）；白绿与绿为一对，用作接收线对（RD+、RD-）；白蓝与蓝为一对，白棕与棕为一对，这两对作为预留对。因此国际上有两种制线标准：T568A和T568B。其排线顺序详见表3-1。

表 3-1 双绞线标准

标　　准	1	2	3	4	5	6	7	8
T568A	白绿	绿	白橙	蓝	白蓝	橙	白棕	棕
T568B	白橙	橙	白绿	蓝	白蓝	绿	白棕	棕

由表3-1可见，两者的主要区别在于：第1根线和第3根线，以及第2根线和第6根线之间位置的互换。标准中描述的序号按照水晶头中接触点的顺序表示，如图3-4所示。

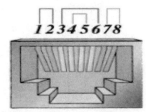

图 3-4 水晶头中接触点排序

（4）直通双绞线和交叉双绞线的制作规范及作用

直通双绞线：两端都采用T568B的标准排线；一般用于计算机和集线器（或交换机）的连接，如图3-5所示；当集线器的级联时，用于集线器的级联端口和其普通端口相连的情况。

交叉双绞线：一端采用T568A标准，另外一端采用T568B标准来排线，如图3-6所示。一般用于计算机和计算机的连接；当集线器的级联时，用于集线器的普通端口和其普通端口相连的情况。

图 3-5 直通双绞线

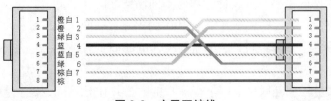

图 3-6 交叉双绞线

2. 光缆

光缆也是有线传输介质。光缆是一定数量的光纤按照一定方式组成缆芯，外包有护套，有的还包覆外护层，用以实现光信号传输的一种通信线路，如图3-7所示。

图 3-7 光缆

3. 无线电波

无线电波属于无线传输介质，是以电磁波作为信息的载体实现计算机相互通信的。无线网络非常适用于移动办公，也适用于那些由于工作需要而经常在室外上网的公司或企业，如石油勘探、测绘等。目前，无线网络越来越多的用于家庭。

3.2.3 网络互联设备

网络互联是指将不同的网络或相同的网络用互联设备连接在一起而形成一个范围更大的网络，也可以是为增加网络性能和易于管理而将一个原来很大的网络划分为几个子网或网段。对局域网而言，所涉及的网络互联问题有网络距离延长；网段数量增加；不同LAN之间的互联及广域互联等。网络互联时，必须解决如下问题：在物理上如何把两种网络连接起来。一种网络如何与另一种网络实现互访与通信，如何解决它们之间协议方面的差别，如何处理速率与带宽的差别。网络互联中常用的设备有路由器（router）和调制解调器（modem）等。

1. 路由器

路由就是指通过相互连接的网络把信息从源地点移动到目标地点的活动。路由器通过路由决定数据的转发，转发策略称为路由选择，这也是路由器名称的由来。路由器在互联网中扮演着十分重要的角色，它是互联网的枢纽、"交通警察"。路由器和交换机之间的主要区别是交换发生在OSI参考模型的第二层（数据链路层），而路由器发生在第三层（网络层）。这一区别决定了路由器和交换机在移动信息的过程中需要使用不同的控制信息，所以两者实现各自功能的方式是不同的。

路由器的一个作用是连通不同的网络，另一个作用是选择信息传送的线路。选择通畅快捷的近路，能大大提高通信速度，减轻网络系统通信负荷，节约网络系统资源，提高网络系统畅通率，从而让网络系统发挥出更大的效益来。一般说来，异种网络互联与多个子网互联都应采用路由器来完成。路由器的主要工作就是为经过路由器的每个数据帧寻找一条最佳传输路径，并将该数据有效地传送到目的站点。由此可见，选择最佳路径的策略即路由算法是路由器的关键所在。为了完成这项工作，在路由器中保存着各种传输路径的相关数据——路径表（routing table），供路由选择时使用。路径表中保存着子网的标志信息、网上路由器的个数和下一个路由器的名字等内容。路径表可以是由系统管理员固定设置好的，也可以由系统动态修改，可以由路由器自动调整，也可以由主机控制。

路由器是互联网的主要节点设备，作为不同网络之间互相连接的枢纽，路由器系统构成了基于TCP/IP的国际互联网络Internet的主体脉络，也可以说，路由器构成了Internet的骨架，如图3-8所示。

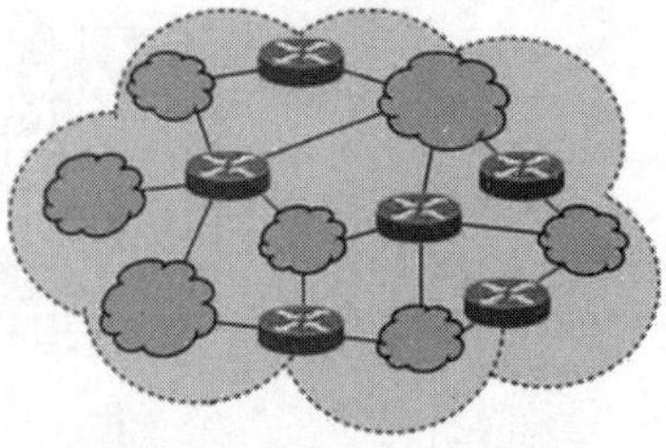

路由器本身被分配到互联网上一个全球唯一的公共IP地址。互联网上的服务器与路由器通信，路由器把网络信号引导到局域网（比如家里的网络，或者一个公司的网络）上的相应设备。现在的路由器大多是Wi-Fi路由器，它创建一个Wi-Fi网络，多个设备可以连接此Wi-Fi网络。通常路由器还有多个以太网端口，可用网线连接多个设备。

图3-8 路由器与互联网

在家庭或小型办公室网络中,通常是直接采用无线路由器来实现集中连接和共享上网两项任务的,因为无线路由器同时兼备无线AP(无线网络接入点)的集结和连接功能。无线路由器(wireless router)可实现家庭无线网络中的Internet连接共享,实现ADSL、cable modem和小区宽带的无线共享接入。无线路由器可以与所有以太网接的ADSL modem或cable modem直接相连,也可以在使用时通过交换机/集线器、宽带路由器等局域网方式再接入。

2. 调制解调器

路由器是通过调制解调器连接到互联网的,调制解调器的作用就是当计算机发送信息时,将计算机发出的数字信号转换成可以在电话线中传输的模拟信号,这一过程称为调制,接收信息时,把电话线上传输的模拟信号转换成数字信号传送给计算机,这一过程称为解调。

调制解调器与因特网服务提供方(internet service provider,ISP)的网络进行通信。如果它是一个电缆调制解调器,它通过同轴电缆与ISP的基础设施互联。如果它是一个DSL(digital subscriber line,数字用户线路)调制解调器,则连接电话线进行通信。

调制解调器一端通过多种方式连接因特网服务提供方的基础设施,如电缆、电话线、卫星或光纤连接,另一端则通过以太网缆线的方式,连接路由器(或计算机),如果连接路由器,一般是路由器共享Wi-Fi给各个设备上网,或者把设备用有线方式接入到路由器的以太网接口上,如图3-9所示。

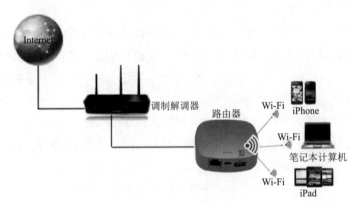

图3-9 modem与互联网

现在不少因特网服务提供方提供综合了调制解调器和路由器的盒子,里面有电器和软件,使之同时具有调制解调器和路由器的功能。这些盒子一方面充当调制解调器,与因特网服务提供方(例如中国电信、中国移动)通信,另一方面充当路由器,创建一个家庭Wi-Fi网络。

3.2.4 局域网连接设备

多台计算机连接成局域网,仅使用网卡是不行的,需要专门的连接设备将多台计算机连接在一起,例如集线器和交换机。目前,集线器已被交换机取代,组网中很少使用集线器。

交换机是一个扩大网络的器材,它具有多个端口,可通过双绞线与多台计算机的网卡相连,以便连接更多的计算机,形成局域网系统。

另外,交换机还是一种信号转发设备,它可以将接收到的信号转发出去,实现网络中多台计算机之间的通信。交换机接收存储端口上的数据包,根据不同的协议在交换器里面选择数据包从哪个端口进，经处理后将数据包传送到目的端口，将数据直接发送到目的计算机，而不是广播到所有端口，提高了网络的实际传输效率，数据传输安全性较高。对于跨度较小，例如仅限定于一个宿舍或一间办公室内的局域网，可以用一台交换机构建如图3-10（a）所示星状结构的局域网。如果局域网跨度较大，可使用多台交换机构建树状结构的局域网，如图3-10（b）所示。

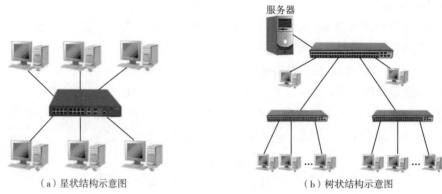

（a）星状结构示意图　　　　　　　　　（b）树状结构示意图

图 3-10　交换机构建局域网

3.2.5　局域网拓扑结构

图 3-10 中的星型结构和树型结构，称为网络的拓扑结构。网络拓扑结构是指用传输介质互连各种设备的物理布局。网络中的计算机等设备要实现互联，就需要以一定的结构方式进行连接，这种连接方式就称为"拓扑结构"，通俗地讲，就是这些网络设备是如何连接在一起的。常见的网络拓扑结构主要有：总线型结构、环状结构、星状结构、树状结构和网状结构等。

总线型拓扑结构（见图3-11）是将所有入网计算机都接入到一条通信线路上，网络中所有的节点通过总线进行信息的传输。这种结构的特点是结构简单灵活，建网容易，使用方便，性能好。缺点是主干总线对网络起决定性作用，总线故障将影响整个网络。

星状拓扑结构（见图3-12）由中心处理机与各个节点连接组成，节点间不能直接通信，各节点必须通过中心处理机转发。星状拓扑结构的特点是结构简单、建网容易、便于控制和管理。其缺点是中心处理机负担较重，属于集中控制，容易形成系统的"瓶颈"，线路的利用率也不高。

图 3-11　总线型拓扑结构

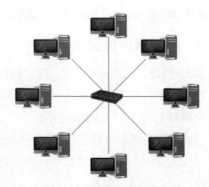

图 3-12　星状拓扑结构

环状拓扑结构（见图3-13）中由各节点首尾相连形成一个闭合环型线路。环状网络中的信息传送是单向的，即沿一个方向从一个节点传到另一个节点；每个节点需安装中继器，以接收、放大、发送信号。这种结构的特点是结构简单、建网容易、便于管理。其缺点是当节点过多时，将影响传输效率，不利于扩充。

树状拓扑结构（见图3-14）是星状拓扑结构的一种变形，采用了分层结构，这种结构与星状拓扑结构相比降低了通信线路的成本，但增加了网络的复杂性，任一节点都相当于其下层节点的转发节点，网络中除了最低层节点及其连线外，任一节点或连线的故障都会影响其所在支路网络的正常工作。

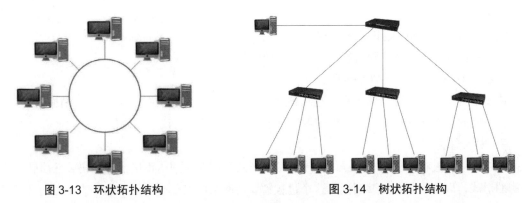

图3-13　环状拓扑结构　　　　　　　图3-14　树状拓扑结构

网状拓扑结构（见图3-15）主要是指各节点通过传输线互联连接起来，并且每一个节点至少与其他两个节点相连。网状拓扑结构由于节点之间有多条线路相连，所以网络的可靠性较高，但是由于结构比较复杂，建设成本较高，而且不易扩充。

在一些较大型的网络中，会将两种或几种网络拓扑结构混合起来，各自取长补短，形成混合型拓扑结构（见图3-16）。

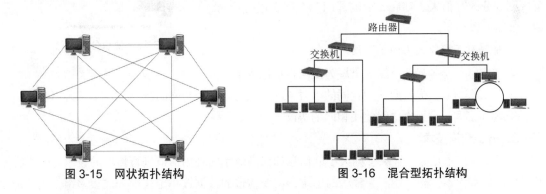

图3-15　网状拓扑结构　　　　　　　图3-16　混合型拓扑结构

3.3　计算机网络体系结构

3.3.1　计算机网络的通信协议

为了使计算机与计算机之间通过网络实现通信，使数据可以在网络上从源传递到目的地，网络上那些由不同厂商生产的设备、由不同的CPU、不同操作系统组成的计算机之间需要

"讲"相同的"语言"。协议就是描述网络通信中"语言"规范的一组规则。网络协议是通信双方必须共同遵从的一组约定。如怎么样建立连接、怎么样互相识别等。只有遵守这个约定，计算机之间才能相互通信交流。

通俗来讲，有两个人，一个中国人，一个法国人，这两个人要想交流，必须讲一门双方都懂的语言。如果大家都不会讲对方的民族语言，那么可以选择双方都懂的第三方语言来交流，比如"讲英语"。那么这时候"英语"实际上就相当于是一种"网络协议"。

1. 网络协议

网络协议本身比自然语言要简单得多，但是却比自然语言更严谨。它包含三个要素：语法、语义、时序。

语法：数据与控制信息的结构或格式。

语义：需要发出何种控制信息，完成何种动作及做出何种应答。

同步：事件实现顺序的详细说明。

协议本身并不是一种软件，它只是一种通信标准，最终要由软件来实现。网络协议的实现就是在不同的软件和硬件环境下，执行可运行于该种环境的"协议"翻译程序。

2. 协议分层

网络通信的过程很复杂。数据以电子信号的形式穿越介质到达正确的计算机，然后转换成最初的形式，以便接收者能够阅读。这个过程需要的网络协议是非常复杂的，为了方便处理复杂的协议，需要对协议进行分层管理。例如，写信人寄送信件给收信人，这个过程涉及信件的书写、邮局的投寄、信件的运输、信件的投递等多个过程，这个复杂的过程中涉及信件的书写格式、信封的书写格式、邮票的面额、运输的方式等多个规则，为了方便管理，把这多个规则划分成写信人、邮局、运输部门三个层次进行管理，如图 3-17 所示。

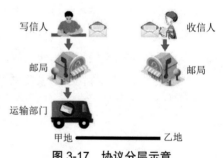

图 3-17 协议分层示意

① 邮局对于写信人来说是下层。
② 运输部门是邮局的下层（下层为上层提供服务）。
③ 写信人与收信人之间使用相同的语言（同层次之间使用相同的协议）。
④ 邮局之间：同层次之间使用相同的协议。

3. 分组交换技术

分组交换技术是为了解决不同大小的信息如何高效率的利用信道进行传输的技术。分组交换采用"化整为零"和"还零为整"的思维，将要传输的数据按一定长度分成很多组，为了准确地传送到对方，每个组都打上标识，许多不同的数据分组在物理线路上以动态共享和复用方式进行传输，为了能够充分利用资源，当数据分组传送到交换机时，会暂存在交换机的存储器中，然后根据当前线路的忙闲程度，交换机会动态分配合适的物理线路，继续数据分组的传输，直到传送到目的地。到达目的地之后的数据分组再重新组合起来，形成一条完整的数据。

3.3.2 OSI分层模型

国际标准化组织（international standards organization，ISO）提出了作为通信协议设计指标

的OSI（open system interconnection）参考模型，模型将通信协议划分为七层，通过分层，将复杂的网络协议简单化。在这个分层模型中，每一个分层都接收由下一层提供的特定服务，并且负责为自己的上一层提供服务。上下层之间进行交互所遵守的约定被称为"接口"，同一层的被称为"协议"。分层的作用在于可以细分通信功能，更加易于单独实现每个分层的协议，并且界定各个分层的具体责任和义务。OSI参考模型如图3-18所示。

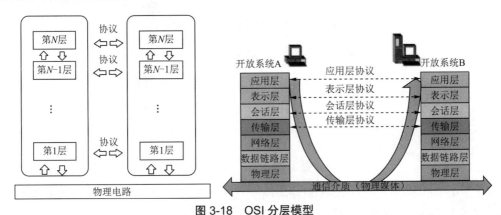

图 3-18　OSI 分层模型

OSI参考模型中各分层的作用见表3-2。

表 3-2　OSI 参考模型中各分层的作用

层次	分层名称	功　　能	功能描述
7	应用层	针对特定应用的协议	针对每个应用的协议
6	表示层	设备固有数据格式和网络标准数据格式的转换	接收不同表现形式的信息，如文字流、图像、声音等
5	会话层	通信管理。负责建立和断开通信连接（数据流动的逻辑通路）。管理传输层以下的分层	如何建立连接，何时断开连接以及保持多久的连接
4	传输层	管理两个节点之间的数据传输。负责可靠传输（确保数据被可靠地传送到制定目标）	是否有数据丢失
3	网络层	地址管理与路由选择	经过哪个路由传到目标地址
2	数据链路层	互联设备之间传送和识别数据帧	数据帧与比特流之间的转换以及分段转发
1	物理层	以"0"和"1"代表电压的高低、灯光的闪灭。界定连接器和网络的规格	为数据端设备提供传送数据通路、传输数据

3.3.3　TCP/IP参考模型

ISO制定了开放系统互联标准，提出了OSI参考模型，世界上任何地方的系统只要遵循OSI标准即可进行相互通信。但OSI只是ISO提出的一个纯理论的、框架性的概念，是协议开发前设计的，是一种理论上的指导，具有通用性，而TCP/IP是另一种网络模型，它是OSI协议的实体化，它最早作为ARPAnet使用的网络体系结构和协议标准，是先有协议集然后建立模型。TCP/IP参考模型因其开放性和易用性在实践中得到了广泛的应用，TCP/IP协议栈也成为互联网的主流协议。目前国际上规模最大的计算机网络Internet（因特网）就是以TCP/IP为基础的。

TCP/IP参考模型是一系列网络协议的总称，这些协议的目的是使计算机之间可以进行信息交换。TCP（transmission control protocol）和IP（internet protocol）只是其中最重要的两个协议，所以用TCP/IP来命名，它还包括UDP、ICMP、IGMP、ARP/RARP等其他协议。TCP/IP参考模型自下到上划分为四层或五层，如图3-19所示。下层向上层提供能力，上层利用下层的能力提供更高的抽象。

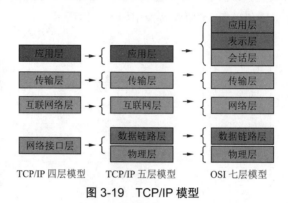

图 3-19 TCP/IP 模型

在TCP/IP四层模型中，去掉了OSI参考模型中的会话层和表示层（这两层的功能被合并到应用层实现）。同时将OSI参考模型中的数据链路层和物理层合并为网络接口层。

1. 网络接口层

网络接口层与OSI参考模型中的物理层和数据链路层相对应。它负责监视数据在主机和网络之间的交换。

2. 互联网络层

互联网络层是整个TCP/IP协议栈的核心。它的功能是把分组发往目标网络或主机。同时，为了尽快地发送分组，可能需要沿不同的路径同时进行分组传递。因此，分组到达的顺序和发送的顺序可能不同，这就需要上层必须对分组进行排序。

互联网络层定义了分组格式和协议，即IP协议。

互联网络层除了需要完成路由的功能，还可以完成将不同类型的网络（异构网）互联的任务。除此之外，互联网络层还需要完成拥塞控制的功能。

3. 传输层

在TCP/IP参考模型中，传输层的功能是使源端主机和目标端主机上的对等实体可以进行会话。在传输层定义了两种服务质量不同的协议。即传输控制协议TCP和用户数据报协议UDP（user datagram protocol）。

TCP协议是一个面向连接的、可靠的协议。它将一台主机发出的字节流无差错地发往互联网上的其他主机。在发送端，它负责把上层传送下来的字节流分成报文段并传递给下层。在接收端，它负责把收到的报文进行重组后递交给上层。TCP协议还要处理端到端的流量控制，以避免缓慢接收的接收方没有足够的缓冲区接收发送方发送的大量数据。

UDP协议是一个不可靠的、无连接的协议，主要适用于不需要对报文进行排序和流量控制的场合。

4. 应用层

TCP/IP参考模型将OSI参考模型中的会话层和表示层的功能合并到应用层实现。应用层面向不同的网络应用，引入了不同的应用层协议。其中，有基于TCP协议的，如文件传输协议

（file transfer protocol，FTP）、虚拟终端协议（TELNET）、超文本传输协议（hyper text transfer protocol，HTTP），也有基于UDP协议的。

假如你给你的朋友发一个消息，数据开始传输，这时数据就要遵循TCP/IP协议。

① 应用层先把你的消息（文字、图片、视频等）进行格式转换和加密等操作，然后交给传输层。这时的数据单元（单位）是信息。

② 传输层将数据切割成一段一段的以便于传输，并往里加上一些标记，比如当前应用的端口号等，交给互联网络层。这时的数据单元（单位）是数据流。

③ 互联网络层再将数据进行分组，分组头部包含目标地址的IP及一些相关信息，交给物理层。这时的数据单元（单位）是分组。

④ 物理层将数据转换为比特流，查找主机真实物理地址并进行校验等操作，校验通过后，数据传往目的地。这时的数据单元（单位）是比特。

⑤ 到达目的地后，对方设备会将上面的顺序反向的操作一遍，最后呈现出来。

3.3.4　IP协议与IP地址

IP协议，又称网际协议，是TCP/IP体系中的网络层协议，它负责Internet上网络之间的通信，并规定了将数据从一个网络传输到另一个网络应遵循的规则，是TCP/IP协议的核心。

各个厂家生产的网络系统和设备，如以太网、分组交换网等，它们相互之间不能互通，不能互通的主要原因是它们所传送数据的基本单元（技术上称之为"帧"）的格式不同。IP协议实际上是一套由软件、程序组成的协议软件，它把各种不同"帧"统一转换成"网协数据包"格式，这种转换是因特网的一个最重要的特点，使所有各种计算机都能在因特网上实现互通，即具有"开放性"的特点。

数据包也是分组交换的一种形式，就是把所传送的数据分段打成"包"，再传送出去。每个数据包都有报头和报文这两个部分，报头中有目的地址等必要内容，使每个数据包经过不同的路径都能准确地到达目的地。在目的地重新组合还原成原来发送的数据。这就要IP具有分组打包和集合组装的功能。

1. IP地址

IP协议中还有一个非常重要的内容，就是为每台计算机都分配一个唯一的网络地址，这就是通常讲的ip地址。IP地址是IP协议提供的一种统一的地址格式，它为互联网上的每一个网络和每一台主机分配一个逻辑地址，以此来屏蔽物理地址的差异。保证了用户在联网的计算机上操作时，能够高效且方便地从千千万万台计算机中选出自己所需的对象来。IP地址就好像电话号码（地址码）：有了某人的电话号码，就能与他通话；有了某台主机的IP地址，就能与这台主机通信。

按照TCP/IP协议规定，IP地址用二进制来表示，每个IP地址长32 bit，就是4字节。一个采用二进制形式的IP地址是一串很长的数字，为了方便使用，IP地址经常被写成十进制的形式，中间使用符号"."分开不同的字节，如32.233.189.104，IP地址的这种表示法称为"点分十进制表示法"，这显然比1和0容易记忆得多。

IP地址有IPv4和IPv6两个版本。IPv4中，每个IP地址长32位，由网络标识和主机标识两部分组成，网络标识确定主机属于哪个网络，主机标识来区分同一网络内的不同计算机。互联网的IP地址可分为五类，常用的有A、B、C这三类，每类网络中IP地址的结构，即网络标识长度和主机标识长度都不一样。三类IP地址见表3-3。

表3-3　三类IP地址

IP地址类型	第一字节（十进制）	固定最高位（二进制）	网络位（二进制）	主机位（二进制）
A类	0～127	0	8	24
B类	128～191	10	16	16
C类	192～223	110	24	8

A类IP地址由1字节（每个字节是8位）的网络地址和3字节主机地址组成，网络地址的最高位必须是"0"。

因此，A类IP地址能表示的网络地址从00000000到01111111，转换成十进制就是从0到127，但是由于全0的网络地址用作保留地址，而127开头的网络地址用于循环测试，因此，A类网络实际能表示的网络号范围是1～126，也就是说可用的A类网络有126个。

剩下3字节都用于表示主机，理论上能表示的主机数就有2^{24}个，但是，因为全"0"和全"1"的主机地址也有特殊含义，不能作为有效的IP地址，所以A类网络能表示的主机数量实际为16 777 214个，由此可以看出A类地址适用于主机数量较多的大型网络。127.0.0.1是一个特殊的IP地址，表示主机本身，用于本地机器上的测试和进程间的通信。

B类IP地址适用于中型网络，由2字节的网络地址和2字节的主机地址组成，网络地址的最高位必须是"10"。B类网络有16 382个，能表示的主机数是65 534个。

一个C类IP地址由3字节的网络地址和1字节的主机地址组成，网络地址的最高位必须是"110"。C类网络为209万余个，每个网络能容纳的主机数只有254个。所以，C类地址适用于小型网络。

2. 子网掩码

为了提高IP地址的使用效率，每一个网络又可以划分为多个子网。采用借位的方式，从主机最高位开始借位变为新的子网位，剩余部分仍为主机位。这使得IP地址的结构分为三部分，即网络位、子网位和主机位，如图3-20所示。

网络位	子网位	主机位

图3-20　IP地址结构

引入子网概念后，网络位加上子网位才能全局唯一地标识一个网络。把所有的网络位用1来标识，主机位用0来标识，就得到了子网掩码。A、B、C这三类IP地址都有自己对应的子网掩码，见表3-4。

表3-4　A、B、C这三类IP地址默认的子网掩码

IP地址类型	子网掩码	子网掩码的二进制表示
A类	255.0.0.0	11111111.00000000.00000000.00000000
B类	255.255.0.0	11111111.11111111.00000000.00000000
C类	255.255.255.0	11111111.11111111.11111111.00000000

如欲将B类IP地址168.195.0.0划分成若干子网,每个子网内有450台机器。B类IP地址默认的子网掩码是255.255.0.0。450台主机选用9位二进制位(2^9=512)表示主机号即可,因此,可以将B类IP地址子网掩码11111111.11111111.00000000.00000000中表示主机号的二进制位数由16位改成9位,子网掩码变为11111111.11111111.11111110.00000000,换算成十进制数为255.255.254.0。

子网掩码不能单独存在,它必须结合IP地址一起使用。子网掩码只有一个作用,就是将某个IP地址划分成网络地址和主机地址两部分。通过计算机的子网掩码可以判断两台计算机是否属于同一网段:将计算机十进制的IP地址和子网掩码转换为二进制的形式,然后进行二进制"与"(AND)计算(全1则得1,不全1则得0),如果得出的结果是相同的,那么这两台计算机就属于同一网段。

3. 公有IP与私有IP

根据使用的效用,IP地址可以分为公有IP(public IP)和私有IP(private IP)。前者在Internet全局有效,后者一般只能在局域网中使用。

① 公有IP:已经在国际互联网络信息中心(internet network information center,InterNIC)注册的IP地址,称为公有IP。拥有公有IP的主机可以在Internet上直接收发数据,公有IP在Internet上必定是唯一的。

② 私有IP:仅在局域网内部有效的IP称为私有IP。InterNIC特别指定了某些范围内的IP地址作为专用的私有IP。InterNIC保留的私有IP为:

A类:10.0.0.0……10.255.255.255。

B类:172.16.0.0……172.16.255.255。

C类:192.168.0.0……192.168.255.255。

在不与Internet连接的企业内部的局域网中,常使用私有地址,私有地址仅在局域网内部有效,虽然它们不能直接和Internet连接,但通过技术手段也可以和互联网进行通信。

IPv4的地址位数为32位,只有大约2^{32}(43亿)个地址。近年来由于互联网的蓬勃发展,IP地址的需求量越来越大,计算机网络进入人们的日常生活,可能身边的每一样东西都需要连入全球因特网。IP地址已于2011年2月3日分配完毕,地址不足,严重地制约了互联网的应用和发展。另一方面,除了地址资源有限以外,IPv4不支持服务质量,无法管理带宽和优先级,不能很好地支持现今越来越多的实时语音和视频应用,在这样的环境下,IPv6应运而生。

IPv6是IP的新版本,标准化工作始于1991年,主要部分在1996年完成,IPv6采用128位地址长度,是IPv4的4倍,可分配的地址数量为3.4×10^{38}个,几乎可以不受限制地提供地址。IPv6由8个地址节组成,每节包含16个地址位,以8个十六进制数书写,节与节之间用冒号分隔。

在IPv6的设计过程中除了解决地址短缺问题以外,其主要优势体现在扩大地址空间、提高网络的整体吞吐量、改善服务质量、安全性有更好的保证、支持即插即用和移动性、更好地实现多播功能等。

在我国,从整体上讲,IPv6的技术已经成熟,标准也基本完善,一些网络基础设施和核心设备都已陆续开始支持其使用,但是在具体实施的问题上,目前还没有普遍推广,而是处于与IPv4相互并存和过渡的阶段。

4. 域名

尽管IP地址能够唯一地标记网络上的计算机，但IP地址是一长串数字，不直观，而且用户记忆十分不方便，于是人们又发明了另一套字符型的地址方案，即所谓的域名地址。

每个域名也由几部分组成，每部分称为域，域与域之间用圆点（.）隔开，最末的一组称为域根，前面的称为子域。一个域名通常包含3~4个子域。域名所表示的层次是从右到左逐渐降低的。例如：www.sjzc.edu.cn，其中cn是代表中国（顶级域名）；edu代表教育机构（二级域名）；sjzc代表石家庄学院（三级域名）；www代表万维网。

IP地址和域名是一一对应的，这份域名地址的信息存放在一个称为域名服务器（domain name server，DNS）的主机内，使用者只需了解域名，其对应转换工作就留给了域名服务器。域名服务器就是提供IP地址和域名之间的转换服务的服务器。

3.4 常用网络命令

在网络调试的过程中，常常要检测服务器和客户机之间是否连接成功、希望检查本地计算机和某个远程计算机之间的路径、检查TCP/IP的统计情况以及系统使用DHCP分配IP地址时掌握当前所有的TCP/IP网络配置情况，以便及时了解整个网络的运行情况，以确保网络的连通性，保证整个网络的正常运行。在Windows中提供了以下命令行程序。

3.4.1 ping

用于测试计算机之间的连接，这也是网络配置中最常用的命令。

ping用于确定网络的连通性。命令格式为

```
ping 主机名/域名/IP地址
```

一般情况下，用户可以通过使用一系列ping命令来查找问题出在什么地方，或检验网络运行的情况。典型的检测次序及对应的可能故障如下：

① ping 127.0.0.1：如果测试成功，表示网卡、TCP/IP协议的安装、IP地址、子网掩码的设置正常。如果测试不成功，就表示TCP/IP的安装或运行存在某些最基本的问题。

② ping本机IP：如果测试不成功，则表示本地配置或安装存在问题，应当对网络设备和通信介质进行测试、检查并排除。

③ ping局域网内其他IP：如果测试成功，表示本地网络中的网卡和载体运行正确。但如果收到0个回送应答，那么表示子网掩码不正确或网卡配置错误或电缆系统有问题。

④ ping网关IP：如果收到正确应答，表示局域网中的网关或路由器正在运行并能够做出应答。

⑤ ping远程IP：如果收到正确应答，表示成功地使用了缺省网关。对于拨号上网用户则表示能够成功的访问Internet。

⑥ ping localhost：localhost是系统的网络保留名，它是127.0.0.1的别名，每台计算机都应该能够将该名字转换成该地址。如果没有做到这点，则表示主机文件（/Windows/host）存在问题。

⑦ ping www.163.com（一个著名网站域名）：对此域名执行ping命令，计算机必须先将域名转换成IP地址，通常是通过DNS服务器。如果这里出现故障，则表示本机DNS服务器的IP地址配置不正确，或DNS服务器有故障。

如果上面所列出的所有ping命令都能正常运行，那么计算机进行本地和远程通信基本上就没有问题了。但是，这些命令的成功并不表示你所有的网络配置都没有问题，例如，某些子网掩码错误就可能无法用这些方法检测到。ping命令的常用参数选项如下：

ping IP -t：连续对IP地址执行ping命令，直到被用户按【Ctrl+C】组合键中断。

ping IP -l 2000：指定ping命令中的数据长度为2 000字节，而不是缺省的32字节。

ping IP -n：执行特定次数的ping命令。

ping IP -f：强行不让数据包分片。

ping IP -a：将IP地址解析为主机名。

3.4.2　IP配置程序ipconfig

发现和解决TCP/IP网络问题时，先检查出现问题的计算机上的TCP/IP配置。可以使用ipconfig命令获得主机TCP/IP配置信息，包括IP地址、子网掩码和默认网关。命令格式为

```
ipconfig /options
```

其中，options选项如下：

① /?：显示帮助信息。

② /all：显示全部配置信息。

③ /release：释放指定网络适配器的IP地址。

④ /renew：刷新指定网络适配器的IP地址。

使用带/all选项的ipconfig命令时，将给出所有接口的详细配置报告，包括任何已配置的串行端口。使用ipconfig /all可以将命令输出重定向到某个文件，并将输出粘贴到其他文档中，也可以用该输出确认网络上每台计算机的TCP/IP配置，或者进一步调查TCP/IP网络问题。例如，若计算机配置的IP地址与现有的IP地址重复，则子网掩码显示为0.0.0.0。如图3-21是使用ipconfig /all命令输出，显示了当前计算机配置的IP地址、子网掩码、默认网关以及DNS服务器地址等相关的TCP/IP信息。

图3-21　使用ipconfig /all命令查看TCP/IP信息

3.4.3 显示网络连接程序netstat

netstat命令的功能是显示网络连接、路由表和网络接口信息，可以让用户得知目前都有哪些网络连接正在运作，其命令格式为

```
netstat [-a] [-e] [-n] [-s] [-p protocol] [-r] [interval]
```

参数说明如下：

① netstat -a：-a选项显示一个所有的有效连接信息列表，包括已建立的连接（ESTABLISHED），也包括监听连接请求（LISTENING）的那些连接。

② netstat -e：-e选项用于显示关于以太网的统计数据。它列出的项目包括传送的数据包的总字节数、错误数、删除数、数据报的数量和广播的数量。这些统计数据既有发送的数据包数量，也有接收的数据包数量。使用这个选项可以统计一些基本的网络流量。

③ netstat -n：显示所有已建立的有效连接，以数字格式显示地址和端口号。

④ netstat -s：-s选项能够按照各个协议分别显示其统计数据。这样就可以看到当前计算机在网络上存在哪些连接，以及数据包发送和接收的详细情况等。如果应用程序（如Web浏览器）运行速度比较慢，或者不能显示Web页之类的数据，那么可以用本选项来查看一下所显示的信息。仔细查看统计数据的各行，找到出错的关键字，进而确定问题所在。

⑤ netstat -p protocol：显示由protocol指定的协议的连接。protocol可以是TCP或UDP。如果与-s选项并用显示每个协议的统计，protocol可以是TCP、UDP、ICMP或IP。

⑥ netstat -r：-r选项可以显示关于路由表的信息，类似后面所讲使用route print命令时看到的信息。除了显示有效路由外，还显示当前有效的连接。

⑦ netstat interval：重新显示所选的统计，在每次显示之间暂停interval秒。按【Ctrl+B】组合键停止，重新显示统计。如果省略该参数，netstat将打印一次当前的配置信息。

当前最为常见的木马通常是基于TCP/UDP协议进行client端与server端之间的通信，既然用到这两个协议，就不可避免要在被种了木马的机器中打开监听端口来等待连接。例如冰河使用的监听端口是7626，Back Orifice 2000则是使用54320等。可以利用netstat命令查看本机开放端口的方法来检查自己是否被种了木马或其他黑客程序。进入到命令行下，使用netstat命令的a和n两个参数的组合，如图3-22所示。

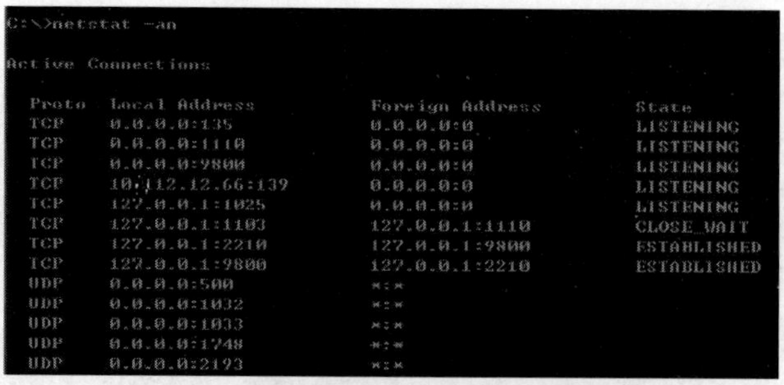

图3-22 使用netstat命令显示网络连接

其中，"Active Connections"是指当前本机的活动连接；"Proto"是指连接使用的协议名称；"Local Address"是本地计算机的IP地址和连接正在使用的端口号；"Foreign Address"是连接

该端口的远程计算机的IP地址和端口号；"State"是表示TCP连接的状态，可以看到后面几行的监听端口是UDP协议的，所以没有State表示的状态。

3.4.4 路由分析诊断程序 tracert

这个应用程序主要用来显示数据包到达目的主机所经过的路径。通过执行一个tracert到对方主机的命令之后，结果返回数据包到达目的主机前所经历的路径详细信息，并显示到达每个路径所消耗的时间。

这个命令同ping命令类似，但它所看到的信息要比ping命令详细得多，它能反馈显示送出的到某一站点的请求数据包所走的全部路径，以及通过该路由的IP地址，通过该IP的时间是多少。tracert命令还可以用来查看网络在连接站点时经过的步骤或采取哪种路线，如果是网络出现故障，就可以通过这条命令来查看是在哪儿出现问题的。例如，可以运行tracert www.sohu.com就将看到网络在经过几个连接之后所到达的目的地，也就知道网络连接所经历的过程。

路由分析诊断程序tracert通过向目的地发送具有不同生存时间的ICMP回应报文，以确定至目的地的路由。也就是说，tracert命令可以用来跟踪一个报文从一台计算机到另一台计算机所走的路径。其命令格式为

```
tracert [-d] [-h maximum_hops] [-j host-list] [-w timeout] target_name
```

参数说明如下：

① -d：不进行主机名称的解析。

② -h maximum_hops：最大的到达目标的跃点数。

③ -j host-list：根据主机列表释放源路由。

④ -w timeout：设置每次回复所等待的毫秒数。

比如用户在上网时，想知道从自己的计算机如何走到网易主页，可在MS-DOS方式下输入命令tracert www.163.com，显示如图3-23所示。

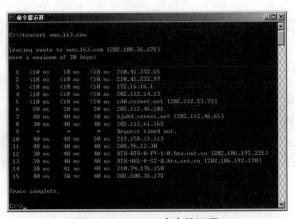

图 3-23　tracert 命令的运用

最左边的数字称为"hops"，是该路由经过的计算机数目和顺序。"10 ms"是向经过的第一个计算机发送报文的往返时间，单位为ms。由于每个报文每次往返时间不一样，tracert将显示三次往返时间。如果往返时间以"*"显示，而且不断出现"Request timed out"的提示信息，

则表示往返时间太长，此时可按【Ctrl＋C】组合键离开。要是看到四次"Request timed out"信息，则极有可能遇到拒绝tracert询问的路由器。在时间信息之后，是计算机的名称信息，是便于人们阅读的域名格式，也有IP地址格式。它可以让用户知道自己的计算机与目的计算机在网络上距离有多远，要经过几步才能到达。

　　tracert最多会显示30段"hops"，上面会同时指出每次停留的响应时间，以及网站名称和沿路停留的IP地址。一般来说，连接上网速度是由连接到主机服务器的整个路径上所有相应事物的反应时间总和决定的。每个路由器大约需要15 s来发送报文和接收报文，所以tracert是一个运行得比较慢的命令。

3.4.5　arp地址解析协议

　　arp是TCP/IP协议族中的一个重要协议，用于把IP地址映射成对应网卡的物理地址。使用arp命令，能够查看本地计算机或另一台计算机的arp高速缓存中的当前内容。

　　使用arp命令可以人工设置静态的网卡物理/IP地址对，使用这种方式可以为缺省网关和本地服务器等常用主机进行本地静态配置，这有助于减少网络上的信息量。

　　按照缺省设置，arp高速缓存中的项目是动态的，每当发送一个指定地点的数据包并且此时高速缓存中不存在当前项目时，arp便会自动添加该项目。

　　常用命令选项：

　　① arp -a：用于查看高速缓存中的所有项目。

　　② arp -a IP：如果有多个网卡，那么使用arp -a加上接口的IP地址，就可以只显示与该接口相关的ARP缓存项目。

　　③ arp -s IP 物理地址：向arp高速缓存中人工输入一个静态项目。该项在计算机引导过程中将保持有效状态，或者在出现错误时，人工配置的物理地址将自动更新该项目。

　　④ arp -d IP：使用本命令能够人工删除一个静态项目。

　　图3-24所示是带参数的arp命令简单实现。

图 3-24　arp 命令中 -a 和 -s 参数的运用

3.5　因特网服务

　　因特网是全球信息资源的一种发布和存储形式，它对信息资源的交流和共享起重要的作用，甚至改变了人类的一些工作和生活方式。

3.5.1 域名系统

数字式的IP地址（如210.43.206.103）难于记忆，如果使用易于记忆的符号地址（如www.sina.com）来表示，就可以大大减轻用户的负担。这就需要一个数字地址与符号地址相互转换的机制，这就是因特网域名系统（DNS）。

域名系统（DNS）是一个分布在因特网上的主机信息数据库系统，它采用客户端/服务器工作模式。域名系统的基本任务是将域名翻译成IP协议能够理解的IP地址格式，这个工作过程称为域名解析。域名解析工作由域名服务器来完成，域名服务器分布在不同的地方，它们之间通过特定的方式进行联络，这样可以保证用户可以通过本地域名服务器查找到因特网上所有的域名信息。

因特网域名系统规定，域名格式为：节点名.三级域名.二级域名.顶级域名。

1. 顶级域名

所有顶级域名由国际因特网信息中心（internet network information center，InterNIC）控制。顶级域名目前分为两类：行业性顶级域名和地域性顶级域名，见表3-5。

表 3-5 常见顶级域名

早期顶级域名	机 构 性 质	新增顶级域名	机 构 性 质	域　　名	国家和地区
com	商业组织	firm	公司企业	au	澳大利亚
edu	教育机构	shop	销售企业	ca	加拿大
net	网络中心	web	因特网网站	cn	中国
gov	政府组织	arts	文化艺术	de	德国
mil	军事组织	rec	消遣娱乐	jp	日本
org	非营利组织	info	信息服务	th	泰国
int	国际组织	nom	个人	uk	英国

美国没有国家和地区顶级域名，通常见到的是采用行业领域的顶级域名。

因特网域名系统逐层、逐级由大到小进行划分，DNS的层次结构示意图（见图3-25）如同一棵倒挂的树，树根在最上面，而且没有名字。域名级数通常不多于五级，这样既提高了域名解析的效率，同时也保证了主机域名的唯一性。

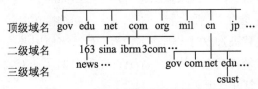

图 3-25　DNS 的层次结构示意图

2. 根域名服务器

根域名服务器是因特网的基础设施，它是因特网域名解析系统中最高级别的域名服务器。全球共有13台根域名服务器，这13台根域名服务器的名字分别为"A"至"M"，其中10台设置在美国，另外各有一台设置于英国、瑞典和日本。部分根域名服务器在全球设有多个镜像点，因此可以抵抗针对根域名服务器进行的分布式拒绝服务攻击（DDoS）。根域名服务器中虽然没有每个域名的具体信息，但存储了负责每个域（如com、net、org等）解析域名服务器的地址信息。

3.5.2 因特网基本服务

1. 网页服务

万维网（world wide web，WWW）的信息资源分布在全球数亿个网站（web site）上，网站的服务内容由因特网信息提供方（internet content provider，ICP）进行发布和管理，用户通过浏览器软件（如IE），就可浏览到网站上的信息，网站主要采用网页（web page）的形式进行信息描述和组织，网站是多个网页的集合。

（1）超文本

网页是一种超文本（hypertext）文件，超文本有两大特点：一是超文本的内容可以包括文字、图片、音频、视频、超链接等；二是超文本采用超链接的方法，将不同位置（如不同网站）的内容组织在一起，构成一个庞大的网状文本系统。超文本普遍以电子文档的方式表示，网页都采用超文本形式。

超链接是指向其他网页的一个"指针"。超链接允许用户从当前阅读位置直接切换到网页超链接所指向的位置。超链接属于网页的一部分，它是一种允许与其他网页或站点之间进行连接的元素。各个网页连接在一起后，才能构成一个网站。超链接是指从一个网页指向一个目标的连接关系，这个目标可以是另一个网页，也可以是相同网页上的不同位置，还可以是一个图片，一个电子邮件地址，一个文件，甚至是一个应用程序。当浏览者单击已经连接的文字或图片后，连接目标将显示在浏览器上，并且根据目标的类型来打开或运行。超链接访问过程如图3-26所示。

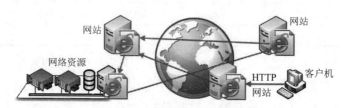

图3-26 网页的超链接访问过程

浏览器通常会用一些特殊的方式来显示超链接。如不同的文字色彩、大小或样式。光标移动到超链接上时，也会转变为"手形"标记指示出来。超链接在大部分浏览器里显示为加下画线的蓝色字体，当这个连接被选取时，则文字转为紫色。当使用者单击超链接时，浏览器将调用超链接的网页。如果超链接目标并不是一个HTML文件时（如下载一个RAR压缩文件），浏览器将自动启动外部程序打开这个文件。

（2）网页的描述和传输

网页文件采用超文本标记语言（hypertext markup language，HTML）进行描述；网页采用HTTP在因特网中传输。

HTTP是网站服务器与客户端之间的文件传输协议，HTTP以客户端与服务器之间相互发送消息的方式进行工作，客户端通过应用程序（如IE）向服务器发出服务请求，并访问网站服务器中的数据资源，服务器通过公用网关接口程序返回数据给客户端。

2. 全球统一资源定位

全球有数亿个网站，一个网站有成千上万个网页，为了使这些网页调用不发生错误，就必须对每一个信息资源（如网页、下载文件等）都规定了一个全球唯一的网络地址，该网络地址称为全球统一资源定位（uniform resource locator，URL）。

URL 的完整格式为

```
protocol://hostname[:port]/path/[;parameters][?query][#fragment]( [ ]  内为可选项 )
协议类型 :// 主机名 [: 端口号 ]/ 路径 /[; 参数 ][? 查询 ][# 信息片段 ]
```

【例 3-1】http://www.baidu.com/ //访问百度网页搜索引擎网站//

【例 3-2】http://www.microsoft.com:2300/exploring/exploring.html
//访问微软公司端口号为 2300 的网站//

【例 3-3】http://www.csust.com/cp.php?id=999&name=monkey
网址中带有 "?" "&" 等符号的为动态网页，这种网址对搜索引擎不友好，应尽量改为静态网页的 URL 方式，如 http://www.csust.com/cp_999_monkey.html。

【例 3-4】http://119.75.217.56/ //访问 IP 地址为 119.75.217.56 的网站（百度）//

【例 3-5】ftp://10.28.43.8/ //访问一个内部局域网的 FTP 站点//

URL 最大的缺点是当信息资源的存放路径发生变化时，必须对 URL 做出相应的改变。因此专家们正在研究新的信息资源表示方法，如 URI（通用资源标识）、URN（统一资源名）和 URC（统一资源引用符）等。

3. 用户访问 Web 网站的工作过程

当用户在浏览器中输入域名，到浏览器显示出页面，这个工作过程如图 3-27 所示。

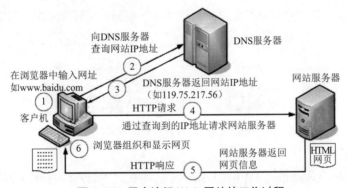

图 3-27　用户访问 Web 网站的工作过程

① 用户采用的浏览器通常为 IE、FireFox 等，或者是客户端程序（如 QQ 等）。

② 连接到因特网中的计算机都有一个 IP 地址，如 210.43.10.26，由于连接到因特网中的计算机 IP 地址都是唯一的，因此可以通过 IP 地址寻找和定位一台计算机。

网站所在的服务器通常有一个固定的 IP 地址，而浏览者每次上网的 IP 地址通常都不一样，浏览者的 IP 地址由 ISP（因特网服务提供方）动态分配。

域名服务器是一组（或多组）公共的免费地址查询解析服务器（相当于免费问路），它存储了因特网上各种网站的域名与 IP 地址的对应列表。

③浏览器得到域名服务器指向的IP地址后,浏览器会把用户输入的域名转换为HTTP服务请求。例如,用户输入www.baidu.com时,浏览器会自动转换为http://www.baidu.com/,浏览器通过这种方式向网站服务器发出请求。

由于用户输入的是域名,因此网站服务器接收到请求后,会查找域名下的默认网页(通常为index.html、default.html、default.php等)。

④网站返回的请求通常是一些文件,包括文字信息、图片、Flash等,每个网页文件都有唯一的网址,如http://www.sohu.com。

⑤浏览器将这些信息组织成用户可以查看的网页形式。

4. 电子邮件

电子邮件(E-mail)是一种利用计算机网络交换电子信件的通信手段,它是因特网上最受欢迎的一种服务。电子邮件服务可以将用户邮件发送到收信人的邮箱中,收信人可随时进行读取。电子邮件不仅能传送文字信息,还可以传送图像、声音等多媒体信息。

电子邮件系统采用客户端/服务器工作模式,邮件服务器包括接收邮件服务器和发送邮件服务器。发送邮件服务器一般采用简单邮件传输协议(simple mail transfer protocol,SMTP),当用户发出一份电子邮件时,发送方邮件服务器按照电子邮件地址,将邮件送到收信人的接收邮件服务器中。接收邮件服务器为每个用户的电子邮箱开辟了一个专用的硬盘空间,用于存放对方发来的邮件。当收件人将自己的计算机连接到接收邮件服务器(一般为登录邮件服务器的网页),并发出接收操作后(用户登录后,邮件服务器会自动发送邮件目录),接收方通过邮局协议版本3(post office protocol - version 3,POP3)或交互式邮件存取协议(internet mail access protocol,IMAP)读取电子信箱内的邮件。当用户采用网页方式进行电子邮件收发时,用户必须登录邮箱后才能收发邮件;如果用户采用邮件收发程序(如微软公司的Outlook Express),则邮件收发程序会自动登录邮箱,将邮件下载到本地计算机中。图3-28显示了电子邮件的收发过程。

图3-28 电子邮件的收发过程

5. 即时通信服务

即时通信(instant messaging,IM)服务属于社交服务,它可以在因特网上进行即时的文字信息、语音信息、视频信息、电子白板等方式的交流,还可以传输各种文件。在个人用户和企业用户网络服务中,即时通信起到越来越重要的作用。即时通信软件分为服务器软件和客户端软件,用户只需要安装客户端软件。即时通信软件非常多,常用的客户端软件主要有腾讯公司的QQ和微软公司的MSN。QQ主要用于在国内进行即时通信,而MSN可以用于国际即时通信。

6. 搜索引擎

搜索引擎是某些网站免费提供的用于网上查找信息的程序,是一种专门用于定位和访问网页信息,获取用户希望得到的资源的导航工具。搜索引擎通过关键词查询或分类查询的方式获取特定的信息。搜索引擎并不即时搜索整个因特网,它搜索的内容是预先整理好的网页索引数据库。为了保证用户搜索到最新的网页内容，搜索引擎的大型数据库会随时进行内容更新，得到相关网页的超链接。用户通过搜索引擎的查询结果，知道了信息所处的站点，再通过单击超链接，就可以转接到用户需要的网页上。

当用户在搜索引擎中输入某个关键词（如计算机）并单击搜索后，搜索引擎数据库中所有包含这个关键词的网页都将作为搜索结果列表显示。用户可以自己判断需要打开哪些超链接的网页。常用的搜索引擎有百度、谷歌等。

3.5.3 HTML

1. HTML超文本标记语言

HTML是一种制作网页的标准化语言，是构成网页的最基本元素，它消除了不同计算机之间信息交流的障碍。目前人们很少直接使用HTML语言去制作网页，而是通过Adobe公司的Dreamweaver、微软公司的SharePoint Designer等工具软件，完成网页设计与制作工作。支持HTML5的浏览器包括Firefox（火狐）、IE9及更高版本、Chrome（谷歌浏览器）等。

在网站中，一个网页对应一个HTML文件，HTML文件以.htm或.html为扩展名。HTML是一种文本文件，可以使用任何文本编辑器（如"记事本"）来编辑HTML文件。通过在文本文件中添加标记符，可以告诉浏览器如何显示其中的内容。如文字如何处理，图片如何显示等。浏览器按顺序阅读网页文件，然后根据标记符解释和显示其标记的内容。

2. 利用HTML建立简单网页

【例3-6】利用HTML语言建立一个简单的测试网页。

打开Windows自带的"记事本"程序，编辑图3-29中的代码（注意：//内的注释内容不需要输入），编辑完成后，选择"文件"→"另存为"命令，文件名为test.html，保存类型为所有文件，单击"保存"按钮。一个简单的网页就编辑好了。

双击"test.html"文件，就可以在IE浏览器中显示"这是我的测试网页"信息。

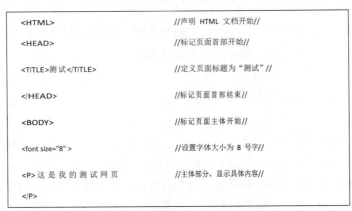

图3-29 HTML文件基本结构实例

3. 脚本语言

HTML语言主要用于文本的格式化和超链接文本，但是HTML的计算和逻辑判断功能非常差，如HTML不能进行1+2这样简单的加法计算。因此，有时需要在网页文件中加入脚本语言。

脚本（Script）是一种简单的编程语言，它由程序代码组成，网页脚本语言一般嵌入网页的

HTML语句之中，完成一些判断和计算工作，增强对网页的控制功能。

常用的网页脚本语言有JavaScript、Visual Basic Script等，它与编程语言非常相似，但是脚本语言的编程方式，语法规则更加简单。脚本语言是一种解释性语言，不需要编译，但是它们需要有相应的脚本引擎（如IE中的脚本解释器）来解释执行。脚本程序分为客户端脚本和服务器端脚本，它们分别运行在客户端或服务器的计算机中。

3.6 信息安全与网络安全

随着计算机技术的发展和互联网的扩大，计算机已成为人们生活和工作中所依赖的重要工具。但与此同时，计算机病毒及网络黑客对计算机网络的攻击也与日俱增，而且破坏性日益严重。计算机系统的安全问题，成为当今计算机研制人员和应用人员所面临的重大问题。

3.6.1 信息安全

随着网络信息时代的到来，信息通过网络共享，带来了方便及其安全隐患。网络安全指通过采取必要措施，防范对网络的攻击、侵入、干扰、破坏和非法使用以及意外事故，使网络处于稳定、可靠运行的状态，以及保障网络数据的完整性、保密性、可用性的能力。信息安全就是维持信息的保密性、完整性和可用性。

1. 安全指标

信息安全的指标可以从保密性、完整性、可用性、授权性、认证性及抗抵赖性几方面进行评价。

保密性：在加密技术的应用下，网络信息系统能够对申请访问的用户展开筛选，允许有权限的用户访问网络信息，而拒绝无权限用户的访问申请。

完整性：在加密、散列函数等多种信息技术的作用下，网络信息系统能够有效阻挡非法与垃圾信息，提升整个系统的安全性。

可用性：网络信息资源的可用性不仅仅是向终端用户提供有价值的信息资源，还能够在系统遭受破坏时快速恢复信息资源，满足用户的使用需求。

授权性：在对网络信息资源进行访问之前，终端用户需要先获取系统的授权。授权能够明确用户的权限，这决定了用户能否对网络信息系统进行访问，是用户进一步操作各项信息数据的前提。

认证性：在当前技术条件下，认证方式主要有实体性的认证和数据源认证。之所以要在用户访问网络信息系统前展开认证，是为了让提供权限用户和拥有权限的用户为同一对象。

抗抵赖性：任何用户在使用网络信息资源的时候都会在系统中留下一定痕迹，操作用户无法否认自身在网络上的各项操作，整个操作过程功能够被有效记录。这样可以应对不法分子否认自身违法行为的情况，提升整个网络信息系统的安全性，创造更好的网络环境。

2. 安全防护策略

（1）数据库管理安全防范

在具体的计算机网络数据库安全管理中经常出现各类由于人为因素造成的计算机网络数据库安全隐患，对数据库安全造成了较大的不利影响。因此，计算机用户和管理者应能够依据不同风险因素采取有效控制防范措施，从意识上真正重视安全管理保护，加强计算机网络数据库的安全管理工作力度。

（2）加强安全防护意识

每个人在日常生活中都经常会用到各种用户登录信息，必须时刻保持警惕，提高自身安全意识，拒绝下载不明软件，禁止点击不明网址，提高账号密码安全等级，禁止多个账号使用同一密码等，加强自身安全防护能力。

（3）科学采用数据加密技术

对于计算机网络数据库安全管理工作而言，数据加密技术是一种有效手段，它能够最大限度地避免计算机系统受到病毒侵害，从而保护计算机网络数据库信息安全，进而保障相关用户的切身利益。数据加密技术的特点是隐蔽性和安全性，是指利用一些语言程序完成计算数据库或者数据的加密操作。当前应用的计算机数据加密技术主要有保密通信、防复制技术及计算机密钥等，这些加密技术各有利弊，对于保护用户信息数据具有重要的现实意义。需要注意的是，计算机系统存有庞大的数据信息，对每项数据进行加密保护显然不现实，这就需要利用层次划分法，依据不同信息的重要程度合理进行加密处理，确保重要数据信息不会被破坏和窃取。

（4）提高硬件质量

影响计算机网络信息安全的因素不仅有软件质量，还有硬件质量，并且两者之间存在一定区别。硬件系统在考虑安全性的基础上，还必须重视硬件的使用年限问题，硬件作为计算机的重要构成要件，具有随着使用时间增加其性能会逐渐降低的特点，用户应注意这一点，在日常使用中加强维护与修理。

（5）改善自然环境

改善自然环境是指改善计算机表面的灰尘、湿度及温度等使用环境。具体来说，就是在计算机的日常使用中定期清理其表面灰尘，保证在其干净的环境下工作，可有效避免计算机硬件老化；最好不要在温度过高和潮湿的环境中使用计算机，注重计算机的外部维护。

（6）安装防火墙和杀毒软件

防火墙能够有效控制计算机网络的访问权限，通过安装防火墙，可自动分析网络的安全性，将非法网站的访问拦截下来，过滤可能存在问题的消息，一定程度上增强了系统的抵御能力，提高了网络系统的安全指数。同时，还需要安装杀毒软件，这类软件可以拦截和中断系统中存在的病毒，对于提高计算机网络安全大有益处。

（7）加强计算机入侵检测技术的应用

入侵检测主要是针对数据传输安全检测的操作系统，通过IDS（入侵检测系统）的使用，可以及时发现计算机与网络之间异常现象，通过报警的形式给予使用者提示。为更好地发挥入侵检测技术的作用，通常在使用该技术时会辅以密码破解技术、数据分析技术等一系列技术，确保计算机网络安全。

（8）其他措施

为计算机网络安全提供保障的措施还包括提高账户的安全管理意识、加强网络监控技术的应用、加强计算机网络密码设置、安装系统漏洞补丁程序等。

3. 安全防御技术

（1）入侵检测技术

入侵检测技术是通信技术、密码技术等技术的综合体，合理利用入侵检测技术，用户能够及时了解到计算机中存在的各种安全威胁，并采取一定的措施进行处理，更加有效地保障计算机网络信息的安全性。

（2）防火墙及病毒防护技术

防火墙是一种能够有效保护计算机安全的重要技术，由软硬件设备组合而成，通过建立检测和监控系统来阻挡外部网络的入侵，有效控制外界因素对计算机系统的访问，确保计算机的保密性、稳定性以及安全性。病毒防护技术是指通过安装杀毒软件进行安全防御，并且及时更新软件，其主要作用是对计算机系统进行实时监控，同时防止病毒入侵计算机系统对其造成危害，将病毒进行截杀与消灭，实现对系统的安全防护。

（3）数字签名及生物识别技术

数字签名技术主要针对电子商务，有效地保证了信息传播过程中的保密性以及安全性，同时也能够避免计算机受到恶意攻击或侵袭等事件发生。生物识别技术是指通过对人体的特征识别来决定是否给予应用权利，主要包括指纹、视网膜、声音等方面。应用最为广泛的就是指纹识别技术。

（4）信息加密处理与访问控制技术

信息加密技术是指用户可以对需要进行保护的文件进行加密处理，设置有一定难度的复杂密码，并牢记密码保证其有效性。访问控制技术是指通过用户的自定义对某些信息进行访问权限设置，或者利用控制功能实现访问限制，能够使得用户信息被保护。

（5）病毒检测与清除技术

病毒检测技术是指通过技术手段判定出特定计算机病毒的一种技术。病毒清除技术是病毒检测技术发展的必然结果，是计算机病毒传染程序的一种逆过程。

（6）安全防护技术

安全防护技术包含网络防护技术[防火墙、UTM（统一威胁管理）、入侵检测防御等]；应用防护技术（如应用程序接口安全技术等）；系统防护技术（如防篡改、系统备份与恢复技术等），防止外部网络用户以非法手段进入内部网络，访问内部资源，保护内部网络操作环境的相关技术。

（7）安全审计技术

安全审计技术包含日志审计和行为审计，通过日志审计协助管理员在受到攻击后察看网络日志，从而评估网络配置的合理性、安全策略的有效性，追溯分析安全攻击轨迹，并能为实时防御提供手段。

（8）安全检测与监控技术

安全检测与监控技术是指对信息系统中的流量以及应用内容进行二至七层的检测并适度监管和控制，避免网络流量的滥用、垃圾信息和有害信息的传播。

（9）解密、加密技术

解密、加密技术是指在信息系统的传输过程或存储过程中进行信息数据的加密和解密。

（10）身份认证技术

身份认证技术是用来确定访问或介入信息系统用户或者设备身份的合法性的技术。典型的手段有用户名口令、身份识别、PKI（公钥基础设施）证书和生物认证等。

3.6.2 信息系统不完善因素

1. 软件设计中存在的安全问题

（1）程序设计中存在的问题

由于程序的复杂性和编程方法的多样性，加上软件设计还是一门相当年轻的科学，因此很容易留下一些不容易被发现的安全漏洞。软件漏洞包括如下几个方面：操作系统、数据库、应用软件、TCP/IP、网络软件和服务、密码设置等的安全漏洞。这些漏洞平时可能看不出问题，但是一旦遭受病毒和黑客攻击就会带来灾难性的后果。随着软件系统越做越大，越来越复杂，系统中的安全漏洞不可避免地存在。

例如，在程序设计中违背最小授权原则，造成程序的不安全性。最小授权原则认为：要在最少的时间内授予程序代码所需的最低权限。除非必要，否则不允许使用管理员权限运行应用程序。部分程序开发人员在编制程序时，没有注意到程序代码运行的权限，较长时间地打开系统核心资源，这样会导致用户有意或无意地操作对系统造成严重破坏。

如果程序设计人员总是假设用户输入的数据是有效的，并且没有恶意，那么就会有很大的安全问题。大多数攻击者向服务器提供恶意编写的数据，信任输入的正确性可能会导致缓冲区溢出、跨站点脚本攻击等。

（2）操作系统设计中的漏洞

Windows操作系统一贯强调的是易用性、集成性、兼容性，而系统安全性在设计时考虑不足。虽然Windows XP/7/8/10操作系统比Windows 9x的安全性高很多，但是由于整体设计思想的限制，造成Windows操作系统的漏洞不断。在一个安全的操作系统（如FreeBSD）中，最重要的安全概念是权限。每个用户有一定的权限，一个文件有一定的权限，而一段代码也有一定的权限，特别是对于可执行的代码，权限控制更为严格。只有系统管理员才能执行某些特定程序，包括生成一个可执行程序等。

（3）网页中易被攻击的脚本程序

大多数Web服务器都支持脚本程序，以实现一些网页的交互功能。事实上，大多数Web服务器都安装了简单的脚本程序。黑客可以利用脚本程序来修改Web页面，为未来的攻击留下了漏洞等。

2. 用户使用中存在的安全问题

（1）操作系统的默认安装

大多数用户在安装操作系统和应用程序时，通常采用默认安装，安装了大多数用户所不需要的组件和功能。而默认安装的目录、用户名、密码等，非常容易被攻击者利用。

（2）激活软件的全部功能

大多数操作系统和应用程序在启动时，激活了尽可能多的功能，软件开发人员的设计思想是最好激活所有的软件功能，而不是让用户在需要时再去安装额外的组件。这种方法虽然方便了用户，同时也产生很多危险的安全漏洞。

（3）没有口令或使用弱密码的账号

大多数系统都把密码作为第一层或唯一的防御线。易猜的密码或默认密码是一个很严重的问题，更严重的是有些账号根本没有密码。安全专家通过分析泄露的数据库信息，发现用户"弱密码"的重复率高达93%。图3-30所示是常见的"弱密码"。很多企业的信息系统中，也存在大量的弱密码现象，这为黑客发动攻击提供了可乘之机。

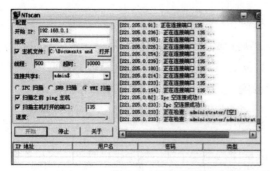

图3-30　利用软件进行密码扫描（左）和常见的"弱密码"（右）

选择密码最好的建议是选取一首歌中的一个短语或一句话，将这些短语单词的第1或第2个字母，加上一些数字来组成密码，在密码中加入一些标点符号将使密码更难破解。

3.6.3　计算机病毒与防治

1. 计算机病毒

计算机病毒（computer virus）是一种人为特制的程序，不独立以文件形式存在，通过非授权入侵而隐藏在可执行程序或数据文件中，具有自我复制能力，可通过磁盘或网络传播到其他机器上，并造成计算机系统运行失常或导致整个系统瘫痪。

我国于1994年颁布的《中华人民共和国计算机系统安全保护条例》中对计算机病毒的定义如下："计算机病毒，是指编制或者在计算机程序中插入的破坏计算机功能或者毁坏数据，影响计算机使用，并能自我复制的一组计算机指令或者程序代码。"

病毒一般具有破坏性、传染性、潜伏性、隐蔽性、变种性等特征。

2. 计算机病毒的危害及症状

计算机病毒的危害及症状一般表现为以下一些情况：①它会导致内存受损，主要体现为占用内存、分支分配内存、修改内存与消耗内存，导致死机等；②破坏文件，具体表现为复制或颠倒内容，重命名、替换、删除内容，丢失个别程序代码、文件簇及数据文件，写入时间空白、假冒或者分割文件等；③影响计算机运行速度，例如"震荡波"病毒就会100%占用CPU，导致计算机运行异常缓慢；④影响操作系统正常运行，例如频繁开关机等、强制启动某个软件、执行命令无反应等；⑤破坏硬盘内置数据、写入功能等。

3. 计算机病毒的预防与检测

（1）计算机病毒的传播途径

计算机病毒的传播主要有两种途径：一种途径是多个机器共享可移动存储器（如U盘、可移动硬盘等），一旦其中一台机器被病毒感染，病毒随着可移动存储器感染到其他的机器；另一种途径是网络传播，一旦使用的机器与病毒制造者传播病毒的机器联网，就可能被感染病毒，通过计算机网络上的电子邮件、下载文件、访问网络上的数据和程序时，计算机病毒也会得以传播。

（2）计算机病毒的预防

阻止病毒的入侵比病毒入侵后再去发现和清除重要得多。堵塞病毒的传播途径是阻止病毒入侵的最好方式。

预防计算机病毒的主要措施如下：

① 选择、安装经过公安部认证的防病毒软件，经常升级杀毒软件、更新计算机病毒特征代码库以及定期对整个系统进行病毒检测、清除工作并启用防病毒软件的实时监控功能。

② 在计算机和互联网之间安装使用防火墙，提高系统的安全性；计算机不使用时，不要接入互联网。

③ 少用外来移动存储器，来历不明的软件、来历不明的邮件不要轻易打开，新的计算机软件应先经过检查再使用。

④ 系统中的数据盘和系统盘要定期进行备份，以便一旦染上病毒后能够尽快恢复数据，系统盘中不要装入用户程序或数据。

⑤ 除原始的系统盘外，尽量不用其他系统盘引导系统。

⑥ 对外来的移动存储器和网上下载的软件等都应该先查杀计算机病毒，然后再使用。不进行非法复制，不使用盗版光盘。

（3）计算机病毒检测技术

计算机病毒检测技术是指通过一定的技术手段判断计算机病毒的一种技术。通常，病毒存储于磁盘中，一旦激活就驻留在内存中，因此，计算机病毒的检测分为对内存的检测和对磁盘的检测。

（4）计算机病毒的清除和常见的防病毒软件

目前计算机病毒的破坏力越来越强，一旦发现病毒，应立即清除。一般使用防病毒软件，即常说的杀毒软件。防病毒软件（实质是病毒程序的逆程序）具有对特定种类病毒进行检测的功能，可查出数百种至数千种的病毒，且可同时清除。使用方便安全，一般不会因清除病毒而破坏系统中的正常数据。

防病毒软件的基本功能是监控系统、检查文件和清除病毒。检测病毒程序不仅可以采用特征扫描法，根据已知病毒的特征代码来确定病毒的存在与否，以便用来检测已经发现的病毒。还能采用虚拟机技术和启发式扫描方法来检测未知病毒和变种病毒。常用的防病毒软件有360杀毒软件、金山毒霸、瑞星杀毒软件等。

3.6.4 恶意软件的防治

计算机病毒是一种具有自我繁殖和传染能力的程序。但是近几年出现的一些特洛伊木马程序和运行在浏览器环境下的脚本代码，不具有自我繁殖的特性，从严格的意义上说它们不能称为计算机病毒，所以人们用"恶意软件"这个新名词进行描述。确定一段程序是不是恶意软件的基本原则是：是否做了用户没有明确同意它做的事情；是否对用户或系统构成恶意损害。

1. 恶意软件的定义

中国互联网协会2006年公布的恶意软件定义为：恶意软件是指在未明确提示用户或未经用

户许可的情况下，在用户计算机或其他终端上安装运行，且侵害用户合法权益的软件，但不包含我国法律法规规定的计算机病毒。具有下列特征之一的软件被认为是恶意软件：

① 强制安装。未明确提示用户或未经用户许可，在用户计算机上安装软件的行为。

② 难以卸载。未提供程序的卸载方式，或卸载后仍然有活动程序的行为。

③ 浏览器劫持。未经用户许可，修改用户浏览器的相关设置，迫使用户访问特定网站，或导致用户无法正常上网的行为。

④ 广告弹出。未经用户许可，利用安装在用户计算机上的软件弹出广告的行为。

⑤ 垃圾邮件。未经用户同意，用于某些产品广告的电子邮件。

⑥ 恶意收集用户信息。未提示用户或未经用户许可，收集用户信息的行为。

⑦ 其他侵害用户软件安装、使用和卸载知情权、选择权的恶意行为。

2. 恶意软件的表现形式

目前，越来越多的恶意软件直接利用操作系统或应用程序的漏洞进行攻击和自我传播，而不再像计算机病毒那样需要依附于某个程序。服务器主机和网络设施越来越多地成为攻击目标。目前恶意软件数量和类型繁多。一个被强制安装了恶意软件的IE浏览器如图3-31所示。

图 3-31　安装了恶意软件的 IE 浏览器

垃圾邮件指那些未经用户同意的，用于某些产品广告的电子邮件。垃圾邮件会导致用户工作效率降低，因为用户每天必须花费时间去查看并删除这类邮件。垃圾邮件除了增加邮件服务器的负担之外，并不能自行复制或威胁某个企业计算机系统的健康运行。

广告软件通常与一些免费软件结合在一起，用户如果希望使用某个免费软件，就必须同意接受免费软件中的广告，这些广告软件通常在用户许可协议中进行说明。广告软件虽然不会影响到系统功能，但是弹出式广告常常令人不快。另外，这些广告软件会收集一些用户信息，可能会泄露用户的隐私。

3. 恶意软件的防治

从安全性角度考虑，最好能够阻止恶意软件的传输，但这将严格限制计算机的实用性，可以利用360安全卫士等软件将其清除。

3.6.5　黑客及攻击形式

黑客（hacker）原指热心于计算机技术、水平高超的计算机专家，尤其是程序设计人员，现通常指那些寻找并利用信息系统中的漏洞进行信息窃取和攻击信息系统的人员。

常见的黑客攻击形式有如下几种：

1. 报文窃听

报文窃听指攻击者使用报文获取软件或设备，从传输的数据流中获取数据，并进行分析，以获取用户名、口令等敏感信息。在因特网数据传输过程中，存在时间上的延迟，更存在地理位置上的跨越，要避免数据不被窃听，基本不可能。在共享式的以太网环境中，所有用户都能获取其他用户所传输的报文。对付报文窃听主要采用加密技术。

2．密码窃取和破解

黑客先获取系统的口令文件，再用黑客字典进行匹配比较，由于计算机运算速度提高，匹配速度也很快，而且大多数用户的口令采用人名、常见单词或数字的组合等，所以字典攻击成功率比较高。

黑客经常设计一个与系统登录画面一样的程序，并嵌入相关网页中，以骗取他人的账号和密码。当用户在假的登录程序上输入账号和密码后，该程序会记录所输入的信息。

3．地址欺骗

黑客常用的网络欺骗方式有：IP地址欺骗、路由欺骗、DNS欺骗、ARP（地址转换协议）欺骗以及Web网站欺骗等。IP地址欺骗指攻击者通过改变自己的IP地址，伪装成内部网用户或可信任的外部网用户，发送特定的报文，扰乱正常的网络数据传输；或者伪造一些可接受的路由报文来更改路由，以窃取信息。

4．钓鱼网站

钓鱼网站通常指伪装成银行及电子商务网站，窃取用户提交的银行账号、密码等私密信息。典型的钓鱼网站欺骗原理是：黑客先建立一个网站副本（见图3-32），使它具有与真网站一样的页面和链接。由于黑客控制了钓鱼网站，用户与网站之间的所有信息交换全被黑客所获取，如用户访问网站时提供的账号、口令等信息。黑客可以假冒用户给服务器发送数据，也可以假冒服务器给用户发送消息，从而监视和控制整个通信过程。

图3-32　相似度极高的钓鱼网站（左）和真实网站（右）

5．拒绝服务（DoS）

拒绝服务（denial of service，DoS）攻击由来已久，自从有因特网后就有了DoS攻击方法。用户访问网站时，客户端会向网站服务器发送一条信息要求建立连接，只有当服务器确认该请求合法，并将访问许可返回给用户时，用户才可对该服务器进行访问。DoS攻击的方法是：攻击者会向服务器发送大量连接请求，使服务器呈满负载状态，并将所有请求的返回地址进行伪造。这样，在服务器企图将认证结果返回给用户时，无法找到这些用户。服务器只好等待，有时可能会等上1 min才关闭此连接。可怕的是，在服务器关闭连接后，攻击者又会发送新的一批虚假请求，重复上一过程，直到服务器因过载而拒绝提供服务。这些攻击事件并没有入侵网站，也没有篡改或破坏资料，只是利用程序在瞬间产生大量的数据包，让对方的网络及主机瘫痪，使用户无法获得网站及时的服务。

6. DDoS攻击

有时，攻击者动员了大量"无辜"的计算机向目标网站共同发起攻击（见图3-33），这是一种DDoS（分布式拒绝服务）攻击手段。DDoS将DoS向前发展了一步，DDoS的行为更为自动化，它让DoS洪流冲击网络，最终使网络因过载而崩溃。

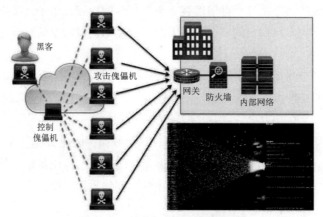

图 3-33　DDoS 攻击过程示意图

如果用户正在遭受攻击，他所能做的抵御工作非常有限。因为在用户没有准备好的情况下，大流量的数据包冲向用户主机，很可能在用户还没回过神之际，网络已经瘫痪。要预防这种灾难性的后果，需要进行以下预防工作：

① 屏蔽假IP地址。通常黑客会通过很多假IP地址发起攻击，可以使用专业软件检查访问者的来源、IP地址的真假，如果是假IP地址，将它屏蔽。

② 关闭不用端口。使用专业软件过滤不必要的服务和端口，如黑客从某些端口发动攻击时，用户可将这些端口关闭，以阻止入侵。

③ 利用网络设备保护网络资源。网络保护设备有路由器、防火墙、负载均衡设备等，它们可将网络有效地保护起来。如果被攻击时最先死机的是路由器，其他机器没有死机，死机的路由器重启后会恢复正常，而且启动很快，没有什么损失。如果服务器死机，其中的数据就会丢失，而且重启服务器是一个漫长的过程，网站会受到无法估量的重创。

如果黑客在被攻击的目标系统上获得特许访问权，就可以读取邮件，搜索和盗取私人文件，毁坏重要数据以至破坏整个网络系统，其后果将不堪设想。

3.6.6　防止攻击策略

1. 数据加密

加密的目的是保护信息系统的数据、文件、口令和控制信息等，同时也可以提高网上传输数据的可靠性，这样即使黑客截获了网上传输的信息包，一般也无法得到正确的信息。

2. 身份认证

通过密码、特征信息、身份认证等技术，确认用户身份的真实性，只对确认了的用户给予相应的访问权限。

3. 访问控制

系统应当设置入网访问权限、网络共享资源的访问权限、目录安全等级控制、网络端口和节点的安全控制、防火墙的安全控制等，通过各种安全控制机制的相互配合，才能最大限度地保护系统免受黑客的攻击。

4. 审计

把系统中和安全有关的事件记录下来，保存在相应的日志文件中，如记录网络上用户的注册信息，如注册来源、注册失败的次数等；记录用户访问的网络资源等各种相关信息，当遭到黑客攻击时，这些数据可以用来帮助调查黑客的来源，并作为证据来追踪黑客；也可以通过对这些数据的分析来了解黑客攻击的手段以找出应对的策略。

5. 入侵检测

入侵检测技术是近年出现的新型网络安全技术，目的是提供实时的入侵检测及采取相应的防护手段，如记录入侵证据，用于跟踪和恢复、断开网络连接等。

6. 其他安全防护措施

不运行来历不明的软件，不随便打开陌生人发来的邮件中的附件。经常运行专门的反黑客软件，在系统中安装具有实时检测、拦截和查找黑客攻击程序用的工具软件，经常检查用户的系统注册表和系统启动文件中的自启动程序项是否有异常，做好系统的数据备份工作，及时安装系统的补丁程序等。

拓展练习

一、填空题

1. 网络通信的三大要素包括：_____、_____和_____。_____是信息的发送方，_____是信息的接收方，_____是连接信源和信宿的通道，是信息的传送媒介。
2. 目前国际上规模最大的计算机网络Internet（因特网）就是以_____为基础的。
3. 按照TCP/IP协议规定，IP地址用二进制数来表示，每个IPv4地址长度为_____位。IPv6采用_____位地址长度。
4. _____协议的目的是从已知IP地址获得相应的MAC地址。
5. 主机域名public.tpt.edu.cn由四个子域组成，其中_____代表主机名，edu代表_____。
6. 信息安全的指标有_____、_____、_____、授权性、认证性及抗抵赖性几个方面。
7. 计算机网络中，所有的计算机都连接到一个中心节点上，一个网络节点需要传输数据，首先传输到中心节点上，然后由中心节点转发到目的节点，这种连接结构被称为_____。
8. _____是Internet的主要互联设备。
9. 计算机网络中可共享的资源包括_____、_____、_____。

二、问答题

1. 简述常见的网络拓扑结构及其优缺点。
2. 简述你对协议及协议分层的理解。
3. 用思维导图整理信息安全防护策略。

第4章 新一代信息技术

现在信息技术的迅猛发展，物联网技术、云计算技术、大数据技术、人工智能、区块链、虚拟现实等信息技术层出不穷，也衍生了一系列新产品，对人们的生产、生活方式和社会的变革产生了深远的影响。本章重点介绍新一代信息技术的概念、特征和在生产、生活中的应用。

学习目标：

- 了解物联网的发展和应用现状；掌握大数据的主要思想和典型应用。
- 掌握云计算的概念和主要内容以及云计算的重要应用价值；能比较云计算的三种服务类型和模式；能列举云计算技术在生活工作中的应用。
- 掌握人工智能的基本概念，了解人工智能的关键技术和应用。
- 了解新兴信息技术的发展情况和方向，了解数字媒体、虚拟现实、区块链技术等的发展和应用。

4.1 物联网技术

物联网（the internet of things，IOT）是指通过各种信息传感器、射频识别技术、全球定位系统、红外线感应器、激光扫描器等各种装置与技术，实时采集任何需要监控、连接、互动的物体或过程，采集其声、光、热、电、力学、化学、生物、位置等各种需要的信息，通过各类可能的网络接入，实现物与物、物与人的泛在连接，实现对物品和过程的智能化感知、识别和管理。物联网是一个基于互联网、传统电信网等的信息承载体，它让所有能够被独立寻址的普通物理对象形成互联互通的网络。其目的是实现物与物、物与人、人与人，所有的物品与网络的连接，方便识别、管理和控制。物联网如图4-1所示。

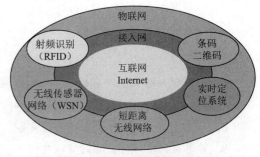

图4-1 物联网

物与物、人与物之间的信息交互是物联网的核心。物联网的基本特征可概括为整体感知、可靠传输和智能处理。

4.1.1 物联网体系架构

物联网作为一个系统网络，与其他网络一样，有其内部特有的架构。物联网系统有三个层次。一是感知层，即利用RFID（radio frequency identification，射频识别）、传感器、二维码等随时随地获取物体的信息；二是网络层，通过各种电信网络与互联网的融合，将物体的信息实时准确地传递出去；三是应用层，把感知层得到的信息进行处理，实现智能化识别、定位、跟踪、监控和管理等实际应用。物联网架构图如图4-2所示。

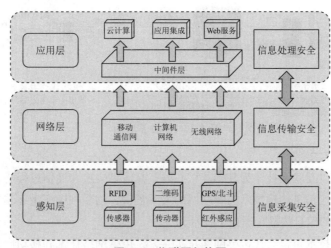

图 4-2　物联网架构图

4.1.2 物联网的关键技术

物联网具有数据海量化、连接设备种类多样化、应用终端智能化等特点，其发展依赖于传感器技术、识别技术、信息传输技术、信息处理技术、信息安全技术等诸多技术。

1. 传感器技术

传感器是物联网系统中的关键组成部分。物联网系统中的海量数据信息来源于终端设备，而终端设备数据来源可归根于传感器，传感器赋予了万物"感官"功能，如人类依靠视觉、听觉、嗅觉、触觉感知周围环境，同样物体通过各种传感器也能感知周围环境，且比人类感知更准确、感知范围更广。例如，人类无法通过触觉准确感知某物体具体温度值，也无法感知上千摄氏度的高温，也不能辨别细微的温度变化，但传感器可以。

传感器是将物理、化学、生物等信息变化按照某些规律转换成电参量（电压、电流、频率、相位、电阻、电容、电感等）变化的一种器件或装置。传感器种类繁多，按照被测量类型可分为温度传感器、湿度传感器、位移传感器、加速度传感器、压力传感器、流量传感器等。按照传感器工作原理可分为物理性传感器（基于力、热、声、光、电、磁等效应）、化学性传感器（基于化学反应原理）和生物性传感器（基于酶、抗体、激素等分子识别）。

2. 识别技术

对物理世界的识别是实现物联网全面感知的基础，常用的识别技术有二维码、RFID标识、条形码等，涵盖物品识别、位置识别和地理识别。物联网的识别技术以RFID为基础。

RFID是一种简单的无线系统，由一个询问器（或阅读器）和很多应答器（或标签）组成，如图4-3所示。标签由耦合元件及芯片组成，每个标签具有扩展词条唯一的电子编码，附着在物体上标识目标对象，它通过天线将射频信息传递给阅读器，阅读器就是读取信息的设备。RFID技术让物品能够"开口说话"。这就赋予了物联网一个特性，即可跟踪性。就是说人们可以随时掌握物品的准确位置及其周边环境。该技术不仅无须在识别系统与特定目标之间建立机械或光学接触，而且在许多种恶劣的环境下也能进行信息的传输，因此在物联网的运行中有着重要的意义。

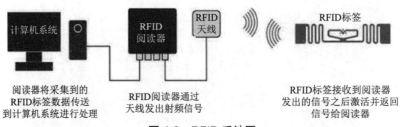

图 4-3　RFID 系统图

3. 信息传输技术

物联网技术是以互联网技术为基础及核心的，其信息交换和通信过程的完成也是基于互联网技术基础之上的。信息传输技术与物联网的关系紧密，物联网中海量终端连接、实时控制等技术离不开高速率的信息传输（通信）技术。

目前信息传输技术包含有线传感网络技术、无线传感网络技术和移动通信技术，其中无线传感网络技术应用较为广泛。无线传感网络技术又分为远距离无线传输技术和近距离无线传输技术。

（1）远距离无线传输技术

远距离无线传输技术包括2G、3G、4G、5G、NB-IoT、Sigfox、LoRa等，信号覆盖范围一般在几公里到几十公里，主要应用在远程数据的传输，如智能电表、智能物流、远程设备数据采集等。

（2）近距离无线传输技术

近距离无线传输技术包括NFC、UWB、RFID、红外、蓝牙等，信号覆盖范围则一般在几十厘米到几百米之间，主要应用在局域网，比如家庭网络、工厂车间联网、企业办公联网等。低成本、低功耗和对等通信，是短距离无线通信技术的三个重要特征和优势。常见的近距离无线通信技术特征见表4-1。

表 4-1　近距离无线通信技术特征

项　　目	NFC	UWB	RFID	红　外	蓝　牙
连接时间	<0.1 ms	<0.1 ms	<0.1 ms	约0.5 s	约6 s
覆盖范围	长达10 m	长达10 m	长达3 m	长达5 m	长达30 m
使用场景	共享、进入、付费	数字家庭网络、超宽带视频传输	物品跟踪、门禁、手机钱包、高速公路收费	数据控制与交换	网络数据交换、耳机、无线联网

（3）5G

尽管互联网在过去几十年中取得了很快发展，但其在应用领域的发展却受到限制。主要原因是4G网络主要服务于人,连接网络的主要设备是智能手机,无法满足在智能驾驶、智能家居、智能医疗、智能产业、智能城市等其他各个领域的通信速度要求。

而物联网是一个不断增长的物理设备网络,它需要具有收集和共享大量信息/数据的能力,有海量的连接需求。不同的连接场景下,对速率、时延的要求也会有较为严苛的要求,需要有高效网络的支持才能充分发挥其潜力。

5G是第五代移动电话行动通信技术的简称,峰值理论传输速率可达每秒数十吉字节,比4G网络的传输速率快数百倍。5G网络就是为物联网时代服务的,相比可打电话的2G、能够上网的3G、满足移动互联网用户需求的4G,5G网络拥有大容量、高速率、低延迟三大特性。

5G网络主要面向三类应用场景:移动宽带、海量物联网和任务关键性物联网,见表4-2。为了更好地面向不同场景、不同需求的应用,5G网络采用网络切片技术:将一个物理网络分成多个虚拟的逻辑网络,每一个虚拟网络对应不同的应用场景,如图4-4所示。

相对于4G网络,5G网络具备更加强大的通信和带宽能力,能够满足物联网应用高速稳定、覆盖面广等需求。

表 4-2 5G 网络应用场景

应用场景	应用举例	需求
移动宽带	4K/8K 超高清视频、全息技术、增强现实/虚拟现实	高容量、视频存储
海量物联网	海量传感器(部署于测量、建筑、农业、物流、智慧城市、家庭等)	大规模连接、大部分静止不动
任务关键性物联网	无人驾驶、自动工厂、智能电网等	低时延、高可靠性

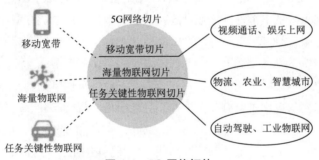

图 4-4 5G 网络切片

4. 信息处理技术

物联网采集的数据往往具有海量性、时效性、多态性等特点,给数据存储、数据查询、质量控制、智能处理等带来极大挑战。信息处理技术的目标是将传感器等识别设备采集的数据收集起来,通过信息挖掘等手段发现数据内在联系,发现新的信息,为用户下一步操作提供支持。当前的信息处理技术有云计算技术、智能信息处理技术等。

5. 信息安全技术

信息安全问题是互联网时代的十分重要的议题,安全和隐私问题同样是物联网发展面临的巨大挑战。物联网除面临一般信息网络所具有的如物理安全、运行安全、数据安全等问题外,还面临特有的威胁和攻击,如物理俘获、传输威胁、阻塞干扰、信息篡改等。保障物联网安全涉及防范非授权实体的识别,阻止未经授权的访问,保证物体位置及其他数据的保密性、可用性，保护个人隐私、商业机密和信息安全等诸多内容，这里涉及网络非集中管理方式下的用户身份验证技术、离散认证技术、云计算和云存储安全技术、高效数据加密和数据保护技术、隐私管理策略制定和实施技术等。

4.1.3 物联网的应用

物联网的应用领域涉及方方面面，遍及智能家居、智能穿戴、车联网、智能工业、智能医疗、智慧城市等领域。

1. 智能家居

智能家居是目前最流行的物联网应用。最先推出的产品是智能插座，相较于传统插座，智能插座的远程遥控、定时等功能让人耳目一新。随后出现了各种智能家电，把空调、洗衣机、冰箱、电饭锅、微波炉、电视、照明灯、监控、智能门锁等能联网的家电都连上网，如图4-5所示。智能家居的连接方式主要是以Wi-Fi为主，部分采用蓝牙，少量的采用NB-IoT、有线连接。智能家居产品的生产厂家较多，产品功能大同小异，大部分是私有协议，每个厂家的产品都要配套使用，不能与其他厂家的产品混用。

图4-5 智能家居

2. 智慧穿戴

智能穿戴设备已经有不少人拥有，最普遍的就是智能手环手表，还有智能眼镜、智能衣服、智能鞋等。连接方式基本都是基于蓝牙连接手机，数据通过智能穿戴设备上的传感器送给手机，再由手机送到服务器。

3. 车联网

车联网是指将汽车与互联网相连接，实现车辆与车辆、车辆与基础设施、车辆与云端的数据交互和通信。车联网的应用主要有几个方面：导航服务、智能驾驶、远程监控车辆、车辆状态检测等。

导航服务：帮助驾驶员选择最佳的行驶路线，避开拥堵路段，并提供实时的交通信息和路况预警。

智能驾驶：通过车联网技术，车辆可以实现自动驾驶，如自动泊车、自动制动、自动跟车等功能，提高驾驶安全性和舒适性。

远程监控车辆：可以实现远程监控车辆的状态和位置，可以通过手机应用或云平台远程解锁车门、打开空调等操作。

4. 智能工业

智能工业包括智能物流、智能监控和智慧制造。

① 智能物流指的是以物联网、大数据、人工智能等信息技术为支撑，在物流的运输、仓储、包装、装卸搬运、流通加工、配送、信息服务等各个环节实现系统感知、全面分析、及时处理以及自我调整的功能。智慧物流的实现能大大地降低各相关行业运输的成本，提高运输效率，增强企业利润。

② 智能监控是一种防范能力较强的综合系统，主要由前端采集设备、传输网络、监控运营平台三部分组成。通过声音、视频，监控交通、调度、场所安全等相关方面的应用，实现物与物之间联动反应。例如，物联网监控校车运营，时时掌控乘车动态。校车监控系统可应用RFID身份识别、智能视频客流统计等技术，对乘车学生的考勤进行管理，并通过短信的形式通知学生家长或监管部门，实时掌握学生乘车信息。

③ 智能制造是将物联网技术融入工业生产的各个环节，大幅提高制造效率，改善产品质量，降低产品成本和资源消耗，将传统工业生产提升到智能制造的阶段。

5. 智能医疗

医疗行业成为采用物联网最快的行业之一，物联网将各种医疗设备有效连接起来，形成一个巨大的网络，实现了对物体信息的采集、传输和处理。物联网在智慧医疗领域的应用有很多，主要包括：

① 远程医疗：即不用到医院，在家里就可以实现诊疗。通过物联网技术就可以获取患者的健康信息，并且将信息传送给医院的医生，医生可以对患者进行虚拟会诊，为患者完成病历分析、病情诊断，进一步确定治疗方案。这对解决医院看病难、排队时间长等问题有着很大的帮助，让处在偏远地区的百姓也能享受到优质的医疗资源。

② 医院物资管理：当医院的设施设备装置物联网卡后，利用物联网可以实时了解医疗设备的使用情况以及药品信息，并将信息传输给物联网管理平台，通过平台就可以实现对医疗设备和药品的管理和监控。物联网技术应用于医院管理可以有效提高医院运营管理效率，降低医院管理难度。

③ 移动医疗设备：移动医疗设备有很多，常见的智能健康手环就是其中的一种，并且已经得到了应用。

6. 智慧城市

物联网在智慧城市发展中的应用关系各个方面，从市政管理智能化、农业园林智能化、医疗智能化、楼宇智能化、交通智能化到旅游智能化及其他应用智能化等方面，均可应用物联网技术。例如，通过传感器收集车辆的数量、车辆的速度和车辆的流速信息，并将信息通过无线网络输入和输出，判断是否需要延时或减少红绿灯的时间，缓解了交通压力，减小了交通堵塞。

4.1.4 物联网发展面临的问题

虽然物联网近年来的发展已经渐成规模，各国都投入了巨大的人力、物力、财力来进行研究和开发。但是在技术、管理、成本、政策、安全等方面仍然存在许多需要攻克的难题，主要包括：

1. 技术标准问题

传统互联网的标准并不适合物联网。物联网核心层面是基于TCP/IP，但是在接入层，协议类型包括GPS、短信、TD-SCDMA（时分同步码分多路访问）、有线等多个通道，物联网感知层的数据多源异构，不同的设备有不同的接口，不同的技术标准；网络层、应用层也由于使用的网络类型不同、行业的应用方向不同而存在不同的网络协议和体系结构。建立的统一的物联网体系架构，统一的技术标准是物联网现在正在面对的难题。

2. 安全问题

物联网中的物品间联系更紧密，物品和人也连接起来，信息采集和交换设备的大量使用，使得数据泄密成为越来越严重的问题，如何实现大量的数据及用户隐私的保护，成为亟待解决的问题。

3. 终端与地址问题

物联网终端除具有本身功能外，还拥有传感器和网络接入等功能，且不同行业需求各不相同，如何满足终端产品的多样化需求，对运营商来说是一项大的挑战。

另外，每个物品都需要在物联网中被寻址，因此物联网需要更多的 IP 地址。IPv4 向 IPv6 的过渡是一个漫长的过程，且存在 IPv4 的兼容性问题。

4. 成本问题

就目前来看，各国对物联网产业发展都积极支持，在看似百花齐放的背后，能够真正投入并大规模使用的物联网项目少之又少。譬如，实现 RFID 技术最基本的电子标签及读卡器，其成本价格一直无法达到企业的预期，性价比不高；传感网络是一种多跳自组织网络，极易遭到环境因素或人为因素的破坏，若要保证网络通畅，并能实时安全传送可靠信息，必然会提高网络的维护成本。

4.2 云计算技术

商业计算复杂性的增加，数据处理需求的增大，以及超级计算机的高造价使得分布式计算应运而生。云计算技术主要以互联网技术为基础进行相应的计算、管理以及提取资源等，与传统的计算模式相比，云计算在计算能力、可靠性及速度方面具有较大优势。

4.2.1 云计算的概念及特征

1. 云计算的概念

云计算是一种基于互联网的分布式计算模式，通过这种方式，共享的软硬件资源和信息可以按需提供给计算机和其他设备。典型的云计算提供商往往提供通用的网络业务应用，可以通过浏览器等软件或者其他 Web 服务访问，而软件和数据都存储在服务器上。云计算中的"云"是一个形象的比喻，人们以云可大可小、可以飘来飘去的特点形容云计算中服务能力和信息资源的伸缩性，以及后台服务设施位置的透明性。

2. 云计算特征

（1）硬件成本低

云计算主要使用大量廉价服务器作为硬件设备，在很大程度上有效降低了硬件成本，在云计算环境下，高效应用与压缩成本不再是矛盾。

（2）高可用性

在云服务器中使用虚拟化技术把实体物理机资源虚拟化，或者使用迁移技术把单一固化服务内容发展为计算服务和重复利用状态，实现数据移植的高可用性，为数据的应用提供了更为广阔的发展空间。

（3）高可扩展性

为了适应负载变化，服务规模将在时间上快速灵活地扩展。同时满足不同用户的不同需求，避免资源浪费和服务质量下降。

（4）可测量性

根据不同的服务类型，服务收费标准有所不同。云计算将监控服务资源，并随时向用户和服务提供商发送监控报告，使其更加透明。

（5）高可靠性

使用冗余确保数据的可靠性。当云计算检测到故障节点时，会充分利用冗余数据保证正常运行，从而提高服务质量，防止出现传统计算机因为故障导致数据丢失的情况。

（6）面向服务

云计算面向用户提供透明服务内容机制。云计算提供的服务以用户需求为唯一依据，可以及时释放未使用的资源，高效率服务于用户的需要，为用户提供内容服务机制。

（7）规模经济

云计算通常基于大规模资源，并利用大规模集成的效果来降低用户的使用成本，使得用户用更为低廉的成本享受更加优质的服务。

4.2.2 云计算关键技术

1. 分布式存储技术

分布式存储并不是在一个或多个特定的节点上存储数据，而是将数据切成片段，分散存储在不同的独立设备中，使用多个存储服务器来分担存储负荷。分布式存储技术可以维护数据信息的完整性，并且还能维护数据信息的可靠性。这种存储方式的应用可以有效地提高系统的质量和效果，避免服务器过载。

2. 分布式资源管理技术

分布式资源管理技术保证在多点并发执行环境中，各个节点的状态同步，并且在单个节点出现故障时，系统通过有效的机制保证其他节点不受影响。具有高效调配大量服务器资源，使其更好协同工作的能力。

3. 并行编程技术

在并行编程模式下，并发处理、容错、数据分布、负载均衡等细节都被抽象到一个函数库中，通过统一接口，用户大尺度的计算任务被自动并发和分布执行，即将一个任务自动分成多个子任务，并行地处理海量数据。

4. 虚拟化技术

云计算的关键步骤是从硬件系统基础上虚拟出若干个软件程序，并且在系统中通过软件调度器进行管理和调配，从而实现调度器通过对软件程序的控制显示硬件配置的管理。虚拟化技术通过逻辑设备、逻辑网络、逻辑IT资源的概念，屏蔽了客户端对物理IT资源的依赖，从而能够实现动态的资源调配组织、资源共享、统一而简单的资源管理等。计算元件在虚拟的基础上运行，可以扩大硬件的容量，简化软件的重新配置过程，支持更广泛的操作系统。虚拟化技术能够把所有硬件设备、软件应用和数据隔离开来，打破硬件配置、软件部署和数据分布的界限，实现IT架构的动态化，实现资源集中管理，使应用能够动态地使用虚拟资源和物理资源，提高系统适应需求和环境的能力。

4.2.3 云计算的服务模式

云计算包括以下三个层次的服务（见图4-6）。

图 4-6 云计算的服务模式

1. 基础设施即服务（infrastructure as a service，IaaS）

IaaS 提供给消费者的服务是对所有设施的利用，包括处理、存储、网络等基本的计算资源。例如租用 IaaS 公司提供的场外服务器、存储和网络硬件，以节省维护成本和办公场地。

2. 平台即服务（platform as a service，PaaS）

PaaS 除了提供基础计算能力，还具备了业务的开发运行环境，提供包括应用代码、SDK（软件开发工具包）、操作系统以及 API（应用程序编程接口）在内的IT组件，供个人开发者和企业将相应功能模块嵌入软件或硬件，以提高开发效率。例如 PaaS 公司在网上提供虚拟服务器和操作系统，节省在硬件上的费用，也让分散的工作室之间的合作变得更加容易。

3. 软件即服务（software as a service，SaaS）

SaaS 提供给客户的服务是运营商运行在云计算基础设施上的应用程序，用户可以在各种设备上通过客户端界面访问。SaaS 的软件是"拿来即用"的，不需要用户安装，软件升级与维护也无须终端用户参与。同时，它还是按需使用的软件，与传统软件购买后就无法退货相比具有无可比拟的优势。

根据云计算服务的用户对象范围的不同，可以把云计算按部署模式大致分为两种，即公有云和私有云。公有云是由第三方提供商为用户提供服务的云平台，用户免费或付费购买相关服务，可通过互联网访问公有云。私有云是为企业用户单独使用组建的，对数据存储量、处理量、安全性要求高。全球建立的云计算系统很多，例如，亚马逊的弹性计算云、微软的 Azure、阿里云等。

在云计算模式中，用户通过终端接入网络，向"云"提出需求；"云"接受请求后组织资源，通过网络为用户提供服务。用户终端的功能可以大大简化，复杂的计算与处理过程都将转移到用户终端背后的"云"去完成。在任何时间和任何地点，用户只要能够连接互联网，就可以访问云，用户的应用程序并不需要运行在用户的计算机、手机等终端设备上，而是运行在互联网的大规模服务器集群中；用户处理的数据也无须存储在本地，而是保存在互联网上的数据中心。提供云计算服务的企业负责这些数据中心和服务器正常运转地管理和维护，并保证为用户提供足够强的计算能力和足够大的存储空间。

4.2.4 云计算的应用

云计算的应用覆盖生活方方面面，如云存储、云游戏、云安全等。云存储是借助网格技术、分布式系统或集群应用，将互联网当中大量不同类型的存储设备通过应用软件集合起来协同工作，共同对外提供数据存储和业务访问功能的一个系统，并能管理数据的存储、备份、复制和存档，云存储系统非常适合那些需要管理和存储海量数据的企业。云游戏是以云计算为基础的游戏方式，在云游戏的运行模式下，所有游戏都在服务器端运行，并将渲染完毕后的游戏画面压缩后通过网络传送给用户。云安全通过网状的大量客户端对网络中软件行为的异常进行监测，获取互联网中木马、恶意程序的新信息，将有嫌疑的数据上传到"云"中，通过"云"中庞大的特征库和强大的处理能力自动分析和处理，再把病毒和木马的解决方案分发到每一个客户端。

4.3 大数据技术

美国互联网数据中心指出：互联网上的数据每年增长50%，每两年翻一番，目前世界上90%以上的数据是最近几年才产生的。此外，这些数据并非单纯是人们在互联网上发布的信息，85%的数据由传感器和计算机设备自动生成。全世界的各种工业设备、汽车、摄像头，以及无数的数码传感器，随时都在测量和传递着有关信息，这导致了海量数据的产生。例如，一个计算不同地点车辆流量的交通遥测应用，就会产生大量的数据。

4.3.1 大数据的定义

大数据是指无法在一定时间范围内用常规软件工具进行捕捉、管理和处理的数据集合，是需要新处理模式才能具有更强的决策力、洞察发现力和流程优化能力的海量、高增长率和多样化的信息资产。麦肯锡全球研究所给出的定义是：一种规模大到在获取、存储、管理、分析方面大大超出了传统数据库软件工具能力范围的数据集合，具有海量的数据规模、快速的数据流转、多样的数据类型和价值密度低四大特征。目前，大数据主要依托感知技术、存储技术和分布式处理技术来进行大数据的采集、存储、处理，还利用算法检索数据中的隐藏信息，通过统计分析、情报检索、机器学习等方法提取有价值的信息和知识。联合国贸易和发展会议发布的《2021年数字经济报告》指出，开启数据治理的新道路，现在比以往任何时候都更加重要。大数据不仅是人工智能、区块链、物联网、云计算及其他关键数字技术的核心要素，还是创造个人收益和社会价值的重要战略资产。

IBM进一步将大数据特征归结为5V：一是数据体量（volumes）大，数据规模可以到达TB、PB甚至更高；二是数据类型（variety）多，如网络日志、视频、图片、地理位置信息等，数据来自多种数据源，数据类型和格式非常丰富，囊括了半结构化和非结构化的数据；三是数据处理速度（velocity）快，在数据量非常庞大的情况下，也能够做到数据的实时处理；四是数据的价值（value）高。但随着物联网的广泛应用，信息感知无处不在，信息海量，但价值密度较低，存在大量不相关信息，所以需要通过强大的机器算法更迅速地完成数据的价值提炼。五是数据的真实性（veracity），数据准确和可信赖。

4.3.2 大数据处理技术

数据处理是对纷繁复杂的海量数据价值的提炼，通过数据可视化、统计模式识别、数据描述等数据挖掘形式帮助数据科学家更好地理解数据，根据数据挖掘的结果得出预测性决策。大数据的主要处理流程是：数据采集、数据导入和预处理、数据统计和分析、数据挖掘。

1. 数据采集

数据采集是指利用多个数据库来接收发自客户端（如Web、App或者传感器等）的数据。数据采集的特点是并发数高，因为可能会有成千上万的用户同时进行访问和操作。例如火车票售票网站和淘宝网站，它们并发访问量在峰值时达到了上千万，所以需要在采集端部署大量数据库才能支持数据采集工作，这些数据库之间如何进行负载均衡也需要深入思考和仔细设计。

2. 数据导入和预处理

要对采集的海量数据进行有效分析，还应该将这些来自前端的数据导入一个集中的大型分布式数据库中，并且在导入基础上做一些简单的数据清洗和预处理工作。导入和预处理过程的特点是数据量大，每秒的导入量经常会达到百兆，甚至千兆。可以利用数据提取、转换和加载工具（ETL）将分布的、异构的数据（如关系数据、平面数据等）抽取到临时中间层后进行清洗、转换、集成，最后导入数据库中。

3. 数据统计和分析

统计与分析主要对存储的海量数据进行普通的分析和分类汇总，常用的统计分析有：假设检验、显著性检验、差异分析、相关分析、方差分析、回归分析、曲线估计、因子分析、聚类分析、判别分析、Bootstrap技术等。统计与分析的特点是涉及的数据量大，对系统资源，特别是I/O设备会有极大的占用。数据分析最基本的要求是可视化分析，因为可视化分析能够直观地呈现大数据的特点，同时能够非常容易被读者接受，就如同看图说话一样简单明了。

4. 数据挖掘

数据挖掘就是从大量的、不完全的、有噪声的、模糊的、随机的实际应用数据中，提取隐含在其中的有用的信息和知识的过程。数据挖掘主要是在大数据基础上进行各种算法的计算，从而起到预测的效果。数据挖掘的方法有：预测、聚类、相关性分析、特征分析、变化和偏差分析、Web页挖掘等。数据挖掘是一种决策支持过程，它通过高度自动化地分析数据，做出归纳性的推理，从中挖掘出潜在的模式，帮助决策者减少风险，做出正确的决策。

4.3.3 大数据的应用

大数据价值创造的关键在于大数据的应用，随着大数据技术飞速发展，大数据应用已经融入各行各业。在电子商务行业，借助于大数据技术，分析客户行为，进行商品个性化推荐和有针对性广告投放；在制造业，大数据为企业带来其极具时效性的预测和分析能力，从而大大提高制造业的生产效率；在金融行业，利用大数据可以预测投资市场，降低信贷风险；在汽车行业，利用大数据、物联网和人工智能技术可以实现无人驾驶汽车；在物流行业，利用大数据优化物流网络，提高物流效率，降低物流成本；城市管理，利用大数据实现智慧城市；政府部门，将大数据应用到公共决策当中，提高科学决策的能力。

百度搜索和微博消息，使得人们的行为和情绪的细节化测量成为可能。挖掘用户的行为习惯和喜好，可以从凌乱纷繁的数据背后找到更符合用户兴趣和习惯的产品和服务，并对这些产品和服务进行针对性的调整和优化，这就是大数据的价值。

例如，百度公司对春运大数据进行计算分析，并采用可视化呈现方式，实现全程、动态、即时、直观地展现中国春节前后人口大迁徙的轨迹与特征。

又如，在加拿大多伦多的一家医院，针对早产婴儿，每秒钟有超过3 000次的数据读取。通过这些数据分析，医院能够提前知道哪些早产儿出现问题并且有针对性地采取措施，避免早产婴儿夭折。

再如，NTT docomo公司将手机位置信息和互联网上的信息结合起来，为顾客提供附近的餐饮店信息，接近末班车时间时，提供末班车信息服务等。

4.4 人工智能

人工智能（artificial intelligence, AI）是当前全球热门的话题之一，是21世纪引领世界未来科技领域发展和生活方式转变的风向标。从人脸识别的逐步应用，到方兴未艾的自动驾驶，人工智能正在越来越多领域发挥作用。许多国家都将人工智能的发展和应用提升到国家战略高度。

4.4.1 人工智能的概念

人工智能比较流行的定义是美国麻省理工学院约翰·麦卡锡（John McCarthy，1927—2011）教授在1956年提出的：人工智能就是要让机器的行为看起来就像是人所表现出的智能行为一样。所以，人工智能本质上是对人脑思维功能的模拟。人工智能是计算机科学理论的一个重要的领域，是探索和模拟人的感觉和思维过程的科学，它是在控制论、计算机科学、仿生学、生理学等基础上发展起来的新兴的边缘学科。其主要内容是研究感觉与思维模型的建立，图像、声音和物体的识别。

4.4.2 人工智能的核心技术

人工智能包括五大核心技术，有计算机视觉、机器学习、自然语言处理、机器人和语音识别。

① 计算机视觉是指计算机从图像中识别出物体、场景和活动的能力。其应用包括医疗成像分析被用来提高疾病预测、诊断和治疗；人脸识别被用来自动识别照片里的人物；在安防及监控领域被用来指认嫌疑人等。

② 机器学习指的是计算机模拟或实现人类的学习行为，以获取新的知识或技能，并重新组织已有的知识结构使之不断改善自身的性能。学习能力是智能行为的重要特征。机器学习是从数据中自动发现模式，模式一旦被发现便可用于预测。其应用包括欺诈甄别、销售预测、库存管理、石油和天然气勘探，以及公共卫生等。

③ 自然语言处理是指计算机拥有的人类般的文本处理的能力。包括文本分类、文章摘要、阅读理解、机器翻译、文本生成等。

④ 机器人是将机器视觉、自动规划等认知技术整合至极小却高性能的传感器、制动器以及设计巧妙的硬件中。可以与人类一起工作，能在各种未知环境中灵活处理不同的任务。如无人机、可以在车间为人类分担工作的协作机器人cobots等。

⑤ 语音识别主要是关注自动且准确地转录人类语音的技术，使用一些与自然语言处理系统相同的技术，再辅以其他技术，比如描述声音和其出现在特定序列与语言中概率的声学模型等。其应用包括医疗听写、语音书写、计算机系统声控、电话客服等。

人工智能有两种。一种是希望借鉴人类的智能行为，研制出更好的工具以减轻人类智力劳动，一般称为"弱人工智能"，类似于"高级仿生学"。弱人工智能是指机器不能实现自我思考，推理和解决问题，它们只是看起来像拥有智能。另一种是希望研制出达到甚至超越人类智慧水平的人造物，具有心智和意识、能根据自己的意图开展行动，一般称为"强人工智能"，实则可谓"人造智能"。拥有"强人工智能"的机器不仅是一种工具，而且本身拥有思维。这样的机器将被认为是有知觉，有自我意识，能够推理（reasoning）和解决问题（problem solving）的智能机器。人工智能技术现在所取得的进展和成功，是缘于"弱人工智能"而不是"强人工智能"的研究。

4.4.3 人工智能的应用

人工智能在各个领域都有广泛的应用。

1. 科学研究

人工智能在科学研究领域的发展前景非常广阔。例如，在生物学领域，机器学习已经被用于加速仿真；在物理学和量子物理学领域，也有许多应用场景；通过超级计算机的加速，研究人员在模拟原子方面取得了很大的突破，模拟规模从之前的百万级别提升到亿级，模拟时间已经提升到了纳秒级别，这对物理学和材料学研究都有很大的帮助。随着科学和人工智能的不断结合，未来将会有更多的突破。

2. 工业与下游应用

人工智能模型在工业界和下游应用中的前景非常广阔。在EDA（electronic design automation）集成电路设计工具领域，机器学习已经展示了其带来的巨大效果和效率。随着人工智能模型的通用性和能力的不断提高，下游应用的开发成本得到了大幅降低。以往将人工智能应用于传统行业需要专业人员进行数据收集、标记和调试，成本较高。现在，人工智能模型的通用性和智能性得到了提高，每个人都可以利用自己的数据进行训练；人工智能模型的理解能力也大幅提高，能够按照用户的意愿进行交流和修正。这种人工智能模型的广泛应用，使得下游应用的开发成本大幅降低，用户只需要通过简单的接口和提示就可以调试修改并达到想要的效果，这极大降低了消耗的算力成本。

3. 生活与娱乐

人工智能在人们日常生活的应用覆盖游戏娱乐、智能顾问、智能医疗、智能家居等方面。例如，人工智能在国际象棋、扑克、围棋等游戏中起着至关重要的作用，机器可以根据启发式知识来思考大量可能的位置并计算出最优的下棋落子。谷歌（Google）下属公司Deepmind的阿尔法围棋（AlphaGo）是第一个战胜人类职业围棋世界冠军的人工智能机器。再比如，有一些应用程序集成了机器、软件和特殊信息，以传授推理和建议。它们为用户提供解释和建议。在医疗方面，利用人工智能技术，可以让AI"学习"专业的医疗知识，"记忆"大量的历史病例，用计算机视觉技术识别医学图像，为医生提供可靠高效的智能助手。在家居方面，智能家居基于物联网技术，由硬件、软件和云平台构成家居生态圈，为用户提供个性化生活服务，使家庭生活更便捷、舒适和安全。

4. 安防

安防是AI最易落地的领域，目前发展也较为成熟。安防领域拥有海量的图像和视频数据，为AI算法和模型的训练提供了很好的基础。目前AI在安防领域主要包括民用和警用两个方向。警用可以识别可疑人员、车辆分析、追踪嫌疑人、检索对比犯罪嫌疑人、重点场所门禁等。民用可以人脸打卡、潜在危险预警、家庭布防等，还有我们最常用的车牌识别等。

5. 生成式人工智能

生成式AI在2022年取得了突破性的进展，人工智能开始从学习走向创造。生成式人工智能指人工智能能够在没有人类明确指令或指导的情况下生成新的原创内容，例如图像、视频、音乐甚至文本。生成式人工智能的工作原理是使用复杂的算法，根据从大型数据集中学习到的模式和关系来生成新的原创内容。现在市场上的一些生成式AI工具有ChatGPT、Midjourney、Stable Diffusion和DALL-E等。以下为AI创作的诗。

乐游西湖

西湖万顷清秋月，
酒客重来独自游。
好事长宜勤载酒，
青山何必待人愁。

拓展阅读：机器学习

目前人们做出的努力只是集中在"弱人工智能"部分，只能赋予机器感知环境的能力，而这部分的成功主要归功于一种实现人工智能的方法——机器学习。

人类学习是根据历史经验总结归纳出事物的发生规律，当遇到新的问题时，根据事物的发生规律来预测问题的结果，如图4-7（a）所示。例如朝霞不出门，晚霞行千里，瑞雪兆丰年等，这些都体现人类的智慧。那么为什么朝霞出现会下雨，晚霞出现天气就会晴朗呢？原因就是人类具有很强的归纳能力，根据每天的观察和经验，慢慢训练出分辨是否下雨的"分类器"或者说规律，从而预测未来。

而机器学习系统是从历史数据中不断调整参数训练出模型，输入新的数据从模型中计算出结果，如图4-7（b）所示。

机器学习（包括深度学习分支）是研究"学习算法"的一门学问。所谓"学习"是指：对于某类任务T和性能度量P，一个计算机程序在T上以P衡量的性能随着经验E而自我完善，那么称这个计算机程序在从经验E学习。

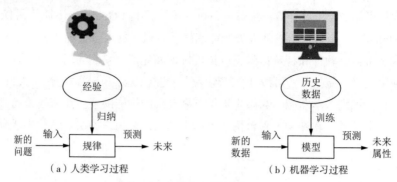

图 4-7　人类和机器的学习过程

任务 T：机器学习系统应该如何处理样本。样本是指从机器学习系统处理的对象或事件中收集到的已经量化的特征的集合。例如，分类、回归、机器翻译等。

性能度量 P：评估机器学习算法的能力。如准确率、错误率。

经验 E：大部分学习算法可以被理解为在整个数据集上获取经验。有些机器学习的算法并不是训练于一个固定的数据集上，例如，强化学习算法会和环境交互，所以学习系统和它的训练过程会有反馈回路。根据学习过程中的不同经验，机器学习算法可以大致分为无监督算法和监督算法。

举个例子来说明上面机器学习的概念。假如进行人脸识别这个任务 T，那么识别结果的正确率、误检率可以作为性能度量 P，机器学习的经验 E 是什么？就是人工标定的大量图片数据集（即这张图片是谁）。计算机程序在从经验 E 中学习从而达到人脸识别。

机器学习算法目标是得到模型即目标函数 f。目标函数 f 未知，学习算法无法得到一个完美的目标函数 f。机器学习是假设我们得到的函数 g 逼近函数 f，但是可能和函数 f 不同，如图 4-8 所示。

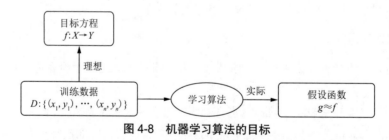

图 4-8　机器学习算法的目标

机器学习算法就是学习一个目标函数（方程）f，该函数将输入变量 X 最好地映射到输出变量 Y：$Y=f(X)$。这是一个普遍的学习任务，通过大量的训练数据 D，训练出 g 函数逼近函数 f（如果知道函数 f，将会直接使用它，不需要用机器学习算法从数据中学习）。

最常见的机器学习算法作用是学习映射 $Y=f(X)$ 来预测新 X 的 Y，称为预测建模或预测分析，目标是尽可能作出最准确的预测。

目前机器学习技术解决的问题实际上是一个最优化的数学问题，它把待解决的问题抽象成一个目标函数（方程），然后求解它的极值（极大值或极小值）。无论是 AlphaGo 还是推荐系统，无论是语言识别、图像识别还是广告点击率预估，它们内在的原理都是求极值的数学问题。

在计算机求极值的算法中，有个关键的问题是设定收益函数或称成本函数（cost function），它的作用是评估实际值与预测值之间的差距，根据这个差距可以修正参数，通过采用大量的训练数据来迭代这个过程，最终找到极值（求出这些参数）。可以看出收益函数起到了最根本的指导和决定作用，假如收益函数存在问题，那结果肯定是不对的。

其实，收益函数的指导作用对于一个人来说，也是适用的。举个例子，对于学生来说，毕业是他的目标，而每一门课程的考试成绩是收益函数，学生们会自觉地提高每门课程的成绩，即缩小收益函数的值与目标值之间的差距，自发采用各种方式来提高学习成绩，最终达成顺利毕业的目标。

4.5 区块链

2021年，中华人民共和国工业和信息化部、中央网络安全和信息化委员会办公室发布《关于加快推动区块链技术应用和产业发展的指导意见》，明确到2025年，区块链产业综合实力达到世界先进水平，产业初具规模。

4.5.1 区块链的概念

区块链是一个信息技术领域的术语。从本质上讲，它是一个共享数据库，存储于其中的数据或信息，具有去中心化、开放性、独立性、安全性、匿名性等特征。基于这些特征，区块链技术奠定了坚实的"信任"基础，创造了可靠的"合作"机制，具有广阔的运用前景。

从科技层面来看，区块链涉及数学、密码学、互联网和计算机编程等很多科学技术问题。从应用视角来看，区块链丰富的应用场景，基本上都基于区块链能够解决信息不对称问题，实现多个主体之间的协作信任与一致行动。

区块链是分布式数据存储、点对点传输、共识机制、加密算法等计算机技术的新型应用模式。

4.5.2 区块链的类型与特征

1. 类型

按照开放程度，区块链可以划分为三个类型。

（1）公有区块链

公有区块链（public block chains）是指世界上任何个体或者团体都可以发送交易，且交易能够获得该区块链的有效确认，任何人都可以参与其共识过程。公有区块链是最早的区块链，也是应用最广泛的区块链，各大虚拟数字货币均基于公有区块链，世界上有且仅有一条该币种对应的区块链。

（2）行业（联合）区块链

行业区块链（consortium block chains)是指由某个群体内部指定多个预选的节点为记账人，每个块的生成由所有的预选节点共同决定（预选节点参与共识过程），其他接入节点可以参与交易，但不过问记账过程（本质上还是托管记账，只是变成分布式记账，预选节点的多少，如何决定每个块的记账者成为该区块链的主要风险点），其他任何人可以通过该区块链开放的API进行限定查询。

（3）私有区块链

私有区块链（private block chains)是指仅仅使用区块链的总账技术进行记账，可以是一个公司，也可以是个人，独享该区块链的写入权限，本区块链与其他的分布式存储方案没有太大区别。传统金融都是想实验尝试私有区块链，而公有区块链的应用已经工业化，私有区块链的应用产品还在摸索当中。

2. 特征

（1）去中心化

区块链技术不依赖额外的第三方管理机构或硬件设施，没有中心管制，除了自成一体的区块链本身，通过分布式核算和存储，各个节点实现了信息自我验证、传递和管理。去中心化是区块链最突出最本质的特征。

（2）开放性

区块链技术基础是开源的，除了交易各方的私有信息被加密外，区块链的数据对所有人开放，任何人都可以通过公开的接口查询区块链数据和开发相关应用，因此整个系统信息高度透明。

（3）独立性

基于协商一致的规范和协议（类似哈希算法等各种数学算法），整个区块链系统不依赖其他第三方，所有节点能够在系统内自动安全地验证、交换数据，不需要任何人为的干预。

（4）安全性

只要不能掌控全部数据节点的51%，就无法肆意操控修改网络数据，这使区块链本身变得相对安全，避免了主观人为的数据变更。

（5）匿名性

除非有法律规范要求，单从技术上来讲，各区块节点的身份信息不需要公开或验证，信息传递可以匿名进行。

4.5.3 关键技术

从技术角度来讲，区块链并不是一个全新的技术，而是集成了多种现有技术进行的组合式创新，涉及以下几个方面：

1. 共识机制

区块链系统中没有中心，因此需要有一个预设的规则来指导各方节点在数据处理上达成一致，所有的数据交互都要按照严格的规则和共识进行，常用的共识机制主要有PoW、PoS、DPoS、PBFT、PAXOS、DPOP等。

2. 密码学技术

密码学技术是区块链的核心技术之一，目前的区块链应用中采用了很多现代密码学的经典算法，主要包括哈希算法、对称加密、非对称加密、数字签名等。

3. 分布式存储

区块链是一种点对点网络上的分布账本，每个参与的节点都将独立完整地存储写入区块数据信息。分布式存储区别于传统中心化存储的优势主要体现在两个方面：一是每个节点上备份数据信息，避免单点故障导致的数据丢失；二是每个节点上的数据都独立存储，有效规避恶意篡改历史数据。

4. 智能合约

智能合约允许在没有第三方的情况下进行可信交易，只要一方达成了协议预先设定的目标，合约将会自动执行交易，这些交易可追踪且不可逆转，具有透明可信、自动执行、强制履约等优点。

4.5.4 区块链的应用

当前区块链已形成三种典型应用模式。链上存证类是区块链成为链上存证的信任账本，主要应用于全网数据一致性要求较高的业务，提升公共服务数字化能力，改善数字经济市场效能，如溯源、审计、票据等；链上协作类是区块链提供多方协作的信任机器，在去中心化的大规模多方协作业务中，发挥出数据共享、数据互联互通的重要作用，从打通多部门政务服务一体化向实体产业多协作场景渗透如政务数据共享、医疗数据共享等；链上价值转移类是区块链构建价值传递的智能互联信任基础设施，以资产的映射、记账、流通为主要业务特点，主要应用于承载价值传递，为数字化资产建立信任背书，引发的技术业务协同创新重构金融业务，如DCEP、跨境贸易等。具体来说，有以下主要应用领域。

1. 金融领域

区块链在国际汇兑、信用证、股权登记和证券交易所等金融领域有着潜在的巨大应用价值。将区块链技术应用在金融行业中，能够省去第三方中介环节，实现点对点的直接对接，从而在大大降低成本的同时，快速完成交易支付。

2. 物联网和物流领域

区块链在物联网和物流领域也可以天然结合。通过区块链可以降低物流成本，追溯物品的生产和运送过程，并且提高供应链管理的效率。该领域被认为是区块链一个很有前景的应用方向。区块链通过节点连接的散状网络分层结构，能够在整个网络中实现信息的全面传递，并能够检验信息的准确程度。这种特性一定程度上提高了物联网交易的便利性和智能化。

3. 公共服务领域

区块链在公共管理、能源、交通等领域都与民众的生产生活息息相关，但是这些领域的中心化特质也带来了一些问题，可以用区块链来改造。区块链提供的去中心化的完全分布式DNS服务通过网络中各个节点之间的点对点数据传输服务就能实现域名的查询和解析，可用于确保某个重要的基础设施的操作系统和固件没有被篡改，可以监控软件的状态和完整性。

4. 数字版权领域

通过区块链技术，可以对作品进行鉴权，证明文字、视频、音频等作品的存在，保证权属的真实性、唯一性。作品在区块链上被确权后，后续交易都会进行实时记录，实现数字版权全生命周期管理，也可作为司法取证中的技术性保障。

5. 保险领域

在保险理赔方面，保险机构负责资金归集、投资、理赔，往往管理和运营成本较高。通过智能合约的应用，既无须投保人申请，也无须保险公司批准，只要触发理赔条件，实现保单自动理赔。

6. 公益领域

区块链上存储的数据，高可靠且不可篡改，天然适合用在社会公益领域。公益流程中的相关信息，如捐赠项目、募集明细、资金流向、受助人反馈等，均可以存放于区块链上，并且有条件地进行透明公开公示，方便社会监督。

4.6 虚拟现实

虚拟现实是新一代信息技术的重要前沿方向，是数字经济的重大前瞻领域，将深刻改变人类生产生活方式。经过多年发展，虚拟现实产业初步构建了以技术创新为基础的生态体系，正迈入以产品升级和融合应用为主线的战略窗口期。

4.6.1 虚拟现实概念

虚拟现实是通过综合应用计算机图像、仿真、传感器、显示系统等技术和设备，以模拟仿真的方式，给用户提供一个真实反映操纵对象变化与相互作用的三维图像环境所构成的虚拟世界，并通过特殊设备给用户提供一个与该虚拟世界相互作用的三维交互式用户界面。从广义角度来看，虚拟现实就是一种以计算机技术为中心，以数字化环境模拟为依托，实现交互式场景的技术。

虚拟现实技术演变发展史大体上可以分为四个阶段：有声形动态的模拟是蕴涵虚拟现实思想的第一阶段（1963年以前）；虚拟现实萌芽为第二阶段（1963—1972年）；虚拟现实概念的产生和理论初步形成为第三阶段（1973—1989年）；虚拟现实理论进一步的完善和应用为第四阶段（1990年至今）。

可以根据虚拟和现实的交互性将虚拟现实技术分为三个发展方向，VR（virtual reality，虚拟现实）、AR（augmented reality，增强现实）以及MR（mixed reality，混合现实），这里的VR指的是狭义的虚拟现实技术。简单来讲，VR指的是利用虚拟信息建立一个独立存在的虚拟空间，用户可以完全沉浸在虚拟世界，与虚拟物体进行互动，并得到感知层面的虚拟反馈；AR则指的是利用虚拟信息建立一个与现实世界叠加在一起的虚拟空间，用户可以在观察真实世界的同时，接收和真实世界相关的数字化的信息和数据；MR是在AR的基础上衍生出来的，指的是利用虚拟信息建立一个与现实世界融为一体的虚拟空间，用户可以同时看到虚拟世界与真实世界，将虚拟物体置于真实世界中进行互动。

随着虚拟现实技术的成熟，一些产品受到了越来越多人的认可，用户可以在虚拟现实世界体验最真实的感受，它具有超强的仿真系统，其模拟环境的真实性与现实世界难辨真假，让人有种身临其境的感觉，虚拟现实有人类所拥有的感知功能。5G时代的到来，注定将成就虚拟现实技术。未来的生活趋势将会更多地在虚拟与现实之间切换。

VR技术前景较为广阔，但高速发展中也出现了一些问题，例如产品运行稳定性的问题、用户视觉体验问题等。有的用户使用VR设备会有眩晕、呕吐等不适之感，出现体验不佳的问题。用户的不舒适感会对自身身体健康的担忧，这必将影响VR技术的发展。如何突破目前VR发展的瓶颈，让VR技术成为主流仍是亟待解决的问题。

4.6.2 虚拟现实特征

1. 沉浸性

沉浸性是虚拟现实技术最主要的特征，当使用者感知到虚拟世界的刺激，如触觉、味觉、嗅觉、运动感知等，便会产生思维共鸣，造成心理沉浸。如同在游戏中扮演角色，成为其中一员。

2. 交互性

在虚拟现实中参与者对模拟环境内物体进行操作和使用，从虚拟环境得到类似现实生活中的感觉。如使用者接触虚拟空间中的物体，那么使用者手上应该能够感受到，若使用者对物体有所动作，物体的位置和状态也应改变。

3. 多感知性

多感知性表示计算机技术应该拥有很多感知方式，比如听觉、触觉、嗅觉等。理想的虚拟现实技术应该具有一切人所具有的感知功能。由于相关技术，特别是传感技术的限制，目前大多数虚拟现实技术所具有的感知功能仅限于视觉、听觉、触觉、运动等几种。

4. 构想性

使用者在虚拟空间中，可以与周围物体进行互动，可以拓宽认知范围，创造客观世界不存在的场景或不可能发生的环境，创立新的概念和环境。

4.6.3 虚拟现实技术的应用

1. 在影视娱乐中的应用

近年来，由于虚拟现实技术在影视业的广泛应用，以虚拟现实技术为主而建立的第一现场9D VR体验馆得以实现。虚拟现实技术是利用计算机产生的三维虚拟空间，而三维游戏刚好是建立在此技术之上的，三维游戏几乎包含了虚拟现实的全部技术，使得游戏在保持实时性和交互性的同时，也大幅提升了游戏的真实感。虚拟现实技术和可穿戴设备的研发降低了体育项目的参与门槛，诸如赛车、国际象棋等运动，选手们可接入服务器"穿越"到世界各地赛场，与全世界高手同台竞技。

2. 在教育中的应用

虚拟现实技术已经成为促进教育发展的一种新型教育手段。传统的教育只是一味地给学生灌输知识，而现在利用虚拟现实技术可以帮助学生打造生动、逼真的学习环境，使学生通过真实感受来增强记忆，更容易激发学生的学习兴趣。许多院校利用虚拟现实技术建立了与学科相关的虚拟实验室、虚拟校园。

3. 在建筑设计的应用

虚拟现实技术在建筑设计领域应用比较成熟，例如房地产、买房市场、室内装修等设计、展示领域，人们可以利用虚拟现实技术把室内结构、房屋外形呈现出来，可以看到物体和环境。在这些行业，设计师或工作人员将有关物品用虚拟现实技术模拟出来，与客户沟通交流，既节省了时间，又降低了成本。

4. 在医学方面的应用

医学专家们利用计算机，在虚拟空间中模拟出人体组织和器官，让学生在其中进行模拟操作，并且能让学生感受手术刀切入人体肌肉组织、触碰骨头的感觉，使学生能够更快地掌握手术要领，从而降低成本，解决稀缺资源的问题。可以建立一个虚拟病人身体模型，可以一次次的手术操作演练，医生技术得到大大提高，手术的成功率就高，医疗技术、医学研究会得到快速发展。

5. 在军事方面的应用

由于虚拟现实的立体感、交互感和真实感，在军事方面，人们将地图上的山川地貌、海洋湖泊等数据通过虚拟技术仿真模拟，能将原本平面的地图变成三维立体的地形图，再通过全息技术将其投影出来，这更有助于进行军事演习等训练。

6. 在航空航天方面的应用

航空航天是一项耗资巨大，非常烦琐、复杂的工程，利用虚拟现实技术和计算机的统计模拟，在虚拟空间中重现了现实中的航天飞机与飞行环境，使飞行员在虚拟空间中进行飞行训练和实验操作，极大地降低了实验经费和实验的危险系数。

7. 在工业方面的应用

虚拟现实技术已大量应用于工业领域，如家电、汽车等制造业，可以在这种环境中以一种自然的方式使用、操作和设计等实时活动。也可以用于实验、培训等方面，例如在产品设计中借助虚拟现实技术建立的三维汽车模型，可显示汽车的悬挂、底盘、内饰直至每个焊接点，设计者可确定每个部件的质量，了解各个部件的运行性能。

拓展练习

一、填空题

1. 物联网的三个层次是_____、_____、_____。
2. 云计算的服务模式有_____、_____、_____。
3. 传感器是将_____、_____、_____等信息变化按照某些规律转换成_____的一种器件或装置。
4. 大数据具有5V的特点，分别是_____、_____、_____、_____、_____。
5. 人工智能的核心技术是_____、_____、_____、_____、_____。
6. 广义角度来看，虚拟现实就是一种以_____为中心，以_____模拟为依托，实现_____的技术。

二、简答题

1. 简要描述人工智能的应用场景。
2. 想一想，将各种新一代信息技术融合起来能解决什么问题？解决这些问题还有哪些困难？

第 5 章 数据分析与展示

目前，信息化已深刻地影响了人们的日常生活和工作，学习、工作和生活中会遇到大量的数据。人们面对大量的、可能是杂乱无章的、难以理解的数据，需要对数据进行整理、排序、筛选、汇总、统计、分析等处理，并通过文字描述和各种数据展示技术直观展示出来，只有借助这些技术和方法，才能最大化地开发数据的功能，发挥数据的作用。

本章将介绍 Excel 数据统计与分析、Word 综合排版、演示文稿制作等内容，为日后学习、生活、工作中的数据处理、文字排版和文稿演示打下扎实基础。

学习目标：

- 了解 Excel、Word、演示文稿的功能。
- 掌握 Excel 的公式、常用函数、排序、汇总、图表、筛选等操作。
- 掌握 Word 综合排版操作。
- 掌握演示文稿的基本操作。
- 会用这些软件解决生活中的相关问题。

5.1 Excel 基本操作

Excel 电子表格可以输入数据、显示数据、保存数据，帮助用户制作各种复杂的表格文档，进行烦琐的数据计算，将枯燥无味的数据及其计算结果显示为可视性极佳的表格，变为各种各样的统计报告和漂亮的彩色统计图表呈现出来，使数据的各种情况和变化趋势更加直观。

5.1.1 情境导入

在讲授完一门课程后，需要对学生进行考核，考核成绩包括学生听课出勤情况，老师要根据学生出勤情况，制作如图 5-1 所示的上课考勤登记表。

上课考勤登记表												
学期：2021-2022第一学期										课程：计算思维		
学号	姓名	出勤情况								缺勤次数	计算出勤成绩	实际出勤成绩
		9/13	9/20	9/27	10/4	10/11	10/18	10/25	11/1	11/8	11/15			

图 5-1 上课考勤登记表

5.1.2 相关知识

Excel 2010电子表格常用的术语有：

工作簿：一个工作簿就是一个电子表格文件，用来存储并处理工作数据。它由若干张工作表组成。

工作表：工作表是一张规整的表格，由若干行和列构成，行号自上而下为1～1048576，列号从左到右为A、B、…、Y、Z；AA、AB、…、AZ；BA、BB、…、BZ…。每一个工作表都有一个工作表标签，单击它可以实现工作表间的切换。

单元格、单元格地址与活动单元格：每一行和每一列交叉处的长方形区域称为单元格，单元格为电子表格处理的最小对象。单元格所在行列的列标和行号形成单元格地址，犹如单元格名称，如A1单元格、B2单元格……当前可以操作的单元格称为活动单元格。

名称框：一般位于工作表的左上方，其中显示活动单元格的地址或已命名单元格区域的名称。

编辑栏：一般位于名称框的右侧，用于显示、输入、编辑、修改当前单元格中的数据或公式。

1. 创建工作簿

工作簿是电子表格的载体，创建工作簿是用户使用电子表格的第一步。创建工作簿主要有以下两种方法：

（1）自动创建

启动Excel 2010电子表格时，系统会自动创建一个空白工作簿。

操作步骤如下：

① 单击Windows任务栏中的"开始"按钮，选择"所有程序"命令。

② 在展开的程序列表中，单击选择Microsoft Office Excel 2010，启动Excel 2010应用程序。此时，系统自动创建一个命名为"Book1.xlsx"的空白工作簿。

（2）手动创建

以Excel 2010为例，手动创建一个空白工作簿的操作步骤如下：

① 单击Excel工作界面中的"文件"按钮，在下拉菜单中选择"新建"命令。

② 在"可用模板"选项区中选择"空白工作簿"，然后在右边预览窗口下单击"创建"按钮，即可创建出一个空白工作簿。

如果创建的工作簿具有统一的格式，如"销售报表"，则可以手动创建一个基于模板的工作簿。模板也是一种文档类型，它根据日常工作和生活的需要已事先添加了一些常用的文本或数据，并进行了适当的格式化，还可以包含公式和宏，以一定的文件类型保存在特定的位置。当需要创建类似的文件时，就可以在其基础上进行简单的修改，以快速完成常用文档的创建，而不必从空白页面开始，从而节省了大量时间。

以Excel 2010为例，利用模板创建工作簿的操作步骤与创建空白工作簿的操作相似，不同的是在"可用模板"选项区中选择"样本模板"选项，打开在计算机中已经安装的Excel模板类型，选择需要的模板即可。当连接到Internet上时，还可以访问Office.com网站上提供的模板，此外，还可以自行创建模板并使用。只需要将用作模板的工作簿另存为"Excel模板"（如果工作簿中包含宏，另存为"Excel启用宏的模板"）保存类型的文件。新建模板将会自动存放在Excel的模板文件夹中以供调用。

工作簿由一张张工作表构成，如果把工作簿比作一本书，那么工作表就是书中的每一页。

2．插入工作表

工作表由多个单元格基本元素构成，数据的存储、显示、计算都在单元格中进行。创建工作表的过程实际上就是在工作表中输入原始数据，并使用公式或函数计算数据的过程。

3．删除工作表

选定工作表后，右击，在弹出的快捷菜单中选择"删除"命令，可以删除当前工作表。

4．工作表重命名

选定工作表后，右击，在弹出的快捷菜单中选择"重命名"命令，当前工作表的标签处于可编辑状态，修改工作表名称后按【Enter】键，或在工作表标签之外单击，即可确认修改结果。

5．移动/复制工作表

选定工作后，右击，在弹出的快捷菜单中选择"移动或复制"命令，显示"移动或复制工作表"对话框。在"下列选定工作表之前"列表框中选择一张工作表，可将当前工作表移动或复制到选定工作表的前面，也可选择"（移至最后）"选项，直接将选定的工作表移动或复制到所有工作表之后。选中"建立副本"复选框，完成复制操作，取消选中"建立副本"复选框，完成移动操作。

6．在不同工作簿间移动或复制工作表

Excel不仅可以在同一工作簿内移动或复制工作表，还可以在不同工作簿之间移动或复制工作表。在不同工作簿之间移动或复制工作表要先打开相关工作簿，可能是两个工作簿，也可能是多个工作簿，选中要复制或移动的工作表，打开"移动或复制工作表"对话框，在"工作簿"下拉列表中选择指定的工作簿，其他操作与在同一工作簿内进行移动或复制的操作相同。

7．设置工作表标签颜色

工作表标签的颜色可以自行设定，通过设置工表标签的颜色可突出显示指定的工作表。操作方法是：选定工作表后，右击，在弹出的快捷菜单中选择"工表标签颜色"命令，显示颜色列表，单击选中指定颜色，即可修改当前工作表标签的背景颜色。

8．页面设置

单击"页面布局"选项卡"页面设置"组的扩展按钮，可以打开"页面设置"对话框，可以分别对页面、页边距、页眉/页脚、工作表进行打印设置。

5.1.3 任务实现

步骤1 新建并保存工作簿。

① 单击Windows任务栏中的"开始"按钮，选择"所有程序"命令。

② 在展开的程序列表中，选择Microsoft Office Excel 2010，启动Excel 2010应用程序。

③ 双击工作表名称Sheet1，将工作表重命名为"上课考勤登记"。

④ 保存当前工作簿为"计算思维成绩.xlsx"。

步骤2 输入表格信息。

① 在"上课考勤登记"工作表中输入如图5-1所示的表格信息。标题为"仿宋"，16号字，

蓝色，加粗，位于A列至O列的中间。

② 学期及课程信息为"宋体"，10号字，蓝色，加粗。课程信息为文本右对齐。

③ 表格区域（A3:O40）为"宋体"，10号字，自动颜色，单元格文本水平居中和垂直居中对齐。

步骤3 通过填充句柄快速填充考勤序列。

在C4单元格中首先输入内容，然后选择C4:L10单元格，选择"开始"选项卡"编辑"组"填充"按钮下拉列表中的"系列"命令，在"序列"对话框中选择"类型"为"日期"，并设置合适的步长值（即比值，例如"7"）来实现，如图5-2所示。

步骤4 格式化单元格。

要设置数据格式，在Excel 2010中，简单的可以通过"开始"选项卡"数字"组中的相应按钮完成，复杂的则单击其右下角的对话框启动器按钮，打开"设置单元格格式"对话框，在"数字"选项卡中完成。该对话框也可以通过右击，在弹出的快捷菜单中选择"设置单元格格式"命令打开。

① A3:A4、B3:B4以及C3:L3分别合并后居中，并设置为垂直居中。

② M3:M4、N3:N4、O3:O4分别合并后居中，并设置为垂直居中及自动换行。

③ 调整单元格为合适的行高和列宽。

步骤5 设置表格边框。

将表格的外边框设置为细实线，内边框为细虚线。表头区域（A3:O4）加粗。

首先选定相应区域，然后右击，在弹出的快捷菜单中选择"设置单元格格式"命令，在"设置单元格格式"对话框"边框"选项卡中进行设置，如图5-3所示。

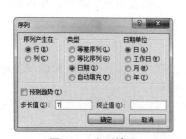

图 5-2 序列填充

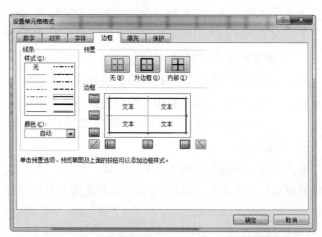

图 5-3 "设置单元格格式"对话框"边框"选项卡

5.2 Excel 数据类型与数据输入

数据处理的基础是准备好数据，首先需要将数据输入Excel工作表中，在Excel的单元格中可以输入多种类型的数据，如文本、数值、日期、时间等；输入数据有多种方法，常用的方法有利用已有数据、获取外部数据、直接输入等。

5.2.1 情境导入

教师在要求完成考勤表制作后,需要进行数据的填写及统计,出勤区域的数据输入只允许为迟到、请假、旷课;还需要将出勤成绩低于80分的特别标注出来。

5.2.2 相关知识

1. 在工作表中输入原始数据

输入数据的基本方法是:在需要输入数据的单元格中单击,输完数据后按【Enter】键、【Tab】键或方向键结束输入。

(1)输入文本型数据

文本是指键盘上可输入的任何符号。

对于数字形式的文本型数据,如邮编、身份证号、编号、学号、电话号码等,应在数字前加英文单引号('),例如,输入编号0101,应输入:'0101,此时电子表格处理软件以 0101 显示,把它当作字符沿单元格左对齐。

当输入的文本长度超出单元格宽度时,若右边单元格无内容,则文本内容会超出本单元格范围显示在右边单元格上(扩展显示);若右边单元格有内容,则只能在本单元格中显示文本内容的一部分,其余文字被隐藏(截断显示)。

(2)输入数值型数据

数值除了由数字(0~9)组成的字符串外,还包括+、-、/、E、e、$、%以及小数点(.)和千分位符号","等特殊字符(如$150,000.5)。对于分数的输入,在电子表格处理软件中,为了与日期的输入区别,应先输入"0"和空格。例如:要输入1/2,应输入"0 1/2",如果直接输入,系统会自动处理为日期。

数值输入与数值显示并不总是相同,计算时以输入数值为准。当输入的数字太长(超过单元格的列宽或超过15位)时,自动以科学计数法表示,如输入0.000000000005,则显示为5E-12;当输入数字的单元格数字格式设置成带2位小数时,如果输入3位小数,末位将进行四舍五入。

在输入数值时,有时会发现单元格中出现符号"###",这是因为单元格列宽不够,不足以显示全部数值的缘故,此时加大单元格列宽即可。

(3)输入日期时间

电子表格处理软件内置了一些日期、时间格式,当输入数据与这些格式相匹配时,系统将自动识别它们。常见的日期时间格式为"mm/dd/yy""dd-mm-yy""hh:mm(AM/PM)",其中AM/PM与分钟之间应有空格,如"8:30 AM",否则将被当作字符处理。图5-4给出了Excel 2010中三种不同类型数据输入的示例。

2. 向单元格中自动填充数据

用户有时会遇到需要输入大量有规律数据的情况,如相同数据,呈等差等比的数据。这时,电子表格处理软件提供了自动填充功能,帮助用户提高工作效率。

自动填充根据初始值来决定以后的填充项。用鼠标指向初始值所在单元格右下角的小黑方块(称为填充句柄),此时鼠标指针形状变为黑十字,然后向右(行)或向下(列)拖动至填充的最后一个单元格,即可完成自动填充。自动填充分三种情况:

（1）填充相同数据（复制数据）

单击该数据所在的单元格，沿水平或垂直方向拖动填充柄，便会产生相同数据。

（2）填充序列数据

如果是日期型序列，只需要输入一个初始值，然后直接拖动填充柄即可。如果是数值型序列，则必须输入前两个单元格的数据，然后选定这两个单元格，拖动填充柄，系统默认为等差关系，在拖动经过的单元格内依次填充等差序列数据，如图5-5所示。如果需要填充等比序列数据，则可以选定已有的数据及要填充的单元格，在Excel 2010中，通过“开始”选项卡“编辑”组“填充”按钮下拉列表中的“系列”命令，在“序列”对话框中选择“类型”为“等比序列”，并设置合适的步长值（即比值，例如“3”）来实现。

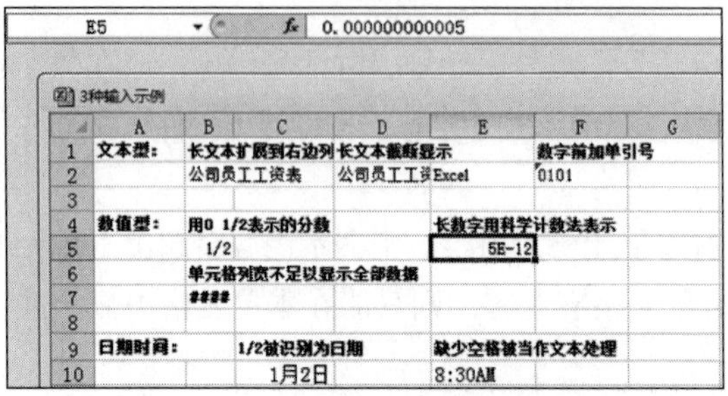

图5-4　不同类型数据输入的示例

	A	B	C	D	E	F
1	复制数据	1	1	1	1	
2	等差	1	3	5	7	
3	等比	2	6	18	54	
4	系统预定义	星期一	星期二	星期三	星期四	星期五
5	用户自定义	电视机	洗衣机	空调	台式电脑	手提电脑
6						
7						

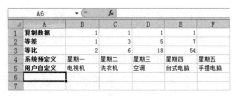

图5-5　使用自动填充柄的示例

（3）填充用户自定义序列数据

在实际工作中，经常需要输入单位部门设置、商品名称、课程科目、公司在各大城市的办事处名称等，可以将这些有序数据自定义为序列，节省输入工作量，提高效率。在Excel 2010中，单击“文件”按钮下拉列表中的“选项”命令，打开“Excel选项”对话框，在左边选择“高级”选项卡，在右边“常规”区中单击“编辑自定义列表”按钮，打开“自定义序列”对话框，在其中添加新序列。有两种方法：一是在“输入序列”框中直接输入，每输入一个序列按一次【Enter】键，输入完毕后单击“添加”按钮；一是从工作表中直接导入，只需用鼠标选中工作表中的这一系列数据，在“自定义序列”选项卡（见图5-6）中单击“导入”按钮即可。

（4）不规则合并单元格填充序号（见图5-7）

合并单元格填充序号，必须选中所有单元格写入公式。因为公式实现填充的前提条件是单元格格式必须一致，而合并后的单元格往往格式不规则，是由不同数目的单元格合并而来的。

图5-6　添加用户自定义新序列

序号	姓名	专业
1	廖堉心	计算机
	钱源	计算机
	廖堉心	计算机
	吴新婷	计算机
2	胡雁茹	教育系
	钱源	教育系
	廖堉心	教育系
3	胡雁茹	中文系
	袁永阳	中文系
	袁永阳	中文系
	吴新婷	中文系
	钱源	中文系
	廖堉心	中文系
4	胡雁茹	英语系
	钱源	英语系
	胡雁茹	英语系
5	袁永阳	历史系
	吴新婷	历史系

图5-7　不规则合并单元格填充序号

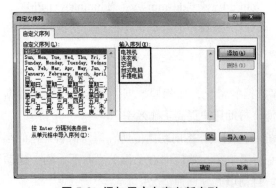

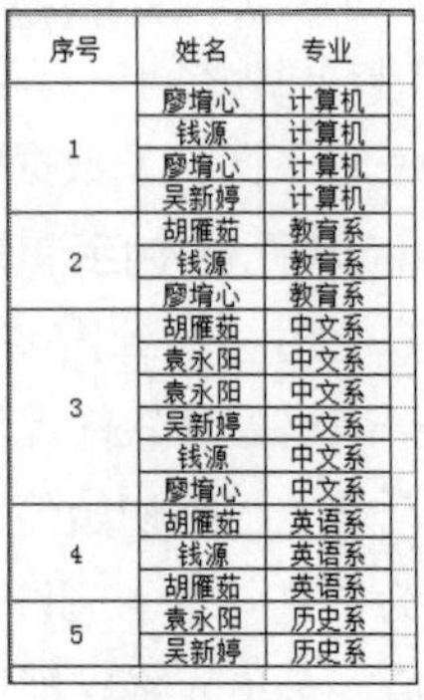

这里用到的是 MAX 函数，MAX($A$1:A1)+1：

① MAX 函数是从一组数值中提取最大值。

② $A$1:A1，是混合引用的一个区域，在不同的合并单元格的公式中，引用区域的范围永远是以 A1 单元格为起始单元格，结束单元格是公式所在单元格的上一个合并单元格。

③ A1 单元格是一个文本，所以 MAX($A$1:A1) 的返回值是 0，MAX($A$1:A1)+1 的返回值是 1，即是第 1 个合并单元格内的序号。

④ 在写入 MAX($A$1:A1)+1 公式时，是选中了整个合并单元格区域，所以在公式结束的时候，要使用【Ctrl+Enter】组合键。

3. 数据输入技巧

（1）输入人民币大写

在中文拼音输入法下，先输入字母 V，再输入数字。

（2）输入与上一行相同内容

输入与上一行同样的内容可按【Ctrl+D】组合键。

（3）输入已有内容

按住【Alt+↓】组合键，单元格上方已经输入的内容会自动出现，再用上下箭头或鼠标选取要重复输入的内容。

（4）自定义日期

设置日期与星期几在同一个单元格显示的方法如下：

打开"设置单元格格式"对话框吗，在"数字"选项卡的"分类"中选择"自定义"选项，然后在"类型"后面加上四个"AAAA"，如图 5-8 所示。若把四个"AAAA"分别改成"D""DD""DDDD"看看效果。

图 5-8　设置单元格格式

（5）定位符合条件的区域

按【Ctrl+G】组合键，打开"定位"对话框，如图 5-9 所示，单击"定位条件"按钮，打开"定位条件"对话框，如图 5-10 所示。

（6）批量输入成片一致数据

输入前选中一片区域，输入后按【Ctrl+Enter】组合键结束。

图 5-9 "定位"对话框

图 5-10 "定位条件"对话框

（7）多个工作表输入相同内容

同时选择多个工作表名称，输入内容，然后在选中的工作表名称处右击，在弹出的快捷菜单中选择"取消成组工作表"命令，这时就完成了多个工作表输入相同内容。

选择多个工作表的方法：如果是连续工作表，选了第一个，按住【Shift】键，再选最后一个；如果是不连续工作表，选择了第一个，按住【Ctrl】键，逐个单击工作表名称。

4．数字与文本分离

选中要进行分离的数字与文本区域，单击"数据"选项卡中的"分列"按钮，在"文本分列向导"对话框第1步中选择"固定列宽"，然后单击"下一步"按钮，在第2步中设置字段宽度，单击要分割的位置，有箭头的为垂直分割线，再单击"下一步"按钮，在第3步中"列数据格式"选择"文本"，单击"完成"按钮，如图5-11、图5-12所示。

学号 姓名	姓名	语文	数学	英语	物理	化学	地理	历史
0150101申志凡		99	98	101	95	91	95	78
0150102冯默风		78	95	94	82	90	93	94
0150103石双英		84	100	97	87	78	89	93
0150104史伯威		101	110	102	93	95	92	88
0150105王家骏		91.5	89	94	92	91	86	86
0150106朱元璋		105	102	102.5	90	87	95	93
0150107叶长青		82	78	72	98	58	90	72
0150108米横野		89	87	96	98	65	71	78
0150109冯辉		100	112	92.5	66	93	64	60
0150110尼摩星		106	102	85	79	70	93	88
0150111吕正平		115	83	99	90	89	80	94
0150112白龟寿		77	97	105	85	76	94	84

图 5-11 原始数据

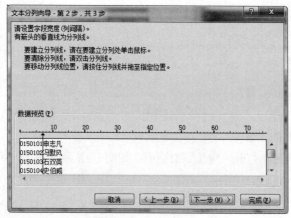
图 5-12 分列向导

> **注意**
>
> 列数据格式的选择一定和显示格式一致。

6. 数据有效性设置

在向工作表输入数据的过程中，用户可能会输入一些不合要求的数据，即无效数据。为避免这个问题，可以通过在单元格中设置数据有效性进行相关的控制。设置数据有效性，就是定义可以在单元格中输入或应该在单元格中输入的数据类型、范围、格式等。它具有以下作用：

① 将数据输入限制为指定序列的值，以实现大量数据的快速输入。

② 将数据输入限制为指定的数值范围，如指定最大/最小值、指定整数、指定小数、限制为某时段的日期、限制为某时段的时间等。

③ 将数据输入限制为指定长度的文本，如身份证号只能是18位文本等。

④ 限制重复数据的出现，如学生的学号不能相同等。

⑤ 规范数据录入：不能隔行隔列填写（可解决输入数据时少填写某项数据）。

电子表格处理软件提供了数据有效性功能。在Excel 2010中，选择"数据"选项卡"数据工具"组中"数据有效性"按钮下拉列表中的"数据有效性"命令设置数据的有效性规则。

例如，在输入学生成绩时，数据应该为0～100之间的整数，这就有必要设置数据的有效性。在Excel 2010中，先选定需要进行有效性检验的单元格区域，选择"数据"选项卡"数据工具"组中"数据有效性"按钮下拉列表中的"数据有效性"命令，在"数据有效性"对话框"设置"选项卡中进行相应设置，如图5-13所示，其中选中"忽略空值"复选框表示在设置数据有效性的单元格中允许出现空值。设置输入提示信息和输入

图5-13 数据有效性设置

错误提示信息分别在该对话框中的"输入信息"和"出错警告"选项卡中进行。数据有效性设置好后，Excel就可以监督数据的输入是否正确。

7. 条件格式

"条件格式"中最常用的是"突出显示单元格规格"与"项目选取规则"。"突出显示单元格规格"用于突出一些固定格式的单元格，而"项目选取规则"则用于统计数据，如突出显示高于/低于平均值的数据，或按百分比来找出数据。

Excel 2010中，每个工作表最多可以设置64个条件格式。对同一个单元格（或单元格区域），如果应用两个或两个以上的不同条件格式，这些条件可能冲突，也可能不冲突：

① 规则不冲突。例如，如果一个规则将单元格格式设置为字体加粗，而另一个规则将同一个单元格的格式设置为红色，则该单元格格式设置为字体加粗且为红色。因为这两种格式间没有冲突，所以两个规则都得到应用。

② 规则冲突。例如，如果一个规则将单元格字体颜色设置为红色，而另一个规则将单元格

字体颜色设置为绿色。因为这两个规则冲突，所以只应用一个规则，应用优先级较高的规则。

因此，在设置多条件的条件格式时，要充分考虑各条件之间的设置顺序。若要调整条件格式的先后顺序或编辑条件格式，可以通过"条件格式"的"管理规则"来实现。如果想删除单元格或工作表的所有条件格式，可以通过"条件格式"的"清除规则"来实现。

此外，也可以通过公式来设定单元格条件格式。例如，希望将计算考勤成绩在80分以下（不含80分）的学生姓名用红色标识出来，操作步骤如下：

① 选择"上课考勤登记"工作表的姓名单元格区域B5:B34，选择"开始"选项卡"样式"组"条件格式"下拉列表中的"新建规则"命令。

② 在打开的如图5-14所示的"新建格式规则"对话框中，选择规则类型为"使用公式确定要置格式的单元格"，在编辑规则中输入公式"＝N5<80"（表示条件为"计算考勤成绩<80"），单击"格式"按钮，在对话框中设置为"红色、加粗"，单击"确定"按钮。可以看到，计算考勤成绩在80分以下的姓名就以"红色、加粗"突出显示了。

图5-14 新建格式规则

其中，公式"N5<80"的条件格式为：如果N5中的内容小于80，那么N5单元的内容以"红色、加粗"突出显示。

5.2.3 任务实现

步骤1 复制学生名单。

将"相关素材.XLSX"中的学生名单复制到"上课考勤登记"工作表中。操作步骤如下：

① 打开"相关素材.XLSX"工作簿，选择"学生名单"工作表的A2:A31单元格区域，按下【Ctrl＋C】组合键，对选择的单元格区域进行复制。

② 切换到"计算思维成绩.XLSX"工作簿的"上课考勤登记"工作表，定位到单元格A5，按下【Ctrl＋V】组合键，将姓名粘贴到"上课考勤登记"工作表中。

③ 单击粘贴区域的粘贴选项按钮，选择粘贴值按钮，则在未改变工作表的现有格式的前提下，实现了学生名单的复制。

④ 选中A5:A34，单击"数据"选项卡中"分列"按钮，在"文本分列向导"对话框第1步中选择"固定列宽"单选按钮，然后单击"下一步"按钮。学号和姓名列数据进行分列到对应的列中，并不改变工作表的格式。

步骤2 设置出勤数据验证。

设置出勤区域的数据输入只允许为迟到、请假或旷课，可以通过设置数据有效性来实现。操作步骤如下：

① 选择C5:L34单元格区域。

② 单击"数据"选项卡"数据工具"组的"数据有效性"按钮，打开对话框。

③ 在"设置"选项卡中,"允许"选择"序列","来源"中输入"迟到,请假,旷课",注意分隔符为英文逗号。

④ 单击"确定"按钮。这样,对 C5:L34 单元格区域,就只允许选择性输入迟到、请假或旷课。

⑤ 将"相关素材.XLSX"中的考勤数据按"步骤1复制学生名单"的操作方式复制到"上课考勤登记"工作表中(不改变工作表的格式)。

步骤3 计算缺勤次数。

学生如果有缺勤的情况,就会在对应的单元格标记上"迟到"、"请假"或"旷课",因此,可以通过 COUNTA 函数来统计学生所对应的缺勤区域中非空值的单元格个数,从而得到学生的缺勤次数。操作步骤如下:

① 选择 M5 单元格,单击 M5 单元格编辑栏区域的"插入函数"按钮 f_x,弹出"插入函数"对话框,选择"统计"类别及 COUNTA 函数,单击"确定"按钮。

② 在"函数参数"对话框中,将光标定位到 Value1 区域,选择 C5:L5 单元格区域,单击"确定"按钮。

③ 选择 M5 单元格,鼠标指针指向 M5 单元格的填充柄,双击,完成自动复制填充。

④ 单击"自动填充选项"下拉列表中的"不带格式填充"按钮。

步骤4 计算出勤成绩。

由于学生的计算出勤成绩 = 100 - 缺勤次数 × 10,因此可以用公式来实现。操作步骤如下:

① 选择 N5 单元格,输入"= 100-M5*10",按【Enter】键确认。这时,N5 单元格的值为 70,N5 单元格编辑栏的内容为"= 100-M5*10"。

② 选择 N5 单元格,鼠标指针指向 N5 单元格的填充柄,双击,完成自动复制填充。

③ 单击"自动填充选项",扩展开选项菜单,选择"不带格式填充"命令,完成公式复制。

步骤5 计算实际出勤成绩。

由于学生的实际出勤成绩与缺勤次数有关,如果学生缺勤达到5次以上(不含5次),实际出勤成绩计为0分,否则实际出勤成绩等于计算出勤成绩。因此可以用 IF 函数进行判断实现。操作步骤如下:

选择 O5 单元格,输入 =IF(M5>=5,0,N5) 或者 =IF(N5>=50,N5,0)。

步骤6 实际出勤成绩特别标注。

将80分(不含80)以下的实际出勤成绩用"浅红填充色深红色文本"特别标注出来。

操作步骤如下:选中 O5:O34 单元格,单击"开始"选项卡"样式"组中"条件格式"按钮,在下拉列表中选择"突出显示单元格规则"中的"小于"命令,第一个框填写80,第2个框选择"浅红填充色深红色文本",特别标注出来。

5.3 Excel 公式与函数的使用

电子表格不仅能输入、显示、存储数据,更重要的是可以通过公式和函数方便地进行统计计算,如求和、求平均值、计数、求最大/最小值以及其他更为复杂的运算。电子表格处理软件提供了大量的、类型丰富的实用函数,可以通过各种运算符及函数构造出各种公式以满足各类计算的需要。通过公式和函数计算出的结果不但正确，而且在原始数据发生改变后，计算结果也会自动更新，这是手工计算无法比拟的。

5.3.1 情境导入

现在需要对课程成绩进行统计，总评成绩前5名的名单用特别的颜色标识出来。对期末成绩总评成绩进行统计，制作如图5-15所示的课程登记表样式，要实现这些功能可以通过相应公式来完成。

学期：2013至2014第2学期									课程名称：大学计算机	
课程学分：4								平时成绩比率：	30%	
学号	姓名	出勤成绩 0.2	课堂表现 0.2	课后实训 0.2	大作业 0.4	平时成绩	期末成绩	总评成绩	成绩绩点	总评等级	总评排名
0150101	由志凡	14	19	18	38	89	91	90	3.3	A	2
0150102	冯默风	16	16	18	37	88	89	89	3.1	B	6
0150103	石双英	20	17	16	36	89	80	83	2.7	B	10
0150104	史伯威	18	19	19	37	92	64	73	1.9	C	23
0150105	王家骏	20	18	18	34	91	68	75	2.1	C	19
0150106	朱元璋	20	18	17	38	93	61	71	1.8	C	25
0150107	叶长青	20	20	12	36	87	82	84	2.8	B	9
0150108	米横野	0	20	13	28	61	45	50	0.2	F	30
0150109	冯 辉	18	13	19	26	75	75	75	2.1	C	16

图 5-15 课程登记表样式

5.3.2 相关知识

1. 公式和函数中的单元格引用

使用公式和函数计算数据其实非常简单，只要计算出第一个数据，其他的都可以利用公式的自动填充功能完成。公式的自动填充操作实际上就是复制公式，为什么同一个公式复制到不同单元格会有不同的结果呢？究其原因是单元格引用的相对引用在起作用。

在公式和函数中很少输入常量，最常用到的就是单元格引用。可以引用一个单元格、一个单元格区域、引用另一个工作表或工作簿中的单元格或区域。单元格引用方式有三种。

（1）相对引用

与包含公式的单元格位置相关，引用的单元格地址不是固定地址，而是相对于公式所在单元格的相对位置。相对引用地址表示为"列标行号"，如B1、C2等，是Excel默认的引用方式。它的特点是公式复制时，该地址会根据移动的位置自动调节。例如，在学生成绩表中G3单元格输入公式"＝D3+E3+F3"，表示的是在G3中引用紧邻它左侧的连续三个单元格中的值。当沿G列向下拖动复制该公式到单元格G4时，那么紧邻它左侧的连续三个单元格变成了D4、E4、F4，于是G4中的公式也就变成了"＝D4+E4+F4"。假如公式从G3复制到I4，那么紧邻它左侧的连续三个单元格变成了F4、G4、H4，公式将变为"＝F4+G4+H4"，相对引用常用来快速实现大量数据的同类运算。

（2）绝对引用

与包含公式的单元格位置无关。在复制公式时，如果不希望所引用的位置发生变化，那么就要用到绝对引用。绝对引用是在引用的地址前加上符号，表示为"$列标$行号"，如$B$1。它的特点是公式复制时，该地址始终保持不变。例如，学生成绩表中将G3单元格公式改为"＝$D$3+$E$3+$F$3"，再将公式复制到G4单元格，会发现G4的结果值仍为221，公式也仍为"＝$D$3+$E$3+$F$3"。符号"$"就好像一个"钉子"，钉住了参加运算的单元格，使它们不会随着公式位置的变化而变化。

（3）混合引用

当需要固定引用行而允许列发生变化时，在行号前加符号“$”，如B$1；当需要固定引用列而允许行发生变化时，在列标前加符号“$”，如$B1。

2. 算术与统计函数

（1）MOD()函数

功能：返回两数相除的余数。

格式：MOD(number,divisor)。

说明：number为被除数，divisor为除数。

（2）MAX()函数

功能：返回一组值中的最大值。忽略逻辑值和文本。

格式：MAX(number1,number2,⋯)。

说明：number1,number2,⋯是要从中找出最大值的1～30个数字参数。

（3）RANK.EQ()函数

功能：为指定单元的数据在其所在行或列数据区所处的位置排序。

格式：RANK.EQ(number,ref,[order])。

说明：number为需要找到排位的数字或单元格。ref为需要参与排位的数据区域，Ref中的非数字值会被忽略。order取0值或者省略按降序排位，order取1值按升序排列位。

【例5-1】有大学计算机基础学生机试成绩表需要进行统计分析，如图5-16所示。

现在需要在右边增加一列，显示排名情况，操作方法如下：

① 单击工作表中E2单元格，输入“排名”。

② 单击E3单元格，输入公式“=RANK(D3,D3$:$D$10)”，D3为第一个学生机试成绩，$D3:$D$10为所有学生机试成绩所占的单元格区域，没有第三个参数则排名按降序排列，即分数高者名次靠前。绝对引用是为了保证公式复制的结果正确，按【Enter】键，得到第一个学生的名次是“2”。

③ 利用公式的自动填充功能得到其他学生的名次。结果如图5-16所示。

	A	B	C	D	E
1	大学计算机基础机试成绩表				
2	序号	姓名	性别	机试成绩	排名
3	01	李 娟	女	90	2
4	02	廖 念	男	85	4
5	03	李 婷	女	72	7
6	04	王 珂	男	78	6
7	05	尹 娟	女	67	8
8	06	李 想	男	64	9
9	07	陈茜倩	女	45	10
10	08	王莲艺	女	93	1
11	09	胡 歌	男	87	3
12	10	高 妹	女	85	4

	A	B	C	D
1	大学计算机基础机试成绩表			
2	序号	姓名	性别	机试成绩
3	01	李 娟	女	90
4	02	廖 念	男	85
5	03	李 婷	女	72
6	04	王 珂	男	78
7	05	尹 娟	女	67
8	06	李 想	男	64
9	07	陈茜倩	女	45
10	08	王莲艺	女	93
11	09	胡 歌	男	87
12	10	高 妹	女	85

图 5-16　学生机试成绩表

（4）ROUND()函数

功能：按指定的位数对数值进行四舍五入。

格式：ROUND(number,num_digits)。

说明：利用INT函数构造四舍五入的函数返回的结果精度有限，有时候满足不了实际需要。Excel的ROUND函数可以解决这个问题。

ROUND函数中：

如果num_digits大于0，则将数字四舍五入到指定的小数位。

如果num_digits等于0，则将数字四舍五入到最接近的整数。

如果num_digits小于0，则在小数点左侧前几位进行四舍五入。

若要进行向上舍入（远离0），请使用ROUNDUP()函数。

若要进行向下舍入（朝向0），请使用ROUNDDOWN()函数。

ROUND()函数示例见表5-1。

表5-1 ROUND()函数示例

函　　数	功　　能	结　果
=ROUND(2.15,1)	将2.15四舍五入到一个小数位	2.2
=ROUND(2.149,1)	将2.149四舍五入到一个小数位	2.1
=ROUND(-1.475,2)	将-1.475四舍五入到两个小数位	-1.48
=ROUND(21.5,0)	将21.5四舍五入到整数	22
=ROUND(21.5,-1)	将21.5左侧一位四舍五入	20
=ROUND((A1+A3)/C1,2)	计算A1与A3单元格之和，再除以C1，结果保留两位小数	

（5）SUM()函数和AVERAGE()函数

SUM()函数的功能是计算单元格区域内所有数值之和。

AVERAGE()函数的功能是计算单元格区域内所有数值算术平均值。

对于规则的单元和区域比较容易操作，主要是对于不规则的单元格区域如何去求，如图5-17所示。

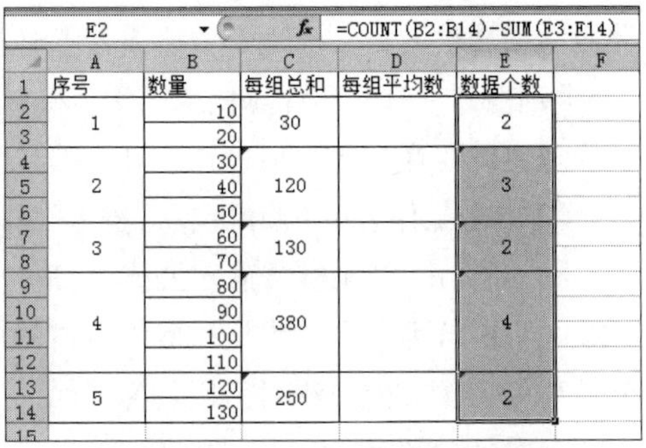

图5-17 不规则单元格求平均值

求每组总和：选中需要计算总和的所有单元格B2:B14，编辑栏中输入"=SUM(B2:B14)-SUM(C2:C14)"，按【Ctrl+Enter】组合键确定。

求平均值就需要在工作表的每组平均值右侧增加一列，首先计算数据个数列，选中E2:E14区域，输入=COUNT(B2:B14)-SUM(E3:E14)，按【Ctrl+Enter】组合键确定，计算出每组的数据个数。

选中D2:D14区域，输入=C2/E2，按【Ctrl+Enter】组合键确定，可以计算每组平均数。

（6）IF()函数

功能：执行真假值判断，根据逻辑计算的真假值，返回不同结果。

格式：IF(logical_test,value_if_true,value_if_false)。

说明：logical_test表示计算结果为TRUE或FALSE的任意值或表达式，value_if_true是logical_test为TRUE时返回的值，value_if_false是logical_test为FALSE时返回的值。当要对多个条件进行判断时，需嵌套使用IF()函数，IF最多可以嵌套七层，用value_if_false和value_if_true参数可以构造复杂的检测条件，一般直接在编辑栏输入函数表达式。

【例5-2】如图5-18成绩表中，将机试成绩百分制转换成等级制，转换规则为90～100

（优）、80～89（良）、70～79（中）、60～69（及格）、60以下（不及格）。

操作方法如下：

① 单击工作表中F2单元格，输入"等级制"。

② 单击F3单元格，输入公式："=IF(D3>=90,"优",IF(D3>=80,"良",IF(D3>=70,"中",IF(D3>=60,"及格","不及格"))))"，然后按【Enter】键，得到第一个学生的成绩等级是"优"。注意双引号为英文双引号。

③ 利用公式的自动填充功能得到其他学生的成绩等级。结果如图5-18所示。

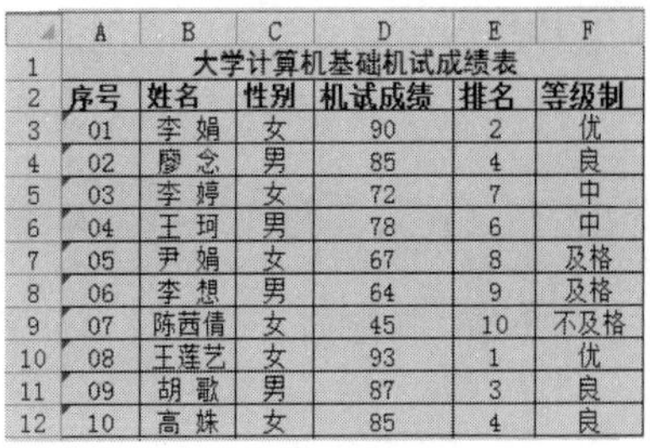

图5-18 成绩表

（7）COUNT()和COUNTA()函数

功能：

COUNT()：用于Excel中对给定数据集合或者单元格区域中数据的个数进行计数。

COUNTA()：可对包含任何类型信息的单元格进行计数，这些信息包括错误值和空文本("")。

格式：

COUNT()：语法结构为COUNT(value1,value2,…)。COUNT()函数只能对数字数据进行统计，对于空单元格、逻辑值或者文本数据将被忽略。如果参数为数组或引用，则只计算数组或引用中数字的个数。不会计算数组或引用中的空单元格、逻辑值、文本或错误值。

COUNTA()：语法结构为COUNTA(value1,[value2],…)，value1必需的参数，表示要计数的值的第1个参数。如果参数为数字、日期或者代表数字的文本（例如，用引号引起的数字，如"1"），则将被计算在内。

说明：

COUNT()：可以利用该函数来判断给定的单元格区域中是否包含空单元格。

COUNTA()：利用函数COUNTA()可以计算单元格区域或数组中包含数据的单元格个数。

【例5-3】表格中记录的是一些户籍信息，A列是"与户主关系"，B列是家庭每位成员姓名。

要求：在户主所在行的C列统计出这一户的人数。

以公式实现，选中H2:H15，输入公式：=IF(F2="户主",COUNTA(G2:G15)-SUM(H3:H15),"")，按【Ctrl+Enter】组合键，即可计算出第一户家庭成员数（见图5-19）。

图5-19 家庭人数计算结果

公式解析：

COUNTA(G2:G15)：当前行的G列不为空的单元格个数，也就是所有家庭成员数量。

SUM(H3:H15)：从公式所在H2单元格的下一行，即H3单元格开始，统计除当前行所在家庭，其他所有家庭成员数之和。

COUNTA(G2:G15)-SUM(H3:H15)：G列所有人员，减去除当前行所在家庭，其他所有家庭成员数之和，即是当年家庭成员数。

IF(F2="户主",COUNTA(G2:G15)-SUM(H3:H15),""）：如果当前行F列单元格为"户主"，则返回当前家庭成员数，否则返回空值。

这样就实现了家庭成员数量显示在户主所在行。

5.3.3 任务实现

步骤1 按照要求完成计算和复制。

① 打开"相关素材.xlsx"工作簿中的成绩空白表，右击，在弹出的快捷菜单中选择"移动或复制"命令，选择"计算思维成绩"的Sheet2工作表之前，选中"建立副本"复选框。

② 将"计算思维成绩.xlsx"工作簿的"课程成绩空白表"工作表重命名为"课程成绩"工作表。

③ 选择"课程成绩"工作表的C5:F5单元格区域，将其数据格式设为"百分比"，通过"减少小数位数"按钮，设置小数位数为0。

④ 选择C6单元格，输入"="，切换到"上课考勤登记"工作表，选择O5单元格，按【Enter】键确认输入，C6单元格编辑栏区域的内容为"=上课考勤成绩!O5"，表示C6单元格中的出勤成绩引用自"上课考勤登记"工作表的O5单元格。选择C6单元格，移动鼠标，当鼠标指针变成黑色填充柄时双击，完成公式的复制。

⑤ 在不改变表格格式的前提下将"相关素材.xlsx"工作簿的"成绩数据素材"工作表中的课堂表现、课后实训、大作业以及期末考试成绩复制到相应位置。

⑥ 使用选择性粘贴功能（见图5-20），分别计算出勤成绩、课堂表现、课后实训、大作业比重后的成绩。并设置出勤成绩、课堂表现、课后实训以及大作业的比重分别为20%、20%、20%、40%。并将学生的出勤成绩、课堂表现、课后实训、大作业以及期末考试成绩复制到相应位置。

图 5-20 "选择性粘贴"对话框

步骤2 计算平时成绩及总评成绩，并且成绩要四舍五入。

使用数组公式：数组是单元的集合或是一组处理的值的集合。可以写一个数组公式，即输入一个单个的公式，它执行多个输入操作并产生多个结果，每个结果显示在一个单元格区域中。数组公式可以看成有多重数值的公式，它与单值公式的不同之处在于它可以产生一个以上的结果。一个数组公式可以占用一个或多个单元区域，数组元素的个数最多为6 500个。

使用数组公式计算平时成绩和总评成绩（平时成绩和总评成绩四舍五入为整数）。平时成绩=出勤成绩×出勤成绩比重+课堂表现×课堂表现比重+课后实训×课后实训比重+大作业×大作业比重，总评成绩=平时成绩×平时成绩比重+期末成绩×（1-平时成绩比重）。选中G6:G35，然后在编辑栏输入=ROUND((C6:C35+D6:D35+E5:E35+F5:F35),0)，按【Ctrl+Shift+Enter】组合键，所编辑的公式出现数组标志符号"{}"，同时G6:G35列各个单元中生成相应结果。

步骤3 计算课程绩点。

课程总评成绩为100分的课程绩点为4.0，60分的课程绩点为1.0，60分以下课程绩点为0，课程绩点带一位小数。60分～100分间对应的绩点计算公式如下

$$r_k=1+(X-60)*(60\leqslant X\leqslant 100, X\text{为课程总评成绩})$$

选择J6单元格，输入 =ROUND(IF(I6>=60,1+(I6-60)*3/40,0),1)，设置单元格格式为数字，带1位小数。

步骤4 计算总评等级。

由于总评成绩=90分计为A，总评成绩=80分计为B，总评成绩=70分计为C，总评成绩=60分计为D，其他计为F，因此可以用IF嵌套来实现。

方法1：写公式 =IF(I6>=90,"A",IF(I6>=80,"B",IF(I6>=70,"C",IF(I6>=60,"D","F"))))

方法2：插入函数，填写。选择K6单元格，单击"公式"选项卡"函数库"组中"插入函数"按钮，选择IF()函数，在logic_test文本框中输入I6>=90，value_if_true文本框中输入A，光标放在value_if_false文本框中，在左上角标尺上方名称框选择IF()函数，跳出第2个函数框，输入logic_test输入I6>=80，value_if_true文本框中输入B，光标放在value_if_false文本框中，继续选择函数，依此类推，直到最后一层嵌套。

步骤5 总评成绩排名。

根据学生的总评成绩进行排名，分数最高的排名第1。可以用RANK.EQ()函数来实现，参与排位的数据区域需要使用绝对地址。可采用两种方法操作：

方法1：选择L6单元格，在编辑栏输入 =RANK.EQ(I6,$I$6:$I$35,0)

方法2：

① 选择L6单元格，单击单元格编辑栏前的"插入函数"按钮，在弹出的"插入函数"对话框中选择"统计函数"的RANK.EQ()函数。

② 在对话框的Number中输入"I6"，Ref参数处选择单元格区域I6:I35，按【F4】键，将其转变为绝对地址区域$I$6:$I$35，在Order参数处输入"0"。L6单元格编辑栏的最终内容为"=RANK.EQ（I6,$I$6:$I$35,0）"，表示按降序方式计算I6在单元格区$I$6:$I$35中的排名。

③ 选择L6单元格，移动鼠标，当鼠标指针变成黑色填充柄时双击，完成函数及公式制。可以看到，在所有RANK.EQ()中，Number参数随着单元格位置的变化而变化，而Ref都为$I$6:$I$35，表示要计算的总是在$I$6:$I$35区域中的排名。

步骤6 特别标注信息。

将班级前5名的数据用灰色底纹标识出来，可以用条件格式来实现。操作步骤如下：

① 选择单元格区域A6:L35，选择"开始"选项卡"样式"组中"条件格式"下拉列表中的"新建规则"命令。

② 打开"新建格式规则"对话框，选择规则类型为"使用公式确定要设置格式的单元格"。单击"为符合此公式的值设置格式"折叠按钮，选择L6单元格。按【F4】键两次，编辑规则公式显示为"=$L6"，在其后面输入"<=5"，编辑规则公式为"=$L6<=5"。选择"格式"，设置为"灰色底纹"、单击"确定"按钮。可以看到，总评排名为前5名的所有单元格都

用灰色底纹进行标注。公式"＝\$L6<=5"指明条件格式：如果对应行的第L列的值<＝5，则对所有符合条件的单元格区域用灰色底标示出来。

总结：选择单元格区域A6:L35，选择"开始"选项卡"格式"组中"条件格式"下拉列表中的"新建规则"命令，选择"使用公式确定要设置格式的单元格"，输入＝\$L6<=5，格式中选择灰色底纹。

步骤7 利用审阅功能锁定单元格。

由于平时成绩、期末成绩、总评成绩、成绩绩点、总评等级以及总评排名等是通过公式和函数计算出来的，为防止误修改，可以对这些指定的单元格进行锁定。操作步骤如下：

① 选中"课程成绩"工作表中的数据。

② 右击，在弹出的快捷菜单中，选择"设置单元格格式"命令，选择"保护"选项卡，取消选中"锁定"和"隐藏"复选框，单击"确定"按钮。

③ 选择不允许编辑的单元格区域（G6:G35,L6:L35），右击，在弹出的快捷菜单中选择"设置单元格格式"命令，在弹出的对话框中选择"锁定"复选框。

④ 选择当前工作表的任一单元格，单击"审阅"选项卡"更改"组中的"保护工作表"按钮，在"设置保护工作表"对话框中，选择"保护工作表及锁定的单元格内容"复选框，选择"选取锁定单元格"和"选定未锁定的单元格"复选框，取消选中其他复选框，单击"确定"按钮。这样，平时成绩等区域中的单元格便不能被编辑。

5.4 Excel 数据统计及图表创建

Excel强大的功能就是数据的统计、分析和用图表展示数据。使用公式和函数计算统计数据，Excel 2010有30种、400多个函数，为用户分析处理数据带来了极大的方便。Excel 2010有柱形图、折线图、散点图、饼图等多种图表类型，可以满足不同需求的数据展示，可以直观地展现数据的特点和规律，帮助人们更好地理解和分析数据。

5.4.1 情境导入

老师将学生的各项成绩整理完毕以后，最后还需要完成对成绩进行分析，统计各个分数段的人数并且通过图表表示出来。

5.4.2 相关知识

1. COUNTIF()函数

功能：计算区域中满足给定条件的单元格的个数。

格式：COUNTIF(range,criteria)。

说明：range为需要计算其中满足条件的单元格数目的单元格区域。criteria为确定哪些单元格将被计算在内的条件，其形式可以为数字、表达式、单元格引用或文本。

【例5-4】统计男生和女生的机试成绩总分数，并且统计各个分数段（如90～100，80～89，70～79，60～69，<60）的学生人数。其结果如图5-21所示。

	A	B	C	D	E	F	G	H	I
1	大学计算机基础机试成绩表								
2	序号	姓名	性别	机试成绩	排名	等级制			总分数
3	01	李 娟	女	90	2	优		男	314
4	02	廖 念	男	85	4	良		女	452
5	03	李 婷	女	72	7	中			
6	04	王 珂	男	78	6	中			
7	05	尹 娟	女	67	8	及格		分数段	人数
8	06	李 想	男	64	9	及格		90-100	2
9	07	陈茜倩	女	45	10	不及格		80-89	3
10	08	王莲艺	女	93	1	优		70-79	2
11	09	胡 歌	男	87	3	良		60-69	2
12	10	高 妹	女	85	4	良		<60	1

图 5-21　SUMIF() 函数和 COUNTIF() 函数的应用

操作方法如下：

① 按图建立男女生总分数表格和分数段人数表格。

② 单击I3单元格，输入公式“=SUMIF($C$3:$C$12,H3,$D$3:$D$12)”，表示在区域C3:C12中查找单元格H3中的内容，即在C列查找“男”所在的单元格，找到后，返回D列同一行的单元格（因为返回的结果在区域D3:D10中），最后对所有找到的单元格求和。按【Enter】键后，在I3单元格得到男生机试成绩的总分数。利用拖动复制公式的方法得到女生机试成绩的总分数。

③ 在I8～I12单元格依次输入公式“=COUNTIF(D3:D12,">=90")”“=COUNTIF(D3:D12,">=80")-COUNTIF(D3:D12,">=90")”“=COUNTIF(D3:D12,">=70")-COUNTIF(D3:D12,">=80")”“=COUNTIF(D3:D12,">=60")-COUNTIF(D3:D12,">=70")”“=COUNTIF(D3:D12,"<60")”，然后按【Enter】键得到各个分数段的人数。

2. SUMIF()条件求和函数

功能：计算区域中满足给定条件的单元格的个数。

格式：SUMIF(range,criteria,[sum_range])。

说明：前两个参数是必需的，第三个参数可选，如果第三个参数省略，默认的是对第一个参数区域求和。

使用SUMIF()函数条件求和计算如图5-22所示的不同统计要求。

	A	B	C	D	E	F	G
1	日期	种类	销量				
2	2023/4/5	鞋子	500		SUMIF单字段单条件求和：		
3	2023/4/5	衣领	700		统计鞋子的总销量：		
4	2023/4/5	鞋带	900		统计销量大于1000的销量和：		
5	2023/4/5	衣服	800				
6	2023/4/5	扣子	400		SUMIF单字段多条件求和：		
7	2023/4/5	裤子	600		统计衣服、鞋子、裤子产品的总销量：		
8	2023/4/5	鞋垫	700				
9	2023/4/6	鞋子	1000		SUMIF单字段模糊条件求和：		
10	2023/4/6	衣领	200		统计鞋类产品的总销量：		
11	2023/4/6	鞋带	1200				
12	2023/4/6	衣服	300		SUMIF单字段数值条件求和：		
13	2023/4/6	扣子	400		统计销量前三位的总和：		
14	2023/4/6	裤子	1700				
15	2023/4/6	鞋垫	700				

图 5-22　货物数据表

第一种用法：单字段单条件求和。

题目1：统计鞋子的总销量。

公式"=SUMIF(B2:B15," 鞋子 ",C2:C15)"。

题目2：统计销量大于1 000的销量和。

公式"=SUMIF(C2:C15,">1000")"，其中第三个参数缺省，则直接对C2:C15区域中符合条件的数值求和。

第二种用法：单字段多条件求和。

题目3：统计衣服、鞋子、裤子产品的总销量。

公式"=SUM(SUMIF(B2:B15,{" 衣服 "," 鞋子 "," 裤子 "},C2:C15))"，多个条件以数组的方式写出。

第三种用法：单字段模糊条件求和。

题目4：统计鞋类产品的总销量。

公式"=SUMIF(B2:B15," 鞋 *",C2:C15)"，其中，星号(*)是通配符，在条件参数中使用可以匹配任意一串字符。

第四种用法：单字段数值条件求和。

题目5：统计销量前三位的总和。

公式"=SUMIF(C2:C15,">"&LARGE(C2:C15,4),C2:C15)"。其中，">"&LARGE(C2:C15,4)是指大于第四名的前三名的数值。

第五种用法：非空条件求和。

题目6：统计种类非空的销量和

公式"=SUMIF(B2:B15,"*",C2:C15)"，星号(*)通配符匹配任意一串字符。

题目7：统计日期非空的销量和。

公式"SUMIF(A2:A15,"<>",C2:C15)"，注意日期非空值的"<>"表示方法。

第六种用法：排除错误值求和。

题目8：统计库存一列中非错误值的数量总和。

公式"=SUMIF(D2:D15,"<9E307")"。9E307，也可写作9E+307，是Excel里的科学计数法，是Excel能接受的最大值，在Excel中经常用9E+307代表最大数，是约定俗成的用法。

第七种用法：根据日期区间求和。

题目9：求2023年4月5日到2023年4月6日的总销量。

公式"=SUM(SUMIF(A2:A15,{">=2017/3/20",">2017/3/25"},C2:C15)*{1,-1})"。

其中，SUMIF(A2:A15,{">=2017/3/20",">2017/3/25"},C2:C15)，结果是两个数：一个是2017/3/20/以后的非空日期销量和（权且用A代表这个数），另一个是2017/3/25/以后的非空日期销量和（权且用B代表这个数）。

"=SUM(SUMIF(A2:A15,{">=2017/3/20",">2017/3/25"},C2:C15)*{1,-1})"，可以解释为"= SUM({A,B}*{1,-1})"，即A *1+ B *(-1)，即A－B，即是"2017/3/20/以后的非空日期销量和2017/3/25/以后的非空日期销量和"，即最终所求2017年3月20日到2017年3月25日的总销量。

第八种用法：隔列求和。

题目10：统计每种产品三个仓库的总销量，填入H与I列相应的位置，如图5-23所示。

种类	仓库1		仓库2		仓库3		合计	
	销量	库存	销量	库存	销量	库存	销量	库存
产品1	500	566	300	200	155	522		
产品2	700	855	500	1200	633	411		
产品3	900	422	700	300	522	200		
产品4	800	155	600	400	411	855		
产品5	400	633	200	1700	200	422		
产品6	600	522	400	700	855	855		
产品7	700	411	500	500	800	422		
产品8	1000	200	800	700	500	155		
产品9	200	855	500	900	1000	633		
产品10	1200	422	1000	800	100	200		
产品11	300	252	100	400	200	400		
产品12	500	500	200	400	1500	500		
产品13	1700	800	1500	855	522	800		
产品14	700	500	500	422	300	855		

图 5-23　求隔列数据表

在 H3 单元格输入公式 "=SUMIF($B$2:$G$2,H$2,$B3:$G3)"。

因为公式要从产品1填充到产品14，在填充过程中，B2:G2区域不能变化，所以要绝对引用，写作 "$B$2:$G$2"。

公式要从H2填充到I2，所计算的条件是从"销量"自动变为"库存"，所以H列不能引用，而从产品1填充到产品14，所计算的条件都是第二行的"销量"和"库存"，所以第二行要引用，所以，公式的条件参数写为 "H$2"。

公式要从产品1填充到产品14，求和区域是B列到G列的数值，而数值所在行要自动从第三行填充到第十四行，所以求和区域写作 "$B3:$G3"。

第九种用法：查找引用。

题目11：依据图5-23所示的数据，填写图5-24中产品4、产品12、产品8的三个仓库的销量与库存。

种类	仓库1		仓库2		仓库3	
	销量	库存	销量	库存	销量	库存
产品4						
产品12						
产品8						

图 5-24　销量与库存

在M3单元格输入公式 "=SUMIF($A$3:$A$16,L3,B$3:B$16)"，向右和向下填充。

公式向右向下填充过程中注意产品种类区域A3到A16不变，需要绝对引用，写作 "$A$3:$A$16"；条件是L列三种产品，所以需要相对引用，写作 "$L3"；查找引用的数据区域是B列到G列，每向右填充一列，列数需要向右一列，而行数永远是第三行到第十六行，所以写作 "B$3:B$16"。

3. "IFS"结尾的多条件计算函数

Excel数据处理中，经常会用到对多条件数据进行统计的情况，比如：多条件计数、多条件求和、多条件求平均值、多条件求最大值、多条件求最小值等，示例数据如图5-25所示。

（1）COUNTIFS() 函数

功能：完成多条件计数。

格式：COUNTIFS(criteria_range1,criteria1,[criteria_range2,criteria2],…)。

说明：

crieria_range1 必需。在其中计算关联条件的第一个区域。criteria1 必需。条件的形式为数字、表达式、单元格引用或文本，它定义了要计数的单元格范围。例如，条件可以表示为32、">32"、B4、"apples"或"32"。

crieria_range2,criteria2 可选。附加的区域及其关联条件。最多允许127个区域/条件对。

本示例中要求：市场1部业绩分高于10的女高级工程师人数。

	A	B	C	D	E	F
1	部门	姓　名	性　别	职务	业绩分	业绩等级
2	市场1部	吴冲虚	女	高级工程师	13	
3	市场2部	杨景亭	男	中级工程师	9	
4	市场3部	张三泮	男	高级工程师	4	
5	市场1部	朱安国	男	助理工程师	15	
6	市场2部	李万山	男	高级工程师	10	
7	市场3部	方有德	男	高级工程师	8	
8	市场1部	凌霜华	男	中级工程师	5	
9	市场2部	贝人龙	男	工程师	7	
10	市场3部	倪天虹	女	助理工程师	8	
11	市场1部	沙通天	男	高级工程师	6	
12	市场2部	司徒横	男	中级工程师	3	
13	市场3部	石中玉	女	工程师	14	
14	市场1部	皮清云	女	高级工程师	9	
15	市场2部	王保保	男	工程师	5	
16	市场3部	方东白	男	工程师	10	
17	市场1部	毛莉	女	高级工程师	10	
18	市场2部	杨青	男	中级工程师	5	
19	市场3部	陈小鹰	女	高级工程师	4	
20	市场1部	陆东兵	男	高级工程师	11	
21	市场2部	吕正平	男	中级工程师	4	

图 5-25　示例数据

有四个条件对：

crieria_range1 为：市场部，criteria1 为市场1部；

crieria_range2 为业绩分，criteria2 为高于10；

crieria_range3 为性别，criteria3 为女；

crieria_range4 为职称，criteria4 为高级工程师。

所以，公式为=COUNTIFS(A2:A21," 市场1部 ",E2:E21,">=10",C2:C21," 女 ",D2:D21," 高级工程师 ")。

（2）AVERAGEIFS()函数

功能：多条件求平均值。

格式：AVERAGEIFS(average_range,criteria_range1,criteria1,[criteria_range2,criteria2],...)。

说明：

average_range必需。要计算平均值的一个或多个单元格，其中包含数字或包含数字的名称、数组或引用。criteria_range1、criteria_range2 等。criteria_range1是必需的，后续criteria_range是可选的。在其中计算关联条件的1～127个区域。

criteria1、criteria2 等。criteria1是必需的，后续criteria是可选的。形式为数字、表达式、单元格引用或文本的1～127个条件，用来定义将计算平均值的单元格。例如，条件可以表示为32、"32"、">32"、" 苹果 " 或B4。

本示例中要求：市场1部女高级工程师平均业绩分。

有三个条件对：

求 average_range：业绩分；

criteria_range1 为市场部，criteria1 为市场1部；

criteria_range2 为性别，criteria2 为女；

criteria_range3 为职称，criteria3 为高级工程师。

所以，公式为 =AVERAGEIFS(E2:E21,A2:A21,"市场1部",C2:C21,"女",D2:D21,"高级工程师")。

（3）SUMIFS() 函数

功能：多条件求和。

格式：SUMIFS(sum_range,criteria_range1,criteria1,[criteria_range2,criteria2],...)。

说明：

sum_range 必需。要计算和的一个或多个单元格，其中包含数字或包含数字的名称、数组或引用。

criteria_range1、criteria_range2 等。criteria_range1 是必需的，后续 criteria_range 是可选的。在其中计算关联条件的 1~127 个区域。

criteria1、criteria2 等。criteria1 是必需的，后续 criteria 是可选的。形式为数字、表达式、单元格引用或文本的 1~127 个条件，用来定义将求和的单元格。例如，条件可以表示为 32、"32"、">32"、"苹果" 或 B4。

本示例中要求：市场1部女高级工程师业绩总分。

有三个条件对：

sum_range 为业绩分；

criteria_range1 为市场部，criteria1 为市场1部；

criteria_range2 为性别，criteria2 为女；

criteria_range3 为职称，criteria3 为高级工程师。

所以，公式为 =SUMIFS(E2:E21,A2:A21,"市场1部",C2:C21,"女",D2:D21,"高级工程师")。

（4）MAXIFS() 函数

功能：多条件求最大值。

格式：MAXIFS(max_range，criteria_range1，criteria1，[criteria_range2，criteria2], ...)。

说明：

max_range 必需。要取最大值的一个或多个单元格，其中包含数字或包含数字的名称、数组或引用。

criteria_range1、criteria_range2 等。criteria_range1 是必需的，后续 criteria_range 是可选的。在其中计算关联条件的 1~126 个区域。

criteria1、criteria2 等。criteria1 是必需的，后续 criteria 是可选的。形式为数字、表达式、单元格引用或文本的 1~126 个条件，用来定义取最大值的单元格。例如，条件可以表示为 32、"32"、">32"、"苹果" 或 B4。

本示例中要求：市场1部女高级工程师最高业绩得分。

有三个条件对：

max_range 为业绩分；

criteria_range1 为市场部，criteria1 为市场1部；

criteria_range2 为性别，criteria2 为女；

criteria_range3 为职称，criteria3 为高级工程师。

所以，公式为 =MAXIFS(E2:E21,A2:A21,"市场1部",C2:C21,"女",D2:D21,"高级工程师")。

（5）MINIFS() 函数

功能：多条件求最小值。

格式：MINIFS(min_range, criteria_range1, criteria1, [criteria_range2, criteria2], ...)。

说明：

min_range 必需。要取最小值的一个或多个单元格，其中包含数字或包含数字的名称、数组或引用。

criteria_range1、criteria_range2 等。criteria_range1 是必需的，后续 criteria_range 是可选的。在其中计算关联条件的 1～126 个区域。

criteria1、criteria2 等，criteria1 是必需的，后续 criteria 是可选的。形式为数字、表达式、单元格引用或文本的 1～126 个条件，用来定义取最小值的单元格。例如，条件可以表示为 32、"32"、">32"、"苹果" 或 B4。

本示例中要求：市场1部女高级工程师最低业绩得分。

有三个条件对：

min_range 为业绩分；

criteria_range1 为市场部，criteria1 为市场1部；

criteria_range2 为性别，criteria2 为女；

criteria_range3 为职称，criteria3 为高级工程师。

所以，公式为 =MINIFS(E2:E21,A2:A21,"市场1部",C2:C21,"女",D2:D21,"高级工程师")。

4. **数据图表**

图表以图形形式来显示数值数据系列，反映数据的变化规律和发展趋势，使人更容易理解大量数据以及不同数据系列之间的关系，一目了然地进行数据分析。电子表格处理软件能充分满足图表制作的需求，提供丰富的图表类型，如柱形图、折线图、饼图、条形图、面积图、散点图和其他图表等，既有平面图形，又有复杂的三维立体图形。同时，它还提供许多图表处理工具，如设置图表标题、设置字体、修改图表背景色等，帮助用户设计、编辑和美化图表。

图表通常分为内嵌式图表和独立式图表。内嵌式图表是以"嵌入"的方式把图表和数据存放于同一个工作表，而独立式图表独占一张工作表。

电子表格处理常用的图表类型有：

① 柱形图：用于显示一段时间内数据变化或各项之间的比较情况。它简单易用，是最受欢迎的图表形式。

② 条形图：可以看作是横着的柱形图，是用来描绘各个项目之间数据差别情况的一种图表，它强调的是在特定的时间点上进行分类和数值的比较。

③ 折线图：是将同一数据系列的数据点在图中用直线连接起来，以等间隔显示数据的变化趋势。

④ 面积图：用于显示某个时间阶段总数与数据系列的关系。又称为面积形式的折线图。

⑤ 饼图：能够反映出统计数据中各项所占的百分比或是某个单项占总体的比例，使用该类图表便于查看整体与个体之间的关系。

⑥ XY散点图：通常用于显示两个变量之间的关系，利用散点图可以绘制函数曲线。

⑦ 圆环图：类似于饼图，但在中央空出了一个圆形的空间。它也用来表示各个部分与整体之间的关系，但是可以包含多个数据系列。

⑧ 气泡图：类似于XY散点图，但它是对成组的三个数值而非两个数值进行比较。

⑨ 雷达图：用于显示数据中心点以及数据类别之间的变化趋势。可对数值无法表现的倾向分析提供良好的支持，为了能在短时间内把握数据相互间的平衡关系，也可以使用雷达图。

⑩ 迷你图：是以单元格为绘图区域，绘制出简约的数据小图标。由于迷你图太小，无法在图中显示数据内容，所以迷你图与表格是不能分离的。迷你图包括折线图、柱形图、盈亏三种类型，其中，折线图用于返回数据的变化情况，柱形图用于表示数据间的对比情况，盈亏则可以将业绩的盈亏情况形象地表现出来。

制作图表的通常方法是：
① 选择要制作图表的数据区域。
② 选择图表类型，插入图表。
③ 利用"图表工具"选项卡，对图表进行美化。

5.4.3 任务实现

步骤1 使用套用表格格式，快速格式化成绩统计表。计算总评成绩最高分、最低分、平均分，分别统计高于和低于总评成绩平均分的学生人数，以及分别统计期末成绩90分以上、80～89分、70～79分、60～69分、60分以下的学生人数，平时和期末成绩均在85分以上的学生人数和学生总人数。

① 复制工作表内容。

② 选择A2:B14单元格区域，单击"开始"选项卡"样式"组中"套用表格样式"按钮，在下拉列表中选中第三行第二列"表样式浅色16"，选中"表包含标题"复选框。

③ 单击"表格工具-设计"选项卡"工具"组中"转换为区域"按钮，将表格转换为普通的单元格区域。

④ 选择B3:B14单元格区域，设置其格式为数值，小数为0。

⑤ 输入相应公式：
=MAX(课程成绩!I6:I35)
=MIN(课程成绩!I6:I35)
=AVERAGE(课程成绩!I6:I35)
=COUNTIF(课程成绩!I6:I35,">"&B5)
=COUNTIF(课程成绩!I6:I35,"<"&B5)

需要注意的是，在统计高于(或低于)总评成绩平均分的学生人数时，参数criteria为

">77",而不是引用的B5单元格的数据。一旦某位学生的成绩发生改变,就会引起平均分的变化,从而需要修改公式的参数值。这显然达不到所期望的自动计算的效果。

那么,是否可以将参数criteria改为">B5"呢?一旦B6单元格中的公式变为"=COUNTIF(课程成绩!I6:I35,">B5")",得到的结果就变为0,显然是错误的。通过"公式审核"功能,可以看到条件不是所期望的"大于B5单元格的值",而是"大于B5"。

因此,如果希望参数criteria实现"大于B5单元格的值",条件应该为"">"&B5",B6中的公式为"=COUNTIF(课程成绩!I6:I35,">"&B5)"。在公式执行时,首先取B5中的值,后将其与">"进行连接,形成">77",作为参数criteria的值。其中,&为连接符,实现将两个数据连接在一起。

=COUNTIF(课程成绩!H6:H35,">=90")

=COUNTIFS(课程成绩!$H$6:$H$35,">=80",课程成绩!$H$6:$H$35,"<90")

=COUNTIFS(课程成绩!$H$6:$H$35,">=70",课程成绩!$H$6:$H$35,"<80")

=COUNTIFS(课程成绩!$H$6:$H$35,">=60",课程成绩!$H$6:$H$35,"<70")

=COUNTIF(课程成绩!H6:H35,"<60")

=COUNTIFS(课程成绩!G6:G35,">=85",课程成绩!H6:H35,">=85")

=COUNTA(课程成绩!B6:B35)

步骤2 制作期末成绩及总评成绩的成绩分析图,要求图表下方显示数据表,图形上方显示数据标签,在顶部显示图例,绘图区和图表区设置纹理填充,图表不显示网格线。图表标题为"成绩分析图"垂直轴标题为"学生人数",生成的成绩分析图放置于新的工作表"成绩统计图"中。

① 打开"相关素材",选择图表素材,复制到"成绩统计"工作表之后,命名为"成绩统计图数据"。

② 选择A2:F4单元格区域。单击"插入"选项卡"图表"组中的"柱形图"下三角按钮,在下拉列表中选择"二维柱形图"中的"簇状柱形图"命令。

③ 选中图表,在"图表工具-设计"选项卡"图表布局"组中,选择"布局5"命令。

④ 将"图表标题"改为"成绩分析图","坐标轴标题"改为"学生人数"。

⑤ 选择"图表工具-布局"选项卡"坐标轴"组中"网格线"下拉列表中"主要横网格线"下的"无"命令。

⑥ 选择"图表工具-布局"选项卡"标签"组中"数据标签"下拉列表中"数据标签外"命令,在"图例"下拉列表中选择"在顶部显示图例"命令。

⑦ 在"图表工具-设计"选项卡"图表样式"组中,选择样式30。

⑧ 在"图表工具-布局"选项卡"背景"组中,选择"绘图区"下拉列表中"其他绘图区"命令,在"填充"选项卡"图片或纹理填充"中选择"纹理"为"新闻纸"。

⑨ 在图表区边缘右击,选择"设置图表区域格式"命令,在"填充"选项卡"图片或纹理填充"中选择"纹理"为"新闻纸"。

⑩ 在"图表工具-设计"选项卡"位置"组中单击"移动图表"按钮,在打开的"移动图表"对话框中选择"新工作表"并在右侧文本框中输入"成绩统计图"。

最终效果如图5-26所示。

成绩数据统计	
统计项目	统计结果
总评成绩最高分	93
总评成绩最低分	50
总评成绩平均分	77
高于总评成绩平均分的学生人数	14
低于总评成绩平均分的学生人数	16
期末成绩90以上的学生人数	3
期末成绩80～89的学生人数	10
期末成绩70～79的学生人数	12
期末成绩60～69的学生人数	3
期末成绩60以下的学生人数	2
平时和期末均85分以上的学生人数	4
学生总人数	30

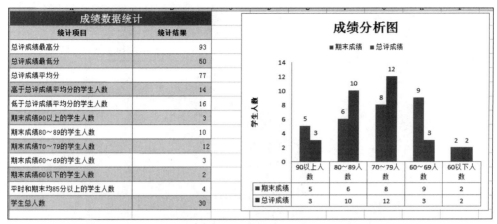

图 5-26　数据统计结果

5.5　Excel 数据管理与分析

Excel在排序、查找、替换以及汇总等数据管理等方面具有强大的功能，不仅能够增加、删除和移动数据，还能对数据进行排序、筛选、汇总、透视等统计分析操作。

5.5.1　情境导入

老师将学生的各项成绩整理、统计、图表表示出来以后，还要对学生成绩进行再分析，比如对成绩进行筛选和透视分析。

5.5.2　相关知识

1. VLOOKUP()函数

功能：VLOOKUP()函数是最常用的查找和引用函数，依据给定的查阅值，在一定的数据区域中，返回与查阅值对应的值。

格式：VLOOKUP（查阅值，包含查阅值和返回值的查找区域，查找区域中返回值的列号，精确查找或近似查找）。

说明：查阅值，即指定的查找关键值。

如图5-27所示，查阅值是G3单元格“贝人龙”，要在“姓名”一列中查找“贝人龙”得分，“贝人龙”就是查找的关键值。

包含查阅值和返回值的查找区域。一定记住，查阅值应该始终位于查找区域的第一列，这样VLOOKUP()才能正常工作。图5-28中，查找区域是$B$2:$E$22，查阅值“贝人龙”所在的“姓名”B列，就是该区域的首列，而且该区域还包括返回值“业绩分”所在的E列。

查找区域中返回值的列号。图5-28中，查找区域$B$2:$E$22中，首列“姓名”是第一列，返回值“业绩分”是第三列，所以列号是“4”。

精确查找或近似查找。如果需要精确查找返回值，则指定FALSE或者0；如果近似查找返回值，则指定TRUE或者1；如果该参数省略，则默认为近似匹配TRUE或近似匹配。

图5-28中是“0”，为精确查找。

H3 =VLOOKUP(G3,$B$3:$E$22,4,0)

	A	B	C	D	E	F	G	H
1	基本情况表							
2	部门	姓 名	性 别	职务	业绩分		姓 名	业绩分
3	市场1部	吴冲虚	女	高级工程师	13		贝人龙	7
4	市场2部	杨景亭	男	中级工程师	9		毛莉	10
5	市场3部	张三泮	男	高级工程师	4			
6	市场1部	朱安国	男	助理工程师	15			
7	市场2部	李万山	男	高级工程师	10			
8	市场3部	方有德	男	高级工程师	8			
9	市场1部	凌霜华	男	中级工程师	5			
10	市场2部	贝人龙	男	工程师	7			
11	市场3部	倪天虹	女	助理工程师	8			
12	市场1部	沙通天	男	高级工程师	6			
13	市场2部	司徒横	男	中级工程师	3			
14	市场3部	石中玉	女	工程师	14			
15	市场1部	皮清云	女	高级工程师	9			
16	市场2部	王保保	男	工程师	5			
17	市场3部	方东白	男	工程师	10			
18	市场1部	毛莉	女	高级工程师	10			
19	市场2部	杨青	男	中级工程师	5			
20	市场3部	陈小鹰	女	中级工程师	4			
21	市场1部	陆东兵	男	高级工程师	11			
22	市场2部	吕正平	男	中级工程师	4			

图 5-27 使用 VLOOKUP() 函数查找

查找区域的绝对引用：在公式中，第二个参数“查找区域”，使用的是绝对引用$B$2:$E$22。

绝对引用的作用是：公式填充到其他行列时，该区域不变。

图5-28中，查找完“贝人龙”的得分，公式向下填充，再去查找“毛莉”得分，查找区域始终不应改变，应该是包含所有姓名与得分的B2:E22区域，所以，该区域绝对引用。

【例5-5】成绩由百分制转换成等级制也可以通过VLOOKUP()函数的模糊查找来实现。另外，实际生活中成绩表数据往往很多（学生人数多，成绩门次多），要查看某位同学的成绩非常困难，此时就可以设计一个查询表格，输入某个学号（本例为序号）后，能自动显示该学号所对应的姓名和成绩，如图5-28所示。

	A	B	C	D	E	F	G	H	I
1	大学计算机基础机试成绩表							成绩转换	
2	序号	姓名	性别	机试成绩	排名	等级制		0	不及格
3	01	李 娟	女	90	2	优		60	及格
4	02	廖 念	男	85	4	良		70	中
5	03	李 婷	女	72	7	中		80	良
6	04	王 珂	男	78	6	中		90	优
7	05	尹 娟	女	67	8	及格			
8	06	李 想	男	64	9	及格		成绩查询（输入学号）	
9	07	陈茜倩	女	45	10	不及格		学号（序号）	08
10	08	王莲艺	女	93	1	优		姓名	王莲艺
11	09	胡 歌	男	87	3	良		机试成绩	93
12	10	高 姝	女	85	4	良		排名	1

图 5-28 用 VLOOKUP() 进行模糊查找和精确查找

操作方法如下：

① 清除成绩表中等级制列中的内容，按图5-28建立成绩转换的表格，其中0～60不及格，60～69及格，70～79中，80～89良，90以上优，然后单击F3单元格，输入公式“=VLOOKUP(D3,$H$2:$I$6,2,1)”，按【Enter】键，得到第一个学生的等级，然后通过拖动复制公式的方法得到其他学生的等级。

注意：

实际应用中，成绩转换表可能位于不同的工作表中，但查找方法完全相同，查找区域第一列（即H列），必须升序排列，否则结果可能不正确。

② 按图建立成绩查询表格。在单元格I10中输入公式"=VLOOKUP(I9,A3:E12,2,0)",单元格I11中输入公式"=VLOOKUP(I9,A3:E12,4,0)",单元格I12中输入公式"=VLOOKUP(I9,A3:E12,5,0)",然后在单元格I9输入"'08"(08前加单引号表示作为文本输入),按【Enter】键就可以显示学号(序号)为"08"同学的相关数据。

2. 数据排序

在实际应用中,为了方便查找和使用数据,用户通常按一定顺序对数据清单进行重新排列。其中数值按大小排序,时间按先后排序、英文字母按字母顺序(默认不区分大小写)排序,汉字按拼音首字母排序或笔画排序。

用来排序的字段称为关键字。排序方式分升序(递增)和降序(递减),排序方向有按行排序和按列排序。此外,还可以采用自定义排序。

数据排序有两种:简单排序和复杂排序。

(1)简单排序

指对一个关键字(单一字段)进行升序或降序排列。在Excel 2010中,简单排序可以通过单击"数据"选项卡"排序和筛选"组中的"升序排序"按钮 、"降序排序"按钮 快速实现,也可以通过"排序"按钮 打开"排序"对话框进行操作。

(2)复杂排序

指对一个以上关键字(多个字段)进行升序或降序排列。当排序的字段值相同,可按另一个关键字继续排序,最多可以设置三个排序关键字。在Excel 2010中,复杂排序必须通过单击"数据"选项卡"排序和筛选"组中的"排序"按钮 来实现。

3. 数据筛选

当数据列表中数据非常多,用户只对其中一部分数据感兴趣时,可以使用电子表格处理软件提供的数据筛选功能将不感兴趣的数据暂时隐藏起来,只显示感兴趣的数据。当筛选条件被清除时,隐藏的数据又恢复显示。

数据筛选有两种:自动筛选和高级筛选。自动筛选可以实现单个字段筛选,以及多字段筛选的"逻辑与"关系(即同时满足多个条件),操作简便,能满足大部分应用需求;高级筛选能实现多字段筛选的"逻辑或"关系,较复杂,需要在数据清单以外建立一个条件区域。

(1)自动筛选

在Excel 2010中,自动筛选是通过"数据"选项卡"排序和筛选"组中的"筛选"按钮 来实现的。在所需筛选的字段名下拉列表中选择符合的条件,若没有,则指向"文本筛选"或"数字筛选"其中的"自定义筛选",输入条件。如果要使数据恢复显示,单击"排序和筛选"组中的"清除按钮"图标 。如果要取消自动筛选功能,再次单击"筛选"按钮 。

(2)高级筛选

当筛选的条件较为复杂,或出现多字段间的"逻辑或"关系时,使用"数据"选项卡"排序和筛选"组中的"高级"按钮 更为方便。

在进行高级筛选时,不会出现自动筛选下三角箭头,而是需要在条件区域输入条件。条件区域应建立在数据清单以外,用空行或空列与数据清单分隔。输入筛选条件时,首行输入条件字段名,从第二行起输入筛选条件,输入在同一行上的条件关系为"逻辑与",输入在不同行上的条件关系是"逻辑或"。在Excel 2010中,建立条件区域后,单击"数据"选项卡"排序和筛选"组中的"高级"按钮，在其对话框内进行数据区域和条件区域的选择。筛选的结果可在原数据清单位置显示，也可在数据清单以外的位置显示。

4. 分类汇总

实际应用中经常用到分类汇总，像仓库的库存管理经常要统计各类产品的库存总量，商店的销售管理经常要统计各类商品的售出总量等。它们的共同特点是首先要进行分类（排序），将同类别数据放在一起，然后再进行数量求和之类的汇总运算。电子表格处理软件提供了分类汇总功能。

分类汇总就是对数据清单按某个字段进行分类（排序），将字段值相同的连续记录作为一类，进行求和、求平均、计数等汇总运算。针对同一个分类字段，可进行多种方式的汇总。

> **注意**
>
> 在分类汇总前，必须对分类字段排序，否则将得不到正确的分类汇总结果；其次，在分类汇总时要清楚对哪个字段分类，对哪些字段汇总以及汇总的方式，这些都需要在"分类汇总"对话框中逐一设置。

分类汇总有两种：简单汇总和嵌套汇总。

（1）简单汇总

简单汇总是指对数据清单的一个或多个字段仅做一种方式的汇总。

（2）嵌套汇总

嵌套汇总是指对同一字段进行多种不同方式的汇总。

5. 数据透视表

分类汇总适合按一个字段进行分类，对一个或多个字段进行汇总。如果要对多个字段进行分类并汇总，需要利用数据透视表来解决问题。

6. 数据更新

有时数据清单中的数据发生了变化，但数据透视表并没有随之变化。此时，不必重新生成透视表，单击"数据透视表工具"中"选项"选项卡"数据"组中的"刷新"按钮即可。

还可以将数据透视表中的汇总数据生成数据透视图，更为形象化地对数据进行比较。其操作方法是：选定数据透视表，单击"数据透视表工具"中"选项"选项卡"工具"组中的"数据透视图"按钮，打开"插入图表"对话框，选择相应的图表类型和图表子类型，单击"确定"按钮即可。

【例5-6】书店负责人要充分了解各种图书的销售情况，要求员工把每个出版社的销量及销售代表销售额做出来。

打开图书销售清单文件，进行如下操作：

① 求出每个出版社的销售量。按照出版社进行排序，然后进行分类汇总。

② 使用文本函数和VLOOKUP()函数，填写"货品代码"列，规则是将"登记号"的前4位替换为出版社简码。选中H3单元格，输入=VLOOKUP(E3,$K$7:$N$24,4,0)。

③ 在B3单元格中输入=REPLACE(A3,1,4,VLOOKUP(E3,$K$7:$M$24,3,0))。

说明：a.REPLACE函数的含义是用新字符串替换旧字符串，而且替换的位置和数量都是指定的。

b.REPLACE函数的语法格式：

REPLACE(old_text,start_num,num_chars，new_text)

=REPLACE（要替换的字符串，开始位置，替换个数，新的文本）

需要注意的是，第四个参数是文本，要加上引号。

c.如图5-29所示，是把手机号码后四位屏蔽掉，输入公式=REPLACE(A2,8,4,"****")

图 5-29　手机号码后四位屏蔽掉

④ 对"图书销售清单"高级筛选，筛选结果复制到Sheet2中。筛选条件：单价大于或等于20，销售数大于或等于800。首先需要设置筛选条件区域。筛选条件有三个特征：

a.条件的标题要与数据表的原有标题完全一致。

b.多字段间的条件若为"与"关系，则写在一行。

c.多字段间的条件若为"或"关系，则写在下一行。

写出图5-30所示的筛选条件，选中所有数据，单击"数据"选项卡"排序和筛选"组中的"高级"按钮，打开"高级筛选"对话框如图5-31所示，其中，"列表区域"为要参与筛选的原始数据区域，"条件区域"是根据要筛选的条件，确定筛选出数据的放置位置。

⑤ 根据"图书销售清单"创建数据透视表。显示各个销售代表的销售总额，行设置为销售代表，求和项为销售额。鼠标指针定位在"图书销售情况"工作表的任意一个单元格，选择"插入"选项卡"表格"组中"数据透视表"下的数据透视表，如图5-32所示。将销售代表拖到行标签，将销售额拖到列表签。

图 5-30　高级筛选条件　　图 5-31　"高级筛选"对话框　　图 5-32　数据透视表字段列表

5.5.3　任务实现

在求学生成绩表文件中各系学生各门课程的平均成绩的基础上再统计各系人数。这需要分两次进行分类汇总。操作方法如下：

步骤1 先按"系别"字段排序，然后用"分类汇总"对各系学生各门课程的平均成绩进行平均值汇总。

步骤2 在平均值汇总的基础上统计各部门人数。

统计人数"分类汇总"对话框中"替换当前分类汇总"复选框不能选中。

若要取消分类汇总,在"分类汇总"对话框中单击"全部删除"按钮即可。

现在统计"学生成绩表"中各系男女生的人数。既要按"系别"分类,又要按"性别"分类。操作方法如下:

步骤1 先选择数据清单中任意单元格。

步骤2 单击"插入"选项卡"表格"组中"数据透视表"的下三角按钮,在下拉列表中选择"数据透视表"命令,打开"创建数据透视表"对话框,确认选择要分析的数据的范围(如果系统给出的区域选择不正确,用户可用鼠标自己选择区域),以及数据透视表的放置位置(可以放在新建表中,也可以放在现有工作表中)。然后单击"确定"按钮。此时出现"数据透视表字段列表"窗格,把要分类的字段拖入行标签、列标签位置,使之成为透视表的行、列标题,要汇总的字段拖入∑数值区,本例"系别"作为行标签,"性别"作为列标签,统计的数据项也是"性别"。默认情况下,数据项如果是非数字型字段则对其计数,否则求和。

步骤3 更改数据透视表布局,将行、列、数据字段移出表示删除字段,移入表示增加字段。还可以改变汇总方式,可以通过单击"数据透视表工具"中"选项"选项卡"计算"组中的"按值汇总"按钮来实现。对应"数据透视表字段列表"窗格。

5.6 展示手段1——Word长文档排版

人们在生活、工作中,经常要打印输出一些资料,比如数据分析报告、宣传广告、工作文件等。Word是一款功能强大且实用的文字处理软件,具有丰富的文字处理、文字编辑和图文混排等功能,还可以设置保留修改痕迹,实现多人协同编辑文档,对多人的修改进行比较、合并等修订审阅功能,能制作出图文并茂的各种学习、生活、办公和商业文档。

5.6.1 情境导入

生活学习中离不开文字处理,特别是长文档排版,假设你写了一篇报告,设想有封面、摘要、目录、正文、参考文献等;要求各部分在独立的一节里(使用分节符实现),并且设置奇偶页页眉和页脚都不同,封面、摘要无页眉页脚等;参考文献要有引用。

5.6.2 相关知识

1. 文档合并

① 同时打开两个文件,将第二个文件的内容全部选中,复制到剪贴板,最后粘贴到第一个文件的指定地方。

② 打开第一个文件,移动光标(即插入点)到第一个文件的指定插入位置,选择"插入"选项卡功能区中右侧的"文本"组,单击"对象"右侧的下拉三角按钮,选择"文件中的文字"命令,在弹出的对话框中选择合适的盘符、路径、文件类型,选择欲插入的第2个文件,单击"插入"按钮。

③ 如果要打开非Word标准类型的文件,必须在打开(或插入)的文件对话框中选择"文

件类型",比如选择"文本文件(*.txt)"或选择"所有文件"。

2. 文件属性

单击"文件"菜单中"信息"功能区的"属性"按钮,从下拉列表中选择"高级属性"命令,打开"高级属性"对话框,选择"摘要"选项卡,修改文件的"标题""主题""作者""单位"等。单击"文件"菜单中"信息"功能区的"保护文档"按钮,从下拉列表中"用密码进行加密"来设置打开密码,也可以选择"文件"菜单的"另存为"命令,在打开的"另存为"对话框中单击"工具"按钮,再单击下拉列表中的"常规选项"命令,在打开的"常规选项"对话框中的"打开文件时的密码"文本框中设置打开密码,也可以通过"修改文件时的密码"文本框设置修改密码。

3. 页面背景

文字处理软件为用户提供了丰富的页面背景设置功能,用户可以通过以下三种方法实现。

① 通过选择"页面布局"选项卡"页面背景"组"页面颜色"下拉列表的"填充效果"命令来实现。

② 通过单击"页面布局"选项卡"页面背景"组中的"水印"按钮,选择"自定义水印"命令,弹出"水印"对话框。选中"图片水印"单选按钮,再单击"选择图片"按钮,打开"插入图片"对话框,从中选择需要的图片来实现。

③ 通过单击"插入"选项卡"插图"组中的"图片"按钮,在打开的"插入图片"对话框中选择图片素材,然后将图片版式设置为"衬于文字下方",再调整"颜色",设置艺术效果"纹理化"来实现。

4. 页眉和页脚

在Word 2010中,设置页眉/页脚是通过单击"插入"选项卡"页眉和页脚"组中的相应按钮,或者双击页眉/页脚,窗口出现"页眉和页脚工具"选项卡,如图5-33所示。

图5-33 "页眉和页脚工具"选项卡

可以根据需要插入图片、日期或时间、域(位于"插入"选项卡"文本"组"文档部件"按钮的下拉列表中)等内容。如果要关闭页眉页脚编辑状态回到正文,直接单击"关闭"组中的"关闭"按钮;如果要删除页眉和页脚,先双击页眉或页脚,选定要删除的内容,按【Delete】键;或者选择"页眉""页脚"按钮下拉列表中相应的"删除页眉""删除页脚"命令。

在文档中可自始至终使用同一个页眉或页脚,也可在文档的不同部分使用不同的页眉和页脚。例如,首页不同、奇偶页不同,这需要在"页眉和页脚工具"中"设计"选项卡"选项"组中勾选相应的复选框。也可以插入分节符,可以使不同的节有不同的页眉页脚。

(1)在页眉中插入标题号和标题

双击页眉,单击"插入"选项卡"文本"组中的"文档部件",在"文档部件"下拉列表中选择"域"命令,打开"域"对话框,在"域名"中选择"StyleRef",再勾选"插入段落编号"复选框。用同样的方法，在"文档部件"下拉列表中选择"文档属性"的"标题"（需要先在"文件"下拉列表的"信息"组中的"标题"文本框中输入标题内容）。或者选择"插入"选项卡"文本"组的"文档部件"下拉列表的"域"命令，打开"域"对话框，在"域名"中选择"StyleRef"，选择"章标题"，如图5-34、图5-35所示。

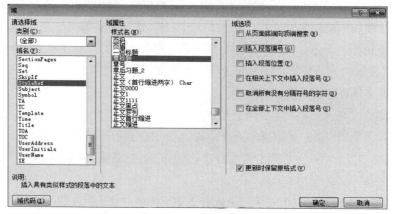

图 5-34 "域"对话框

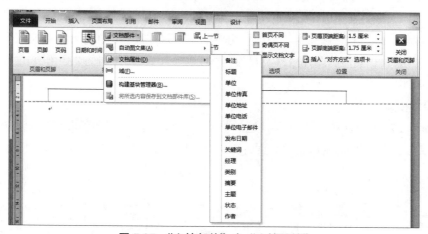

图 5-35 "文档部件"中"文档属性"

（2）插入"第几页共几页"页码

双击页脚，输入"第页"，"共页"，居中，把光标放在"第页"两字之间，单击"插入"选项卡"文本"组中的"文档部件"，在"文档部件"下拉列表中选择"域"命令，打开"域"对话框，在"域名"中选择"Page"。然后，把光标放在"共页"两字之间，用同样的方法，在"域名"中选择"NumPages"。

5．脚注和尾注

脚注和尾注用于给文档中的文本加注释、引用。脚注对文档某处内容进行注释说明，一般放在页面底端；尾注用于引用参考文献，放在文档末尾。同一个文档可以同时包括脚注和尾注。

在Word 2010中，将光标定位在插入脚注或尾注的位置，单击"引用"选项卡"脚注"组中相应按钮或单击"脚注"组右下角的对话框启动器，打开"脚注和尾注"对话框，如图5-36所示。

要删除脚注和尾注，只要定位在脚注和尾注引用标记前，按【Delete】键，则引用标记和注释文本同时被删除。

6. 修订文档

用户在修订状态下编辑文档，Word将跟踪文档所有内容的变化，同时把在当前文档中修改、删除、插入的每一项都标记下来。

在Word 2010中，通过单击"审阅"选项卡"修订"组中的"修订"按钮来实现的。在修订状态下插入的内容将通过颜色和下画线标记下来，删除的内容在右侧的页边空白处显示出来。如

图 5-36 "脚注和尾注"对话框

果多个用户对同一文档进行修订，将通过不同的颜色区分不同用户的修订内容。

修订结束后，可以通过"审阅"选项卡"更改"组中的"接受"按钮来接受修订，或通过"拒绝"来恢复原样。

7. 添加批注

在审阅文档时，往往需要对文档内容的变更进行解释说明，或者向文档作者提出问题或建议，可以在文档中插入"批注"信息。"批注"与"修订"的不同是"批注"是不修改原文，而是在文档相应的位置添加的注释信息，并用颜色的方框突出显示出来。"批注"不但可以用文本，还可以用音频、视频信息。

在Word 2010中，单击"审阅"选项卡"批注"组中的"新建批注"按钮，然后直接输入批注信息即可。删除批注的方法是右击批注，在弹出的快捷菜单中选择"删除批注"命令。

8. 快速比较文档

文档经过审阅后，可以通过对比方式查看修订前后两个文档的变化。在Word 2010中，提供了"精确比较"的功能。单击"审阅"选项卡"比较"组中的"比较"按钮，在下拉列表中选择"比较"命令，打开"比较文档"对话框，在其中通过浏览找到原文档和修订的文档，如图5-37所示。单击"确定"按钮后，两个文档之间的不同之处将突出显示在"比较结果"文档中。

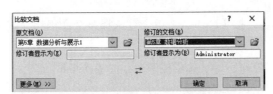

图 5-37 "比较文档"对话框

9. 添加题注

表注、图注、图表注都用插入题注的方法解决，以图片为例，有关题注的操作方法如下：

（1）插入题注

① 右击需要添加题注的图片，在弹出的快捷菜单中选择"插入题注"命令。或者以单击选中图片，然后在"引用"选项卡的"题注"组中单击"插入题注"按钮。系统将打开"题注"对话框。若是新建题注，并且目录使用了"多级列表"，可先设定编号，单击"编号"按钮，在打开的"题注编号"对话框中选择"包含章节号"复选框，再选择分隔符。再单击"新建标签"按钮，输入图或表，分别建图注或表注，如图5-38所示。

图 5-38 "题注"对话框和"题注编号"对话框

② 在"题注"对话框中，先在"标签"下拉列表中选择可用标签。

③ 单击"确定"按钮，就在图片的底部插入了自动编号的题注。

④ 添加了图片题注后，可以单击题注右边，把插入点放于此处，然后输入对图片的描述文字。

（2）说明

① 在"题注"对话框中，系统提供了"图表"、"表格"和"公式"等类型的标签，以供用户直接选用。

② 若要使用自定义的标签，单击"新建标签"按钮。在打开的"新建标签"对话框中自定义标签。然后，在"标签"列表中选择自定义的标签。

③ 目录使用了"多级列表"，可在"题注"对话框中单击"编号"按钮，打开"题注编号"对话框。单击"格式"下拉按钮，选择合适的编号。若要在题注中包含文档章节号，选中"包含章节号"复选框。单击"确定"按钮。

④ 在"题注"对话框中，单击"位置"的下三角按钮，从列表中选择题注的摆放位置。表格的题注要放在表格的上方，图片的题注要放在图片的下方。

（3）更新题注编号

① 插入新的题注时 Word 将自动更新题注编号。但删除或移动了题注，必须手动更新题注。

② 选择要更新的一个或多个的题注。右击其中的一个题注，在弹出的快捷菜单中选择"更新域"命令。

③ 若要更新所有题注，按【Ctrl+A】组合键选择整个文档后，按【F9】键，更新所有的题注。

④ 若要删除文档中的某个题注，选中该题注，按【Delete】键。

> **注意**
>
> 删除题注后，必须手工更新其后的题注。

10. 交叉引用

若对正文中出现"如下表所示"的"下表"，使用交叉引用，改为"如表 X.Y 所示"，其中"X.Y"为表题注的编号。单击"插入"选项卡"链接"组中的"交叉引用"按钮，打开"交叉引用"对话框，从"引用类型"下拉列表中选择相应对象，"引用内容"可以选择"只有标签和编号"，也可以选择"整项题注"等，单击"插入"按钮。同样，图和图表也可以使用交叉引用，如图 5-39 所示。

11. 插入目录

定位光标到需要插入目录的位置。单击"引用"选项卡的"目录"组中的"目录"按钮，在下拉列表中选择相应的目录样式。也可以选择"插入目录"命令，打开"目录"对话框，设置目录的模板格式、显示级别、页码的对齐方式以及制表符前导符等。

插入目录后，可以设置目录格式，比如字体、字号、行距等。

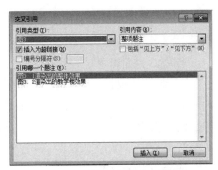

图 5-39 "交叉引用"对话框

> **注意**
> 如果对文档进行了更改，则可以通过选择目录，按【F9】键来更新目录。

12. 样式

对于论文等长文档，可以用"样式"工具统一段落的风格，并提高排版的效率。有系统提供的样式，也可以定义样式。

（1）建立样式

单击"开始"选项卡"样式"组右下角的对话框启动按钮，弹出"样式"任务窗格。单击左下角的"新建样式"按钮 ，弹出"根据格式设置创建新样式"对话框。

（2）修改样式

在"样式"组里右击欲修改的样式，在弹出的快捷菜单中选择"修改"命令。

（3）应用样式

样式建立完成后，选择"开始"选项卡的"样式"组，在列表中可以看到新建的几种样式名称。将光标定位在应用样式处，单击所需的样式即可。

> **注意**
> 当"样式"组中没有想用的样式时，可以打开"样式"对话框，单击"选项"按钮，在"选择要显示的样式"下拉列表中选择"所有样式"命令。

5.6.3 任务实现

打开"毕业设计排版素材.docx"，按下面要求进行排版。

步骤1 页面设置。

单击"页面布局"，再单击"页面设置"工具栏的右下角对话框启动器按钮，如图 5-40 所示，打开"页面设置"对话框。设置纸张大小：A4。纸张方向：纵向。页边距：左、右为 3 厘米，上、下为 2.5 厘米。装订线位置为左侧 1 厘米。版式：首页不同，奇偶页不同。

步骤2 文档属性设置。

单击"文件"按钮，在下拉列表中选择"信息"命

图 5-40 "页面设置"工具栏的对话框启动器按钮

令,在对话框右侧找到"标题",输入"虚拟导航系统"。在"作者"文本框中输入学号+姓名。

步骤3 封面设置。

"毕业设计报告"格式:字体楷体,小初号,居中。设置"题目"为黑体、四号、加粗,内容为宋体、四号、左对齐。"学院""专业""姓名""学号""指导教师"为黑体、四号、加粗,内容为仿宋、四号、左对齐。单击"页面设置"工具栏的"分隔符"按钮,在封面末尾插入分节符(下一页),独立在一页,删除多余的空行,无页眉页脚。

步骤4 摘要设置。

① "摘要"两个字:黑体、小三,段前值40磅,段后20磅,行距20磅。"摘要"两个字中间空两个汉字字符宽度。"摘要"内容:宋体、小四,首行缩进2个字符,行距用固定值20磅,段前段后0磅。"关键词":顶格、黑体、小四。"关键词"内容:关键词3~5个,每个关键词用分号间隔,宋体、小四。末尾插入分节符(下一页),独立在一页,删除多余的空行,无页眉页脚。

② 英文摘要设置。"ABSTRACT":Arial、小三,段前40磅,段后20磅,行距20磅。"ABSTRACT"内容:Times New Roman、小四,首行缩进2个字符,行距用固定值20磅,段前段后0磅。两端对齐,标点符号全是英文标点符号。"Key Words":顶格、Times New Roman、加粗、小四。"Key Words"内容:与中文摘要部分的关键词对应,每个关键词之间用分号间隔。末尾插入分节符(下一页),独立在一页,删除多余的空行,无页眉页脚。

步骤5 正文设置。

① 修改标题1样式。选中"引言",单击"开始"选项卡"编辑"组中"选择"按钮,从下拉菜单中选择"选定所有格式相似的文本(无数据)"命令。再单击"开始"选项卡,右击"样式"组中"标题1",从弹出的快捷菜单中选择"修改"命令,打开"修改样式"对话框,设置黑体、小三、居中,段前40磅,段后20磅,行距固定值20磅。再单击"样式"组中"标题1"样式,即应用"标题1"样式。

② 论文的总结、参考文献、致谢、附录等部分的标题与"引言"属于同一等级,也使用"标题1"格式(可以选中"引言",双击"格式刷",依次选择总结、参考文献、致谢、附录等)。

③ 修改标题2样式。选中"本课题研究的背景和意义"(绿色字),单击"开始"选项卡,在"编辑"组中,单击"选择"按钮,从下拉列表中选择"选定所有格式相似的文本(无数据)"命令。再单击"开始"选项卡,右击"样式"组中"标题2",从弹出的快捷菜单中选择"修改"命令,打开"修改样式"对话框,设置黑体、四号、居左,行距为固定值20磅,段前24磅,段后6磅。

提示:若"样式"组中没有"标题2"等,可单击"样式"组右下角对话框启动器按钮,打开"样式"对话框,再单击对话框右下角的"选项",在"选择要显示的样式"下拉列表中选择"所有样式"命令。

④ 修改标题3样式。选中"3D Studio Max简介"(蓝色字),采用相同的方法,设置黑体、13磅、居左,行距为固定值20磅,段前12磅,段后6磅。

步骤6 插入目录。

每章标题：标题序号采用阿拉伯数字（下同），序号与标题名称之间空一个汉字字符宽度，如"第1章　引言"。每章下面的节、小节标题：标题序号与标题名之间空一个汉字字符宽度（下同），如"1.1""1.1.1"。目录必须与正文标题一致。目录层次一般采用三级。

① 设置章名、小节名使用的编号。将光标置于第1章标题文字前，单击"开始"选项卡"段落"组中"多级列表"的下拉按钮，在下拉列表中选择"定义新的多级列表"命令，弹出"定义新多级列表"对话框，单击左下角的"更多"按钮。

在"定义新多级列表"对话框中进行相应设置。单击要修改的级别：1，编号格式：第1章（"1"编号样式确定后，在"1"前输入"第"，在"1"后输入"章"）；在"将级别链接到样式"下拉列表框中选择"标题1"，如图5-41所示。标题1编号设置完毕。

继续在"定义新多级列表"对话框中操作，单击要修改的级别：2，编号格式：1.1，在"将级别链接到样式"下拉列表框中选择"标题2"；在"要在库中显示的级别"下拉列表框中选择"级别2"，如图5-42所示。标题2编号设置完毕。最后单击"确定"按钮。

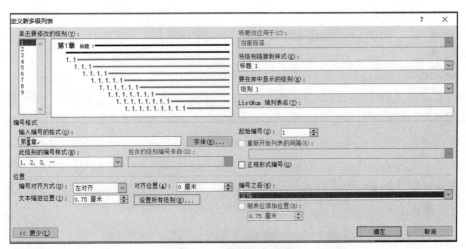

图 5-41　设置章名编号

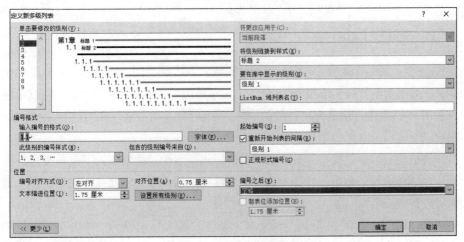

图 5-42　设置小节名编号

②设置各章标题格式。首先选中各章标题（按【Ctrl】键+单击各章标题），单击"开始"选项卡"样式"组快速样式中的"第1章　标题1"，再单击"段落"组中的"居中"按钮，各章标题设置完毕。（注意删除各章标题中的原有编号"第二章、第三章……"）

③设置各小节标题格式。首先选中各小节标题（按【Ctrl】键+单击各小节标题），单击"开始"选项卡"样式"组快速样式中的"1.1标题2"，再单击"段落"组中的"编号"按钮，直到设置成所需格式，各小节标题设置完毕。

步骤7 图、表及题注的应用。

①插入表格。选定"Action～BACK"文本，单击"插入"选项卡"表格"组中的"表格"下三角按钮，在下拉列表中选择"文本转换成表格"命令，分隔位置*，Word自动匹配行列。表格按章编号，单击"引用"选项卡"题注"组的"插入题注"按钮，弹出"插入题注"对话框，单击"编号"按钮，在"题注编号"对话框中选择"编号"样式，勾选"包含章节号"复选框，选择"章节起始样式""分隔符"，单击"确定"按钮，再单击"新建标签"按钮，在"标签"文本框中输入"表"，再单击"确定"按钮，在"标签"下拉列表中选择"表"，输入一个空格（表序和表名空一个汉字字符宽度），再单击"确定"按钮。在表注后面输入内容，设置黑体、11磅，表题在表格上方正中。

> **注意**
>
> 为表格设置自动插入题注后，当再次插入或粘贴表格时，都会在表格上方自动生成表格题注编号，用户只需要输入表格的注释文字即可。当不再需要自动插入题注功能时，只需要再次打开"题注"对话框，清除不需要进行自动编号的对象的复选框。如果用户增删或移动了其中的某个图表，其他图表的标签也会相应自动改变。如果没有自动改变，可以选中所有文档，右击，然后在弹出的快捷菜单中选择"更新域"命令。要注意删除或移动图表时，应删除原标签。
>
> 当题注的交叉引用发生变化后，Word不会自动调整，需要选择"更新域"。鼠标指向该"域"右击，在弹出的快捷菜单中选择"更新域"命令，即可更新域中的编号；若有多处或正文,可以全选（按【Ctrl+A】组合键或将鼠标移到页面最左端连续三次单击）后再更新；更新域也可以按【F9】键。

②表格内容：采用三线表（必要时可加辅助线，三线表无法清晰表达时可采用其他格式），即表的上、下边线为单直线，线粗为1.5磅；第三条线为单直线，线粗为1磅。表单元格中的文字居中，采用11磅宋体，单倍行距，段前3磅，段后3磅。若有表注用10.5磅宋体，与表格单倍行间距。

单击"表格工具"中"设计"选项卡"表格样式"组中"边框"的下三角按钮，在下拉列表中选择"边框和底纹"命令，打开"边框和底纹"对话框来进行操作，注意在"应用于"下拉列表框中选择"表格"。

③选中红色突出显示的"下表"两个字，单击"插入"选项卡"链接"组中的"交叉引用"按钮，打开"交叉引用"对话框，从"引用类型"下拉列表中选择相应对象，"引用内容"

可以选择"只有标签和编号",也可以选择"整项题注"等,单击"插入"按钮。

④ 正文中的图。在文中相应位置插入图。调整图片"大小",比如缩放60%,保持纵横比。单击图片,此时图片四周出现8个尺寸句柄,拖动可以实现图片缩放。也可以右击图片,从弹出的快捷菜单中选择"大小和位置"命令,弹出"布局"对话框,在"大小"选项卡中操作。也可以在"图片工具"中"格式"选项卡"大小"组中进行设置、裁剪。

用同样的方法可以设置图片的位置,可以设置相对位置,也可以设置绝对位置。

插入图片后,文字和图片的关系可以通过文字环绕来改变。环绕方式分为两类:一类是将图片视为文字对象,与文档中的文字处于同一层次,占用实际位置,不能改变图片在文档页面中的位置,如"嵌入型",这是默认的文字环绕方式;另一类是将图片与文字区别开对待,如"四周型""紧密型""衬于文字下方""浮于文字上方""上下型""穿越型"。

设置文字环绕方式有两种方法:一种是单击"图片工具"中"格式"选项卡"排列"组中的"自动换行"按钮,在下拉列表中选择需要的环绕方式;另一种是右击图片,在弹出的快捷菜单中选择"自动换行"或"大小与位置"命令,如图5-43所示。

图5-43 "自动换行"下拉列表

> **注意**
> 如果文档中图片显示不全,只要将文字环绕方式由"嵌入型"改为其他任何一种方式即可。

⑤ 用编辑"表注"的方式,插入"图注"。图按章编号,图序与图名置于图的下方,采用黑体、11磅字,居中,段前6磅,段后12磅,单倍行距,图序与图名文字之间空一个汉字字符宽度。图中标注的文字采用9~10.5磅,以能够清晰阅读为标准。

⑥ 选中黄色突出显示的"下图"两个字,单击"插入"选项卡"链接"组中的"交叉引用"按钮,弹出"交叉引用"对话框,从"引用类型"下拉列表中选择相应对象,"引用内容"可以选择"只有标签和编号",也可以选择"整项题注"等,单击"插入"按钮。

⑦ 删除所有"深红、加粗"的字。

步骤8 新建"论文正文"样式。

单击"开始"选项卡"样式"组右下角的对话框启动按钮,弹出"样式"任务窗格。单击左下角的"新建样式"按钮,弹出"根据格式设置创建新样式"对话框,单击左下角的"格式"按钮,依次设置小四字,汉字用宋体,英文用Times New Roman,两端对齐,段落首行左缩进2个字符。行距为固定值20磅(段落中有数学表达式时,可根据表达需要设置该段的行距),段前0磅,段后0磅。

步骤9 论文正文样式应用。

选中正文文字,单击"样式"中的"论文正文"样式,将"论文正文"样式应用到文档中的所有正文部分。

步骤10 设置参考文献。

"参考文献"黑体、小三、居中,段前40磅,段后20磅,行距20磅。"参考文献"四个字之间不需要空格。"参考文献"的内容:五号、宋体,英文字体为Times New Roman,行距用固定值16磅,段前3磅,段后0磅。单独在一页。删除多余空行。

步骤11 设置正文奇数页页眉。

双击页眉处,录入文字"学士学位论文",宋体、五号、居中。

正文偶数页页眉:左侧为"标题1编号+标题1",右侧为文档属性"标题"域。双击页眉,单击"插入"选项卡"文本"组中的"文档部件",在"文档部件"下拉列表中选择"域"命令,打开"域"对话框,在"域名"中选择"StyleRef",在"样式名"下拉列表中选择"标题1",再勾选"插入段落编号"复选框。重复上面的操作,这次不勾选"插入段落编号"复选框。用同样的方法,在"文档部件"下拉列表中选择"文档属性"的"标题"。

步骤12 删除总结、参考文献前面的章节号。

步骤13 目录设置。

"目录"格式:黑体、小三,段前40磅,段后20磅,行距20磅。"目录"内容:每章标题用黑体、小四,行距为20磅,段前6磅,段后0磅。其他节标题用宋体、小四,行距为20磅。无页眉,页脚是阿拉伯数字(起始页为1)。

提示:插入分节符可以实现不同的页面设置。

步骤14 保存。

文件名"学号姓名毕业论文.docx",再另存为PDF文件。

5.7 展示手段2——演示文稿制作

PowerPoint 2010是一款功能强大的演示和幻灯片制作放映软件。PowerPoint可以设计制作集文字、图形、图像、声音以及视频等多媒体元素于一体的演示文稿。通过一幅幅色彩艳丽、动感十足的演示画面,生动形象地表述主题、阐明演讲者的观点。此外,它还可以用计算机配合大屏幕投影仪直接进行电子演示。

5.7.1 情境导入

某同学经过多次地修改完成了毕业论文,准备毕业答辩。请你将"虚拟导航系统"毕业论文制作成演示文稿,向答辩教师进行展示和介绍。

5.7.2 相关知识

1. 背景

主题一般是带有背景的,但不一定能满足用户需求,用户可重新为幻灯片设置纯色、渐变色、图案、纹理和图片等背景,使制作的幻灯片更加美观。

纯色填充:用来设置纯色背景,可设置所选颜色的透明度。

渐变填充:选中该单选按钮后,可通过选择渐变类型,设置色标等来设置渐变填充。

图片或纹理填充：选中该单选按钮后，若要使用图片填充，可在插入图片中选择"文件"，在打开的对话框中选择要插入的图片，单击右下角的"插入"按钮，并可通过填充伸展选项为图片修改偏移量。若要使用纹理填充，可单击"纹理"右侧的按钮，在下拉列表中选择一种纹理即可。

图案填充：使用图案填充背景。设置时，只需选择需要的图案，并设置图案的前景色、背景色即可。

若选中"隐藏背景图形"复选框，设置的背景将覆盖幻灯片母版中的图形、图像和文本等对象，也将覆盖主题中自带的背景。

2. 输入文本

在PowerPoint 2010中输入文本的方法如下：

（1）在文本占位符中输入文本

单击文本占位符输入文字，输入的文字会自动替换文本占位符中的提示文字。

（2）在新建文本框中输入文本

幻灯片中文字占位符的位置是固定的，若需要在幻灯片的其他位置输入文本，可以通过插入文本框来实现。

在幻灯片中添加文本框的操作方法如下：

① 单击"插入"选项卡"文本"组中的"文本框"按钮，在下拉列表中选择"横排文本框"命令。

② 在幻灯片上，拖动鼠标添加文本框。

③ 单击文本框，输入文本。

3. 裁剪图片

（1）直接进行裁剪

"裁剪"命令。选中需要裁剪的图片，单击"图片工具-格式"选项卡"大小"组中的"裁剪"按钮，打开裁剪下拉列表，根据需要选择相应的命令。

① 裁剪某一侧：将某侧的中心裁剪控制点向内拖动。

② 同时均匀裁剪两侧：按住【Ctrl】键的同时，拖动任意一侧的裁剪控制点。

③ 同时均匀裁剪四面：按住【Ctrl】键的同时，将一个角的裁剪控制点向内拖动。

④ 放置裁剪，裁剪完成后，按【Esc】键或在幻灯片空白处单击，以退出裁剪操作。

（2）裁剪为特定形状

使用"裁剪为形状"功能可以快速更改图片的形状，操作方法如下：选中需要裁剪的图片。单击"裁剪"按钮，在下拉列表中选择"裁剪为形状"命令，打开"形状"列表。选择一种形状。

4. 复制、移动和删除幻灯片

在创建演示文稿的过程中，可以将具有较好版式的幻灯片复制到其他演示文稿中。

（1）复制幻灯片

切换到普通视图中，选择需要复制的幻灯片，右击，在弹出的快捷菜单中选择"复制幻灯片"命令，在目标位置选择"粘贴"命令即可。

（2）移动幻灯片

移动幻灯片可以改变幻灯片的播放顺序。移动幻灯片的方法如下：

① 在"大纲"窗格中使用鼠标直接拖动幻灯片到指定位置。

② 使用"剪切／粘贴"的方法移动幻灯片。

（3）删除幻灯片

首先在"幻灯片"窗格中单击选中要删除的幻灯片，然后按【Delete】键，或右击要删除的幻灯片，在弹出的快捷菜单中选择"删除幻灯片"命令。

5. 设置与编辑幻灯片版式

（1）设置幻灯片版式

在PowerPoint 2010中，幻灯片版式是指幻灯片上显示的全部内容的排列方式，包括标题幻灯片、标题和内容、节标题等十一种内置幻灯片版式。可以选择其中一种版式应用于当前幻灯片中。

（2）编辑幻灯片版式

① 添加幻灯片编号。在演示文稿中为幻灯片添加编号的方法：单击"插入"选项卡"文本"组中的"页眉和页脚"按钮，打开"页眉和页脚"对话框，选中"幻灯片编号"复选框，单击"全部应用"按钮。

② 添加日期和时间。在演示文稿中添加日期和时间的方法：单击"插入"选项卡"文本"组中的"日期和时间"按钮，打开"页眉和页脚"对话框，选中"日期和时间"复选框，然后单击"全部应用"按钮。

6. 母版视图

母版视图包括幻灯片母版视图、讲义母版视图和备注母版视图三种，主要用于存储有关演示文稿信息的主要幻灯片，包括背景、字体、效果、占位符大小和位置。幻灯片母版视图可以快速制作出多张具有特色的幻灯片，包括设计母版的占位符大小、背景颜色及字体大小等。

设计幻灯片母版的操作方法如下：

① 单击"视图"选项卡"母版视图"组中的"幻灯片母版"按钮，进入幻灯片母版编辑状态。

② 在幻灯片母版编辑界面中，可以设置占位符的位置，占位符中文字的字体格式、段落格式，或插入图片、设计背景等。单击"页面设置"选项在该页面中在宽度下方方框中输入数值，可以设置幻灯片宽度。

③ 单击"关闭母版视图"按钮，退出幻灯片母版视图。

7. 超链接

单击"插入"选项卡"链接"组中的"超链接"按钮，打开"插入超链接"对话框，"链接到"列表中有以下选项：

① 选择"现有文件或网页"选项，并在"地址"文本框中输入要链接到的网址，可将所选对象链接到网页。

② 选择"新建文档"选项，可新建一个演示文稿文档并将所选对象链接到该文档。

③ 选择"电子邮件地址"选项，可将所选对象链接到一个电子邮件地址。

超链接设置完成后颜色会发生变化,这是主题颜色在起作用,想要改变超链接颜色需要用到"设计"选项卡"主题"组"颜色"按钮。在"颜色"下拉列表中选择"新建主题颜色"命令。在"新建主题颜色"对话框中选择修改"超链接"和"已访问的超链接"两项内容颜色,如图5-44所示。

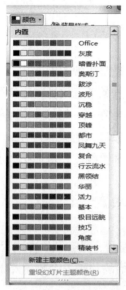

图 5-44　新建主题颜色和主题颜色设置

8. 为文本或图形添加鼠标单击动作

在演示文稿中,可以为文本或图形添加动作按钮,操作如下:

① 幻灯片中选择要添加动作的文本或图形。
② 单击"插入"选项卡"链接"组中的"动作"按钮,打开"动作设置"对话框。
③ 选中"动作设置"对话框"单击鼠标"选项卡中的"超链接到"单选按钮,并在下拉列表中选择所需要的设置。
④ 单击"确定"按钮,完成动作设置。

"无动作"单选按钮:表示在幻灯片中不添加任何动作。
"超链接到"单选按钮:可以在下拉列表中选择要链接到的对象。
"运行程序"单选按钮:用于设置要运行的程序。
"播放声音"复选框:可以为创建的鼠标单击动作添加播放声音。

"动作设置"和"超链接"都可以完成文字、图片的超链接,但操作又有些区别,例如"动作设置"可以直接让目标链接到结束放映。

另外,"动作设置"为动作按钮制定操作。当单击动作按钮时,会自动弹出"动作设置"。动作按钮的插入要借助"插入"选项卡"插图"组"形状"按钮,在最下方就是"动作按钮"。动作按钮的绘制如同绘制自选图形,大小、文字填充均与自选图形一致。

9. 幻灯片切换效果

幻灯片切换效果是指在幻灯片放映过程中,上一张幻灯片播放完后,本张幻灯片如何显示出来的动态效果。

通过"切换"选项卡，可以为某张幻灯片添加切换效果库中的效果，也可全部应用；对切换效果的属性选项（颜色、方向等）重新进行自定义，可以更改标准库中的效果；可以控制切换效果的速度，为其添加声音，设置换片方式等。

10. 幻灯片动画效果

可以为幻灯片上任意一个具体对象设置动画效果，让静止的对象动起来，所以在设置动画效果前要选择幻灯片上的某个具体对象，否则动画功能不可用。

对象的动画效果分为以下四类：

① 进入：是放映过程中对象从无到有的动态效果，是最常用的效果。

② 强调：是放映过程中对象已显示，但为了突出而添加的动态效果，达到强调的目的。

③ 退出：是放映过程中对象从有到无的动态效果，通常在同一幻灯片中对象太多，出现拥挤重叠的情况下，让这些对象按顺序进入，并且在下一对象进入前让前一对象退出，使前一对象不影响后一对象，则在放映过程中是看不出对象的拥挤和重叠，相对地扩大了幻灯片的版面空间。

④ 动作路径：是放映过程中对象按指定的路径移动的效果。

11. 动画窗格

① 动画编号：并不是每个动画在动画窗格中都有该编号，只有开始方式为"单击"，重新计时，才有动画编号。但在幻灯片中，不是"单击"开始的动画，会显示和上一动画相同的编号。

② 开始方式：鼠标图标表示"单击时"，时钟图标表示"上一动画之后"，没有图标表示"与上一动画同时"。

③ 类型：绿色图标表示"进入"类，黄色图标表示"强调"类，红色图标表示"退出"类，带有绿红端点线条的表示"动作路径"类。

④ 动画对象：可以为标题和各级文本添加动画，还可以为艺术字、文本框、图片、形状、SmartArt图形等所有对象添加动画。

⑤ 时间轴和时间滑块：通过两者的对比，可知道动画的开始时间、结束时间、持续时间、间隔时间等。

12. 幻灯片的放映

幻灯片放映包括两种方式：手动放映和自动放映。

（1）手动放映

手动放映一般包括使用放映按钮与使用快捷键两种方式。

① 使用放映按钮。在"幻灯片放映"选项卡"开始放映幻灯片"组中单击"从头开始"按钮，幻灯片将会从第一张幻灯片开始进行播放。如果想从当前选定的幻灯片开始播放，单击"从当前幻灯片开始播放"按钮即可，如图5-45所示。

图5-45 手动幻灯片放映

② 使用快捷键。按【F5】键可以使幻灯片从第一张幻灯片开始播放，按【Shift+F5】组合键可以从当前选定的幻灯片开始播放。

（2）自动放映

幻灯片在播放的过程中，可以使用排列计时，将每张幻灯片播放的时间固定，不用单击进行操作，播放完后自动跳到下一张幻灯片，可以节省时间。

13. 设置放映方式

在"设置放映方式"对话框的"放映类型"选项组中，有三种放映类型：

① 演讲者放映（全屏幕）：以全屏幕形式显示，可以通过快捷菜单或按【Page Down】键、【Page Up】键显示不同的幻灯片；提供了绘图笔进行勾画。

② 观众自行浏览（窗口）：以窗口形式显示，可以利用状态栏上的"上一张"或"下一张"按钮进行浏览，或单击"菜单"按钮，在打开的菜单中浏览所需幻灯片；还可以利用该菜单中的"复制幻灯片"命令将当前幻灯片复制到 Windows 的剪贴板上。

③ 展台浏览（全屏幕）：以全屏形式在展台上做演示，在放映过程中，除了保留鼠标指针用于选择屏幕对象外，其余功能全部失效（连终止也要按【Esc】键），因为此时不需要现场修改，也不需要提供额外功能，以免破坏演示画面。

14. 打包演示文稿

当用户将演示文稿拿到其他计算机中播放时，如果该计算机没有安装 PowerPoint 程序，或者没有演示文稿中所链接的文件以及所采用的字体，那么演示文稿将不能正常放映。此时，可利用 PowerPoint 提供的"打包成 CD"功能，将演示文稿及与其关联的文件、字体等打包，这样即使其他计算机中没有安装 PowerPoint 程序也可以正常播放演示文稿。演示文稿打包的操作方法如下：

① 打开要打包的演示文稿。

② 单击"文件"按钮，在导航栏中选择"保存并发送"命令，在打开的"保存并发送"窗口中选择"将演示文稿打包成 CD"命令。

③ 单击"打包成 CD"按钮，打开"打包成 CD"对话框。单击"复制到文件夹"按钮，输入文件夹名称和选择位置。单击"确定"按钮。

5.7.3 任务实现

步骤 1 新建演示文稿。

启动 PowerPoint 2010，首先进入具有一个标题幻灯片的演示文稿。

步骤 2 设置主题。

① 单击"设计"选项卡"主题"组右侧的"其他"按钮，如果希望将选择的主题只应用于当前所选幻灯片，可右击主题，在弹出的快捷菜单中选择"应用于选定幻灯片"命令。

② 在展开的主题列表中单击选择要应用的主题，如"暗香扑面"，即可为演示文稿中的所有幻灯片应用系统内置的某一主题。

步骤 3 给演示文稿设置密码。

单击"文件"选项卡，选择"另存为"命令，打开"另存为"对话框。单击最下面的"工具"按钮，选中下拉列表中的"常规选项"命令，打开"常规选项"对话框，输入"打开权限密码"："qwe"，输入"修改权限密码"："libao"，单击"确定"按钮。

步骤 4 单击"设计"选项卡"背景"组中的"背景样式"下拉列表，选择"设置背景格式"命令,打开"设置背景格式"对话框。

步骤5 填充背景颜色。

在分类中选择一种填充类型(纯色填充、渐变填充、图片或纹理填充),在此选择"纯色填充"单选按钮,填充颜色设置为"白色-背景1-深色15%"。

步骤6 单击"应用到全部"按钮,将设置的背景应用于演示文稿中的所有幻灯片。若直接单击对话框"关闭"按钮,设置的背景将只应用于当前幻灯片中。

步骤7 输入文本并设置格式。

① 在第一张幻灯片的标题占位符中单击,输入标题文本"2023",再在占位符中选中输入的文本,单击"开始"选项卡"字体"组右下角的对话框启动器按钮,在字体对话框中设置标题的字体为西文Arial Unicode MS,字号为40,字体颜色为"蓝-灰强调文字颜色5深色50%"。

② 将鼠标指针移至标题占位符的上或下边缘,待鼠标指针格式变成十字形状时按住鼠标左键向左拖动,拖动到合适位置,再选择占位符右边线,然后拖动,将占位符长度调整为合适大小,也可在"绘图工具-格式"选项卡的"大小"组中将占位符的长度调整为8厘米。

③ 在副标题占位符中输入"毕业论文汇报"文本,设置其字符格式为方正姚休、36、蓝-灰强调文字颜色5深色50%,然后将鼠标指针移至副标题占位符的边缘,待鼠标指针变成十字形状时按住鼠标左键向上和向左适当拖动。

步骤8 单击"开始"选项卡"绘图"组中的"文本框"按钮,在副标题下方拖动鼠标绘制一个横排文本框,然后输入文本"虚拟导航系统",然后设置其字体格式为华文行楷、60。效果如图5-46所示。

步骤9 创建其他幻灯片。

要在演示文稿中幻灯片后面添加一张新幻灯片,首先在"幻灯片"视图中单击该张幻灯片,将其选中,这里单击第一张幻灯片(当演示文稿中只有一张幻灯片的也可不进行选择)。单击"开始"选项卡"幻灯片"组中的"新建幻灯片"按钮,即可新建一张使用默认版式的幻灯片,如图5-47所示。

图5-46 第一张幻灯片效果

图5-47 新建幻灯片

步骤10 设置幻灯片版式。

设置幻灯片的版式为"标题和内容",也可以根据需要改变其版式。在该幻灯片中输入汇报的主要内容:背景、意义、预期目标;三维场景建模;虚拟导航系统的设计与实现;待解决的问题,如图5-48所示。

再单击"开始"选项卡"幻灯片"组中"新建幻灯片"按钮下方的三角按钮,在展开的幻灯片版式列表中选择"标题和内容"版式，输入背景、意义和预期目的内容（内容可以从毕业论文素材中复制），效果如图5-48所示。

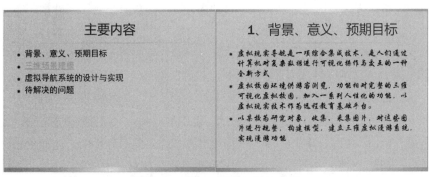

图5-48　第二、三张幻灯片效果

新建幻灯片，插入文本框和图片，并给图片设置相应效果。

单击"开始"选项卡"幻灯片"组中"新建幻灯片"按钮下方的三角按钮，在展开的幻灯片版式列表中选择"空白"版式，插入一个文本框，输入：三维场景建模。在下面插入"渲染出的整体效果图"图片，图片大小设置为高度8厘米、宽度10厘米。选中图片，单击"图片工具-格式"选项卡"图片样式"组右侧下三角按钮，在下拉列表中选择"棱台矩形"。单击右侧的"图片效果"，选择"映像"菜单，菜单中选择"紧密映像接触"效果。效果如图5-49所示。

图5-49　图片优化效果

同理，制作第五张和第六张幻灯片。效果如图5-50所示。

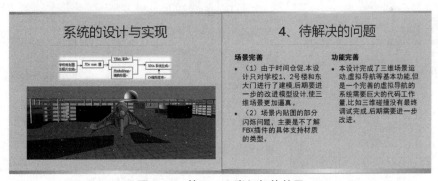

图5-50　第五、六张幻灯片效果

步骤11 插入背景音乐。

① 切换到第一张幻灯片，然后单击"插入"选项卡"媒体"组中"音频"按钮，在展开的列表中选择"文件中的音频"选项。

② 在打开的"插入音频"对话框中选择音频文件所在的文件夹，再选择所需要的声音文件"背景音乐"，单击"插入"按钮。

③ 插入声音文件后，在幻灯片中间位置将会添加一个"声音"图标，用户可以用操作图片的方法自行调整该图标的位置及尺寸。

④选择"声音"图标后,自动出现"音频工具"选项卡,它包括"格式"和"播放"两个子选项卡。单击"播放"选项卡"预览"组中的"播放"按钮可以试听声音;在"音频选项"组中可设置声音播放方式,这里选择"跨幻灯片播放"、"播放时隐藏"和"循环播放,直到停止"复选框。

步骤12 利用母版修改logo。

①打开母版。在"视图"选项卡单击"母版视图"组里的"幻灯片母版"按钮,进入母版视图,此时系统自动打开"幻灯片母版"选项卡。

②插入logo。单击"插入"选项卡"图像"组中的"图片"按钮,在打开的"插入图片"对话框中找到"logo"图片,单击"插入"按钮,将其插入到幻灯片中,选择图片,调整大小为高度2厘米、宽度2厘米,用鼠标拖动的方式移动到幻灯片右上角。

③将logo外框去掉。在"图片工具-格式"选项卡的"调整"组中单击"颜色"按钮,在展开的列表"重新着色"中选择"白色-背景颜色2浅色",在"图片样式"中选择"柔化边缘椭圆"去掉图片外框。

④单击"幻灯片母版"选项卡"关闭"组中的"关闭母版视图"按钮,退出幻灯片母版编辑模式,可看到设置效果,如图5-51所示。

步骤13 设置超链接。

①在"幻灯片"窗格中选择第二张幻灯片,然后拖动鼠标选中"三维场景建模"再单击"插入"选项卡"链接"组中的"超链接"按钮。

②在打开的"编辑超链接"对话框的"链接到"列表中单击"本文档中的位置"选项,然后在"请选择文档中的位置"列表框中选择第四张幻灯片,如图5-52所示。单击"确定"按钮,为所选文本添加超链接。放映演示文稿时,单击该超链接文本,将切换到第四张幻灯片。

图5-51 设置母板logo无边框　　　　　图5-52 超链接到本文档

③参考前面的操作,将"系统的设计与实现"文本链接到第五张幻灯片,将"待解决的问题"文本链接到第六张幻灯片。

步骤14 为幻灯片设置切换效果。

①在"幻灯片"窗格中选中要设置切换效果的幻灯片,然后单击"切换"选项卡"切换到此幻灯片"组中的"其他"按钮,在展开的列表中选择一种幻灯片切换方式,例如,选择"翻转"。

②在"计时"组中的"声音""持续时间"下拉列表中可选择切换幻灯片时的声音效果和

幻灯片的切换速度，在"换片方式"设置区中可设置的灯片的换片方式，本例选择"单击鼠标时"复选框。

③ 要想将设置的幻灯片切换效果应用于全部幻灯片，可单击"计时"组中的"应用到全部"按钮；否则，当前的设置将只应用于当前所选的幻灯片。

步骤15 为幻灯片中的对象设置动画效果。

① 切换到第三张幻灯片，选中要添加动画效果的内容占位符，然后单击"动画"选项卡"高级动画"组中的"动画窗格"按钮，打开"动画窗格"。

② 在"动画"组的动画列表中选择一种动画类型，以及该动画类型下的效果。例如，选择"进入"类型的"擦除"动画效果。

③ 在"动画"组的"效果选项"下拉列表中设置动画的运动方向，本例选择"自左侧"；在"计时"组中设置动画的开始播放方式和动画的播放速度。

④ 在"计时"组设置四个文本框设置开始播放方式和持续时间，如图 5-53 所示。

⑤ 在 PowerPoint 2010 右侧的"动画窗格"中可以查看和编辑为当前幻灯片中的对象添加的所有动画效果。

在"动画窗格"中单击选中已添加的动画，然后单击右侧的下三角按钮，可在展开的列表中选择"效果选项"命令，如图 5-54 所示。

⑥ 在弹出的动画属性对话框中，有三个选项卡，分别是"效果""计时""正文文本动画"。"效果"选项卡针对效果方向，设置动画的声音效果，动画播放结束后对象的状态，以及动画文本的出现方式。本例保持默认设置，如图 5-54 所示。

图 5-53　文本框计时组设置

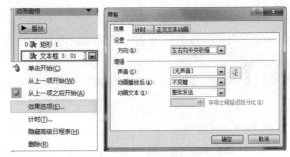

图 5-54　动画效果选项

⑦ 切换到"计时"选项卡，可以设置动画的开始方式、延迟时间和动画重复次数等。

⑧ 放映幻灯片时，各动画效果将按在"动画窗格"的排列顺序进行播放，也可以通过拖动方式调整动画的播放顺序，或在选中动画效果后，单击"动画窗格"上方的按钮来排列动画的播放顺序。

有兴趣的读者也可以尝试选择其他选项，查看效果有何变化。

步骤16 排练计时。

① 在"幻灯片放映"选项卡中单击"设置"组的"排练计时"按钮。

② 在弹出的"录制"对话框中将会自动录制，若当前幻灯片录制完毕，单击向右箭头按钮，可以进入下一张幻灯片的录制。

③ 需要停止时，单击 按钮即可。如若需要结束本次录制，在幻灯片中右击，在弹出的快

捷菜单中选择"结束放映"命令,将弹出对话框。单击"是"按钮,将会把时间保存到幻灯片切换的时间之中。

④ 返回当前幻灯片,在"切换"选项卡的"计时"组中设置换片方式:取消选中"单击鼠标时"的复选框,可以看到时间和录制的时间一致,保留选中"设置自动换片时间"复选框。

步骤17 自定义放映。

① 单击"幻灯片放映"选项卡"开始放映幻灯片"组中的"自定义幻灯片放映"按钮,在展开的列表中选择"自定义放映"命令,打开"自定义放映"对话框,再单击"新建"按钮。

② 打开"定义自定义放映"对话框,在"幻灯片放映名称"编辑框中输入放映名称;再按住【Ctrl】键,在"在演示文稿中的幻灯片"列表中依次单击选择要加入自定义放映集的幻灯片,然后单击"添加"按钮,将所选幻灯片添加到右侧的"在自定义放映中的幻灯片"列表中,如图5-55所示。

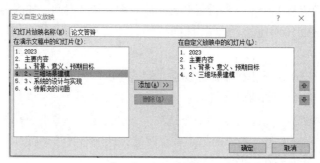

图 5-55 自定义放映

③ 单击"定义自定义放映"对话框中的"确定"按钮,返回"自定义放映"对话框,此时在对话框的"自定义放映"列表中将显示创建的自定义放映集,单击"关闭"按钮,完成自定义放映集的创建。

④ 单击"自定义幻灯片放映"按钮,在展开的列表中可看到新建的自定义放映集,单击即可放映。

步骤18 设置放映方式。

① 单击"幻灯片放映"选项卡中的"设置幻灯片放映"按钮,打开"设置放映方式"对话框,如图5-56所示。

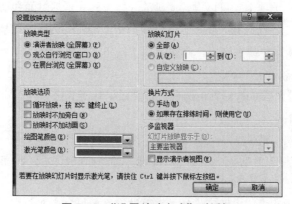

图 5-56 "设置放映方式"对话框

② 在"放映选项"设置区选择是否循环播放幻灯片,是否不播放动画效果等。

③ 在"放映幻灯片"设置区选择放映演示文稿中的哪些幻灯片。用户可根据需要选择是放映演示文稿中的全部幻灯片,还是只放映其中的一部分幻灯片,或者只放映自定义放映中的幻灯片。

④ 在"换片方式"设置区选择切换幻灯片的方式。如果设置了间隔一定的时间自动切换幻灯片,应选择"如果存在排练时间,则使用它"。单击"确定"按钮。

步骤19 打包演示文稿。

① 单击"文件"选项卡,选择"保存并发送"命令,在右侧选择"将演示文稿打包成CD"命令,接着再单击"打包成CD"按钮。

② 在打开的"打包成CD"对话框中的"将CD命名为"文本框中为打包文件命名。

③ 单击"复制到文件夹"按钮,打开"复制到文件夹"对话框,设置打包的文件夹名称及保存位置,单击"确定"按钮。

④ 打开提示对话框,询问是否打包链接文件,单击"是"按钮。

⑤ 等待一段时间后,即可将演示文稿打包到指定的文件夹中,并自动打开该文件夹,显示其中的内容。最后单击"打包成CD"对话框中的"关闭"按钮,将该对话框关闭。

⑥ 将演示文稿打包后,可找到存放打包文件的文件夹,然后利用U盘或网络等方式,将其复制或传输到别的计算机中进行播放。

拓展练习

一、填空题

1. 在Excel单元格中,手动换行的方法是_____。
2. 在Excel 2010工作簿文件的默认扩展名为_____。
3. 在Excel 2010中,进行分类汇总前,必须对数据进行_____。
4. 在Excel 2010中,一个完整的函数包括_____、_____、_____。
5. 在Word 2010中,文字的字号最大可以设置为_____磅。
6. 使用Word 2010帮助同事修改已经写好的报告,最佳的方式是_____。
7. 在Word 2010中,为了在一个文档中设置几种不同的页面格式,需要先对文档进行的操作是_____。
8. 在Word 2010中,可以实现"选择整篇文档"的操作有_____、_____。
9. 幻灯片中占位符的作用是_____。
10. PowerPoint 2010中,幻灯片可以插入_____、_____、_____声音。

二、操作题

1. 数据统计分析。打开"成绩报告.xlsx"文件,统计分析考生成绩,具体要求如下:

(1)在工作表"成绩单"中设置格式并进行计算。

① 自动调整工作表中各列数据的列宽。

② 在"准考证号"列右侧插入新列,列标题为"姓名",并通过工作表"考生名单"中定

义名称所对应的数据范围，使用VLOOKUP()函数进行查询（请使用名称），填入"准考证号"所对应的考生姓名。

③ 对表格中的数据按照姓名的笔画数升序排序。

④ 在"平均成绩"列计算每个考生四个科目的平均成绩，结果保留0位小数。

⑤ 在"大师级资格"列使用函数判断每位考生是否有资格取得大师证书(四个科目的成绩都大于或等于700分）， 具备资格则显示"大师级"，否则不显示。

⑥ 使用条件格式，将所有各个科目都大于或等于800分的考生的记录所在单元格区域设置为红色底纹，白色字体。

⑦ 对单元格区域C2:F301添加数据有效性，仅允许输入最小值为0，最大值为1 000的整数。

⑧ 冻结工作表的首行，以便标题行始终可以显示在屏幕上。

⑨ 计算各科的平均分、最高分和最低分，填充到数据的最下面。各科目做水平轴，各科平均成绩做数值轴，做柱形图。

（2）在工作表"成绩单-打印"中格式化数据并进行页面设置。

① 复制工作表"成绩单"，将新复制的工作表重新命名为"成绩单-打印"，并置于工作表"成绩单"右侧。

② 清除工作表中的所有条件格式，设置单元格区域A1:H1底纹为"茶色，背景2"。

③ 设置所有成绩小于700分所在单元格的格式，使其显示为"未通过"，而不是分数。

④ 对第一行（标题行）进行设置，以便打印后，该行会显示在每页的顶端。

⑤ 将纸张方向设置为横向，并设置为在页面中水平居中对齐。

⑥ 设置工作表的页眉和页脚，页眉正中央显示文字"成绩单"，页脚使用预设样式"第1页，共?页"。

（3）在工作表"分数统计"中分析成绩数据。

① 新建工作表，置于工作表"成绩单-打印"右侧，并修改其名称为"分数统计"。

② 在单元格区域B2:F6统计各个科目在各个分数段的人数，分数段以及表格结构请参考"完成效果.pdf"文档(提示：此处不限定计算方法，并可以通过中间表进行运算)。

③ 根据各个科目在各分数段人数，在单元格区域C7:F7创建迷你柱形图，并将最高点标记为红色，调整迷你图的行高为60磅。

④ 在表格上方正中添加标题"各分数段人数"，并对其应用"标题1"样式。

⑤ 新建工作表，命名为"未通过人员"，将"成绩单-打印"工作表数据复制过来，筛选出各科未通过的人员，筛选条件放在J18起始的单元格里（注：筛选条件应写小于700），将筛选结果保存在"未通过人员"工作表的J25起始的单元格中。

⑥ 新建工作表，命名为"总成绩排序"，将"成绩单"工作表数据复制过来，按"平均成绩"从高到低排序，将前十名突出显示。

⑦ 原文件名保存。

2. 根据以上的分析，利用Word软件写出成绩分析报告（内容包括封面、目录、正文和总结等要素，可以参照"成绩分析报告素材"，也可以扩展）。

（1）封面设置。输入"成绩分析报告"，字体为华文行楷，大小为初号，下面插入封面图，调整大小，在图的下面插入分节符（下一页）。

（2）对正文进行排版。

① 将大标题（成绩前十名单、成绩分析、成绩总结）文字用"标题1"样式，并居中。

② 将二级标题文字（各科通过率、各分数段人数分布、各科未通过率）用"标题2"样式，左对齐。

③ 自定义多级列表。标题1：编号格式为第X章，其中X为自动排序，标号与标题文字有一个空格；标题2：编号格式为多级符号，X.Y。X为章数字序号，Y为节数字序号（例：1.1），标号与标题文字有一个空格。

④ 新建"报告正文样式"样式。

a. 字体：中文字体为楷体，西文字体为Times New Roman，字号小四。

b. 段落：首行缩进2字符，段前0.5行，段后0.5行，行距1.5倍。

c. 其余格式：样式基准为正文，两端对齐，其他默认设置。

并将样式应用到正文中无编号的文字（注意：不包括章名、节名、表文字、表和图的题注）。

⑤ 为正文文字（不包括标题）中首次出现"未通过"的地方插入脚注，添加文字"单科成绩小于700分是未通过"。

⑥ 将"未通过名单"表（隐藏姓名）复制过来，并添加题注，表的名称为各科未通过的名单（隐藏姓名），位于表上方，居中。

a. 表编号为"章序号"-"表在章中的序号"，（例如第1章中第1张表，题注编号为1-1）。

b. 表的说明使用表上一行的文字，格式同表标号。

c. 表居中。

⑦ 使用交叉引用对正文中出现的表，进行引用，例如："如表X-Y所示"，其中"X-Y"为表题注的编号。

⑧ 分别把"成绩前十名""最高分最低分平均分及图表""各科通过率""各分数段人数分布""各科未通过率"截图，插入文中，添加题注，位于图下方，居中。

a. 编号为"章序号"-"图在章中的序号"（例如第1章中第2幅图，题注编号为1-2）。

b. 图的说明在图下一行，格式同图标号。

c. 图居中。

⑨ 使用交叉引用对正文中出现的图进行引用，改为"如图X-Y所示"，其中"X-Y"为图题注的编号。

（3）分节处理。对正文做分节处理，每章为单独一节。

（4）生成目录。在正文前按序插入节，使用"引用"中的目录功能，生成第1节：目录。

① "目录"使用样式"标题1"，并居中。

② "目录"下为目录项。

（5）添加页脚。使用域，在页脚中插入页码，居中显示。

① 正文前的节，页码采用"i,ii,iii,…"格式，页码连续，居中对齐。

② 正文中的节，页码采用"1,2,3,…"格式，页码连续，居中对齐。

③ 更新目录、表索引和图索引。

（6）添加正文的页眉。使用域，按以下要求添加内容，居中显示。

① 对于奇数页，页眉中的文字为"章序号"+"章名"。

② 对于偶数页，页眉中的文字为"节序号"+"节名"。

（7）保存，文件名为学号-姓名-成绩分析报告。

3. 根据报告内容制作演示文稿。幻灯片包含首页、目录和内容。主题符合演讲稿要求、背景严肃、文本有说服力、图片符合场景、版式满足所有对象的需求、有背景音乐、目录设有超链接、切换效果流畅、动画设置突出内容、自动放映、能自定义放映、打包。

（1）新建一张标题版式幻灯片，输入文字"成绩分析报告"，字体为隶书，字号为60。

（2）再新建第二张标题和内容版式幻灯片，标题为主要内容，内容为成绩前十名单、成绩分析和成绩总结。

（3）再新建第三张标题和内容版式幻灯片，标题为成绩前十名单；插入"成绩前十名单"图。

（4）新建第四张标题和内容版式幻灯片，标题为成绩分析，内容为Excel成绩单工作表的平均值、最大值、最小值。表格样式为中度样式2-强调2。

将第四张幻灯片中数据形成柱形图，各科目为行，平均值、最大值、最小值为列数据，图例在右。

（5）新建第五张空白版式幻灯片，用截图工具截取"各分数段人数"，插入到本幻灯片中。

（6）新建第六张标题和内容版式幻灯片，用截图工具截取"各科通过率"，插入到本幻灯片中，标题为各科通过率，调整大小，尽量美观。

（7）新建第七张空白版式幻灯片，插入剪贴画，（自选三张有关学习的剪贴画），调整好位置，布局美观。插入一文本框，放至合适的位置，内容为成绩只是瞬间的光影，大家的潜力远不止于此！努力就有收获！

（8）在合适的位置插入一个文本框，文本框的内容为The End，字体为Time New Roman，字号为32，字形加粗。

（9）将演示文稿的应用设计模板设置为"流畅"。

（10）第三张幻灯片背景设置为渐变"雨后初晴"，类型为"标题的阴影"。

（11）对第五张中的图片，设置动画效果为每张图片均采用"展开"，持续时间0.5 s。播放后隐藏。

（12）对所有幻灯片设置切换效果为"缩放"，速度默认。

（13）在每张幻灯片的日期区插入演示文稿的日期和时间，并设置为自动更新（采用默认日期格式）。

（14）在幻灯片页脚区插入幻灯片编号。

（15）为第二张幻灯片中的各项内容设置超链接，链接目标分别为各相关标题的幻灯片。修改超链接颜色为蓝色。

（16）在第四张幻灯片的右下角建立一个"自定义"动作按钮，使其链接到上一张幻灯片。

（17）将演示文稿的幻灯片宽度设置为"28.8厘米"。

第6章 计算思维与程序设计基础

在当今信息化社会中，计算思维是所有学生应该掌握的基本思维模式，是促进学科交叉、融合和创新的重要思维模式。本章首先介绍计算、计算思维概述；接着阐述程序、程序设计，以及计算机程序解决问题的过程；然后介绍算法的概念、特征以及评价，算法的描述；最后着重介绍了结构化程序设计和面向对象的程序设计。

学习目标：

- 了解计算。
- 理解计算思维。
- 理解算法及其特征、描述。
- 理解结构化程序设计和面向对象的程序设计及其特点。

6.1 计　　算

传统的科学手段包括理论研究和实验研究，计算是在运用这两种手段时常用的一种辅助手段。但是，由于计算科学的快速发展，计算也已上升为科学的另一种手段，它能直接并有效地为科学服务。理论科学、实验科学与计算科学成为获得科学发现的三大支柱，成为推动人类文明进步和科技发展的重要途径。

从计算的角度说，计算科学是一种与数学模型构建、定量分析方法以及利用计算机分析和解决科学问题的研究领域。从计算机的角度来说，计算科学是应用高性能计算能力预测和了解客观世界物质运动或复杂现象演化规律的科学，它包括数值模拟、工程仿真、高效计算机系统和应用软件等。目前，计算科学已经成为科学技术发展和重大工程设计中具有战略意义的研究手段。

计算就是基于规则的、符号集的变换过程，即从一个按照规则组织的符号集合开始，再按照既定的规则一步步地改变这些符号集合，经过有限步骤之后得到一个确定的结果。可以简单地理解为"数据"在"运算符"的操作下，按照"计算规则"进行的数据变换。例如算术运算：18+10=28，4×6=24，10-3=7，就是指"数据"在"运算符"的操作下，按照"计算规则"进行的数据变换。

"计算规则"可以学习与掌握，但使用"计算规则"进行计算却可能超出了人的计算能力，即知道规则但却没有办法得到计算结果，比如圆周率的计算。从计算机学科角度，任何的函数不一定能用数学函数表达，但只要有明确的输入和输出，并有明确的可被机器执行的步骤将输入转换为输出，亦可称为计算。对于一些复杂问题，需要设计一些简单的规则，能够让机器重复的执行来完成计算，在这里要有明确的输入、可被机器执行的步骤、输出。只有这样，才能使用机器进行有效的自动计算。比如两数求和的函数计算、排序函数的计算。

计算模型是刻画计算的抽象的形式系统或数学系统。在计算科学中，计算模型是指具有状态转换特征，能够对所处理对象的数据和信息进行表示、加工、变换和输出的数学机器。

从计算机的角度来说，计算学科（computing discipline）是对描述和变换信息的算法过程进行系统的研究，它包括算法过程的理论、分析、设计、效率分析、实现和应用等。计算学科的基本问题是：什么能被（有效地）自动进行。

计算学科是在数学和电子科学基础上发展起来的一门新兴学科，是来源于对数理逻辑、计算模型、算法理论和自动计算机器的研究。它既是一门理论性很强的学科，又是一门实践性很强的学科。

6.2 计算思维概述

思维是思维主体处理信息及意识的活动，从某种意义上来说，思维也是一种广义的计算。在人类科技进步的大潮中，逐渐形成了科学思维。科学思维是指人类在科学活动中形成的，以产生结论为目的的思维模式，具备两个特质，即产生结论的方式方法和验证结论准确性的标准，可以分为以下三类思维模式：一是以推理和逻辑演绎为手段的理论思维；二是以实验-观察-归纳总结的方法得出结论的实验思维；三是以设计和系统构造为手段的计算思维。随着科技的飞速发展，传统的理论思维和实验思维已经难以满足人们科学研究以及解决问题的需要，在这种情况下，计算思维的作用就十分重要了。

6.2.1 计算思维的概念

2006年3月，美国卡内基·梅隆大学计算机科学系主任周以真（Jeannette M. Wing）教授提出计算思维（computational thinking）是运用计算机科学的基础概念进行问题求解、系统设计和人类行为理解等涵盖计算机科学之广度的一系列思维活动的统称。它是如同所有人都具备"读、写、算"能力一样，都必须具备的思维能力。计算思维建立在计算过程的能力和限制之上，由人控制机器执行，其目的是使用计算机科学方法进行求解问题、设计系统、理解人类行为。

理解一些计算思维，包括理解计算机的思维，即理解"计算系统是如何工作的，计算系统的功能是如何越来越强大的"，以及利用计算机的思维，即理解现实世界的各种事物如何利用计算系统来进行控制和处理等，培养一些计算思维模式，对于所有学科的人员，建立复合型的知识结构，进行各种新型计算手段研究以及基于新型计算手段的学科创新都有重要的意义。技术与知识是创新的支撑，然而思维是创新的源头。

由计算思维的概念可以引申出以下计算思维的方法例子。

① 计算思维是通过约简、嵌入、转化和仿真等方法，把一个看来困难的问题重新阐释成一

个我们知道问题怎样解决的方法。

② 计算思维是一种递归思维，是一种并行处理，是一种把代码译成数据又能把数据译成代码，是一种多维分析推广的类型检查方法。

③ 计算思维是一种采用抽象和分解来控制庞杂的任务或进行巨大复杂系统设计的方法，是基于关注分离的方法（SoC方法）。

④ 计算思维是一种选择合适的方式去陈述一个问题，或对一个问题的相关方面建模使其易于处理的思维方法。

⑤ 计算思维是按照预防、保护及通过冗余、容错、纠错的方式，并从最坏情况进行系统恢复的一种思维方法。

⑥ 计算思维是利用启发式推理寻求解答，也即在不确定情况下的规划、学习和调度的思维方法。

⑦ 计算思维是利用海量数据来加快计算，在时间和空间之间，在处理能力和存储容量之间进行折中的思维方法。

6.2.2 计算思维的本质

计算思维的本质是抽象（abstract）和自动化（automation）。它反映了计算的根本问题，即什么能被有效地自动进行。计算是抽象的自动执行，自动化需要某种计算机去解释抽象。从操作层面上讲，计算就是如何寻找一台计算机去求解问题，隐含地说就是要确定合适的抽象，选择合适的计算机去解释执行该抽象，后者就是自动化。

计算思维中的抽象完全超越物理的时空观，可以完全用符号来表示，其中，数字抽象只是一类特例。与数学相比，计算思维中的抽象显得更为丰富，也更为复杂。数学抽象的特点是抛开现实事物的物理、化学和生物等特性，仅保留其量的关系和空间的形式，而计算思维中的抽象却不仅仅如此。堆栈是计算学科中常见的一种抽象数据类型，这种数据类型就不可能像数学中的整数那样进行简单的"加"运算。算法也是一种抽象，不能将两个算法简单地放在一起构建一种并行算法。

抽象层次是计算思维中的一个重要概念，它使人们可以根据不同的抽象层次，进而有选择地忽视某些细节，最终控制系统的复杂性。在分析问题时，计算思维要求将注意力集中在感兴趣的抽象层次或其上下层，还应当了解各抽象层次之间的关系。

计算思维中的抽象最终是要能够机械地一步一步自动执行的。为了确保机械地自动化，就需要在抽象过程中进行精确、严格的符号标记和建模，同时也要求计算机系统或软件系统生产厂家能够向公众提供各种不同抽象层次之间的翻译工具。

6.2.3 计算思维的特性

计算思维具有以下特性：

① 计算思维是概念化，不是程序化。计算机科学不是计算机编程，像计算机科学家那样去思维意味着远远不止能为计算机编程。它要求能够在抽象的多个层次上思维。

② 计算思维是基础的，不是机械的技能。基础的技能是每一个人为了在现代社会中发挥职能所必须掌握的。生搬硬套的机械的技能意味着机械重复。具有讽刺意味的是，只有当计算机

科学解决了人工智能的宏伟挑战——使计算机像人类一样思考之后,思维才会变成机械的生搬硬套。

③ 计算思维是人的思维,不是计算机的思维。计算思维是人类求解问题的一条途径,但绝非试图使人类像计算机那样思考。计算机枯燥且沉闷;人类聪颖且富有想象力。人类赋予计算机以激情。配置了计算设备,人们就能用自己的智慧去解决那些计算时代之前不敢尝试的问题,就能建造那些其功能仅仅受制于人们想象力的系统。

④ 计算思维是数学和工程思维的互补与融合。计算机科学在本质上源自数学思维,因为像所有的科学一样,它的形式化解析基础筑于数学之上。计算机科学又从本质上源自工程思维,因为我们建造的是能够与实际世界互动的系统。基本计算设备的限制迫使计算机科学家必须计算性地思考,不能只是数学性地思考。构建虚拟世界的自由使人们能够超越物理世界去打造各种系统。

⑤ 计算思维是思想,不是人造品。不只是我们生产的软件硬件人造品将以物理形式到处呈现并时时刻刻触及我们的生活,更重要的是还将有我们用以接近和求解问题、管理日常生活、与他人交流和互动之计算性的概念。

⑥ 计算思维是面向所有的人,所有地方。当计算思维真正融入人类活动的整体以致不再是一种显式哲学的时候,它将成为现实。

计算思维的实现就是设计、构造与计算,通过设计组合简单的已实现的动作而形成程序,由简单功能的程序构造出复杂功能的程序。

计算思维反映了计算机学科最本质的特征和方法。推动了计算机领域的研究发展,计算机学科研究必须建立在计算思维的基础上。进入21世纪以来,以计算机科学技术为核心的计算机科学发展异常迅猛,有目共睹,在计算机时代,计算思维的意义和作用提到了前所未有的高度,成为现代人类必须具备的一种基本素质。计算思维代表着一种普适的态度和一种普适的技能,在各种领域都有很重要的应用,尤其是大数据计算领域的研究。

计算思维代表着一种普遍的认识和一类普适思维,属于每个人的基本技能,不仅仅属于计算机科学家。其主要应用领域有计算生物学、脑科学、计算化学、计算经济学、机器学习、数学和其他的很多工程领域等。计算思维不仅渗透到每一个人的生活里,而且影响了其他学科的发展,创造和形成了一系列新的学科分支。

6.2.4 计算思维与计算机的关系

计算思维虽然具有计算机的许多特征,但是计算思维本身并不是计算机的专属。实际上,即使没有计算机,计算思维也会逐步发展,甚至有些内容与计算机没有关联。但是,正是由于计算机的出现,给计算思维的研究和发展带来了根本性的变化。

由于计算机对信息和符号具有快速处理能力,使得许多原本只是理论上可以实现的过程变成了实际可以实现的过程。海量数据的处理、复杂系统的模拟和大型工程的组织,都可以借助计算机实现从想法到产品整个过程的自动化、精确化和可控化,大大拓展了人类认知世界和解决问题的能力和范围。机器替代人类的部分智力活动激发了人们对于智力活动机械化的研究热潮,凸显了计算思维的重要性,推进了对计算思维的形式、内容和表述的深入探索。在这样的背景下,作为人类思维活动中以形式化、程序化和机械化为特征的计算思维受到人们重视,并且本身作为研究对象也被广泛和深入地研究着。

什么是计算，什么是可计算，什么是可行计算，计算思维的这些性质得到了前所未有地彻底研究。由此不仅推进了计算机的发展，也推进了计算思维本身的发展。在这个过程中，一些属于计算思维的特点被逐步揭示出来，计算思维与理论思维、实验思维的差别越来越清晰化。计算思维的内容得到不断的丰富和发展，例如在对指令和数据的研究中，层次性、迭代表述、循环表述以及各种组织结构被明确提出来，这些研究成果也使计算思维的具体形式和表达方式更加清晰。从思维的角度看，计算科学主要研究计算思维的概念、方法和内容，并发展成为解决问题的一种思维方式，极大地推动了计算思维的发展。

6.3 程序设计基本步骤

为了使计算机能够理解人的意图，人类就必须将要解决问题的思路、方法和手段通过计算机能够理解的形式（即程序）告诉计算机，使得计算机能够根据程序的指令一步一步去工作，从而完成某种特定的任务。这种人和计算机之间交流的过程就是编程。

6.3.1 程序

计算机能够为人服务的前提是人要通过编写程序来告知计算机所要做的工作。编程就是人们为了让计算机解决某个问题而使用某种程序设计语言来编写程序代码，计算机通过运行程序代码得到结果的过程。

程序（program）是计算机可以执行的指令或语句序列。它是为了使用计算机解决现实生活中的一个实际问题而编制的。设计、编制、调试程序的过程称为程序设计。编写程序所用的语言即为程序设计语言，它为程序设计提供了一定的语法和语义，人们在编写程序时必须严格遵守这些语法规则，所编写的程序才能被计算机所接受、运行，并产生预期的结果。

6.3.2 程序设计

在拿到一个需要求解的实际问题之后，怎样才能编写出程序呢？一般应按图 6-1 所示的步骤进行。

图 6-1 程序设计的基本步骤

1. 提出和分析问题

对于接受的任务要进行认真的分析，研究所给定的条件，分析最后应达到的目标，找出解决问题的规律，选择解题的方法，完成实际问题。

例如，兔子繁殖问题。

如果一对兔子每月繁殖一对幼兔，而幼兔在出生满二个月就有生殖能力，试问一对幼兔一年能繁殖多少对兔子？

问题分析：第一个月后即第二个月时，一对幼兔长成大兔子，第三个月时一对兔子变成了两对兔子，其中一对是它本身，另一对是它生下的幼兔。第四个月时两对兔子变成了三对，其中一对是最初的一对，另一对是它刚生下来的幼兔，第三对是幼兔长成的大兔子。第五个月时，三对兔子变成了五对，第六个月时，五对兔子变成了八对……用表6-1分析兔子数的变化规律。

表6-1　每月兔子数的变化规律

月　份	1月	2月	3月	4月	5月	6月	7月	8月	9月	10月	11月	12月
小兔	1		1	1	2	3	5	8	13	21	34	55
大兔		1	1	2	3	5	8	13	21	34	55	89
合记	1	1	2	3	5	8	13	21	34	55	89	144

这组数从第三个数开始，每个数是前两个数的和，按此方法推算，第六个月是八对兔子，第七个月是十三对兔子……，这样得到一个数列即"斐波那契数列"，即1，1，2，3，5，8，13…一对幼兔子一年能繁殖数也就是这个数列的第12项。

从兔子实例中总结归纳出的规律是每个月的兔子数等于上个月的兔子数加上上个月的兔子数。

2. 确定数学模型

数学模型就是用数学语言描述实际现象的过程。数学模型一般是实际事物的一种数学简化。它常常是以某种意义上接近实际事物的抽象形式存在的，但它和真实的事物有着本质的区别。要描述一个实际现象可以有很多种方式，比如录音、录像、比喻、传言等等。为了使描述更具科学性、逻辑性、客观性和可重复性，人们采用一种普遍认为比较严格的语言来描述各种现象，这种语言就是数学。使用数学语言描述的事物就称为数学模型。将现实世界的问题抽象成数学模型，就可能发现问题的本质及其能否求解，甚至找到求解该问题的方法和算法。

针对兔子繁殖问题的数学表达：

如果用F_n表示斐波那契数列的第n项，则该数列的各项间的关系为：

$$\begin{cases} F_1=1 \\ F_2=1 \\ F_n=F_{n-1}+F_{n-2} \quad n \geq 3 \end{cases}$$

$F_n=F_{n-1}+F_{n-2}$一般称为递推公式。

3. 设计算法

所谓算法（algorithm），是指为了解决一个问题而采取的方法和步骤。当利用计算机来解决一个具体问题时，也要首先确定算法。对于同一个问题，往往会有不同的解题方法。例如，要计算$S = 1 + 2 + 3 + \cdots + 100$，可以先进行1加2，再加3，再加4，一直加到100，得到结果5 050；也可以采用另外的方法，$S = (100 + 1) + (99 + 2) + (98 + 3) + \cdots + (51 + 50) = 101 \times 50 = 5\,050$。当然，还可以有其他方法。比较两种方法，显然第二种方法比第一种方法简单。所以，为了有效地解决问题，不仅要保证算法正确，还要考虑算法质量，要求算法简单、运算步骤少、效率高，能够迅速得出正确结果。

设计算法即设计出解题的方法和具体步骤。例如兔子繁殖问题递推算法。设数列中相邻的

3项分别为变量f1、f2和f3,由于中间各项只是为了计算后面的项,因此可以轮换赋值,则有如下递推算法:

① f1和f2的初值为1(即第1项和第2项分别为1)。
② 第3项起,用递推公式计算各项的值,用f1和f2产生后项,即f3 = f1 + f2。
③ 通过递推产生新的f1和f2,即f1 = f2,f2 = f3。
④ 如果未达到规定的第n项,返回步骤②;否则停止计算。输出f3。

4. 算法的程序化(编写源程序)

将算法用计算机程序设计语言编写成源程序,对源程序进行编译,看是否有语法错误和连接错误。例如,兔子繁殖问题的C语言实现代码如下:

```c
#include <stdio.h>
int main()
{
    long f1, f2, f3;
    f1 = 1; f2 = 1;         //初始条件
    for(int i=3;i<=12;i++)
    {
        f3=f1+f2;            //递推公式
        f1 = f2;
        f2 = f3;
    }
    printf("%ld",f3);
}
```

C语言编译器能够发现源程序中的编译错误(即语法错误)和连接错误。编译错误通常是编程者违反了C语言的语法规则,如保留字输入错误、大括号不匹配、语句少分号等。连接错误通常由于未定义或未指明要连接的函数,或者函数调用不匹配等。

5. 程序调试与运行

运行可执行程序,得到运行结果。能得到运行结果并不意味着程序正确,要对结果进行分析,看它是否合理。不合理要对程序进行调试,即通过上机发现和排除程序中的故障的过程。

6.3.3 计算机程序解决问题的过程

下面以复杂的旅行商问题(traveling salesman problem,TSP)说明编写计算机程序解决问题过程。经典的TSP可以描述为:一个商品推销员要去若干个城市推销商品,该推销员从一个城市出发,需要经过所有城市后,回到出发地城市。应如何选择行进路线,以使总的行程最短。

TSP是最有代表性的组合优化问题之一,它具有重要的实际意义和工程背景。许多现实问题都可以归结为TSP。例如"快递问题"(有n个地点需要送货,怎样一个次序才能使送货距离最短),"电路板机器钻孔问题"(在一块电路板上n个位置需要打孔,怎样一个次序才能使钻头移动距离最短。钻头在这些孔之间移动,相当于对所有的孔进行一次巡游。把这个问题转化为TSP,孔相当于城市)。

TSP可以用图6-2表示。需要将TSP抽象为一个数学问题,并给出求解该数学问题的数学模型。在数学建模时尽量用自然数编号表达现实的具体对象,A,B,C,D这些城市可以使用自然数1,2,3,4编号。这样两城市之间距离D_{ij}表示(i、j的含义是城市编号),例如D_{12}就是2,D_{14}就是5。在计算机中可以使用二维数组D[][]来存储城市之间的距离。

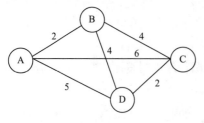

D_{ij}(行是i,列是j)	1	2	3	4
1	0	2	6	5
2	2	0	4	4
3	6	4	0	2
4	5	4	2	0

图 6-2 TSP

TSP转换成数学模型就是:

这n个城市可以使用自然数1,2,3,…,n编号,输入n个城市之间距离D_{ij},输出所有城市的一个访问序列$T=(T_1,T_2,…,T_n)$,其中T_i就是城市的编号,使得$\sum D_{T_nT_{n+1}}$最小。

当数学建模完成后,就要设计计算法或者说问题求解的策略。TSP中从初始节点(城市)出发的周游路线一共有$(n-1)!$条,即等于除初始节点外的$n-1$个节点的排列数,因此TSP是一个排列问题。通过枚举$(n-1)!$条周游路线,从中找出一条具有行程最短的周游路线的算法。

1. 遍历算法

遍历是一种重要的计算思维,遍历就是产生问题的每一个可能解(例如所有线路路径),然后代入问题进行计算(例如行程总距离),通过对所有可能解的计算结果比较,选取满足目标和约束条件(例如路径最短)的解作为结果。遍历是一种最基本的问题求解策略。

图6-3中,A,B,C,D代表周游的城市,箭头代表行进的方向,线条旁边的数字代表城市之间的距离,图中列出每一条可供选择的路线,计算出每条路线的总里程,最后从中选出一条最短的路线。从图6-3中可以找到最优路线总距离是13。

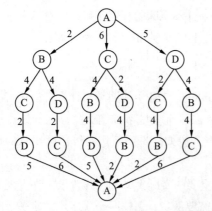

路径ABCDA,总距离为13;路径ABDCA,总距离为14;
路径ACBDA,总距离为19;路径ACDBA,总距离为14;
路径ADCBA,总距离为13;路径ADBCA,总距离为19。

图 6-3 旅行商遍历路线

采用遍历算法解决TSP旅行商问题会出现组合爆炸,因为路径组合数目为$(n-1)!$,加入20个城市,遍历总数为$1.216×10^{17}$,计算机以每秒检索1 000万条路线的计算速度,需386年。随着城市数量的上升，TSP 的"遍历"方法计算量剧增，计算资源将难以承受。因此人们设计了相对高效的贪心算法。

2. 贪心算法

贪心算法是一种算法策略，或者说问题求解的策略。基本思想是"今朝有酒今朝醉"，一定要做当前情况下的最好选择，否则将来可能会后悔，故名"贪心"。

TSP 的贪心算法求解思想：从某一个城市开始，每次选择一个城市，直到所有城市都被走完。每次在选择下一个城市的时候，只考虑当前情况，保证迄今为止经过的路径总距离最短。

例如从 A 城市出发，B 城市距离 A 城市最短，所以选择下一个城市时选 B。B 城市到达后，选择下一个城市时，C 和 D 距离 B 最短（从 C 和 D 中选），所以选择下一个城市时选 D。D 城市到达后，选择下一个城市时，D 距离 C 最短，所以选择下一个城市时选 C，最后回到城市 A 城市。则获得解 ABDCA，其总距离为 14。

贪心算法不一定能找到最优解，每次选择得到的都是局部最优解，并不一定能得到全局最优。因此，基于贪心算法求解问题总体上只是一种求近似最优解的思想。但解 ABDCA 却是一个可行解，比较可行解与最优解之间的差距可以评价一个算法的优劣。

将以上算法用计算机程序设计语言编写成源程序，调试输出 TSP 的计算结果。算法是计算机求解问题的步骤表达，编写程序的本质还是看能否找出问题求解的算法。

6.4 算　　法

我们在日常生活中经常要处理一些事情，都有一定的方法和步骤，先做哪一步，后做哪一步。就拿邮寄一封信来说，大致可以将寄信的过程分为这样几个步骤：写信、写信封、贴邮票、投入信箱四个步骤。将信投入信箱后，我们就说寄信过程结束了。同样，在程序设计中，程序设计者必须指定计算机执行具体步骤，那么怎样设计这些步骤，怎样保证它的正确性和具有较高的效率就是算法需要解决的问题。

计算机科学家尼克劳斯•沃思曾著过一本著名的书《数据结构+算法=程序》，可见算法在计算机科学界与计算机应用界的地位。

算法是指解题方案的准确而完整的描述，是一系列解决问题的清晰指令，算法代表着用系统的方法描述解决问题的策略机制。也就是说，能够对一定规范的输入，在有限时间内获得所要求的输出。如果一个算法有缺陷，或不适合于某个问题，执行这个算法将不会解决这个问题。

例如，输入三个数，然后输出其中最大的数。将三个数依次输入到变量 A、B、C 中，设变量 MAX 存放最大数。其算法如下：

① 输入 A、B、C。
② A 与 B 中较大的一个放入 MAX 中。
③ 把 C 与 MAX 中较大的一个放入 MAX 中。

再如，输入十个数，打印输出其中最大的数。"经典"打擂比较算法设计如下：

① 输入一个数，存入变量 A 中，将记录数据个数的变量 N 赋值为 1，即 N=1。
② 将 A 存入表示最大值的变量 MAX 中，即 MAX=A。

③ 再输入一个值给A，如果A>MAX，则MAX=A，否则MAX不变。
④ 让记录数据个数的变量增加1，即N=N+1。
⑤ 判断N是否小于10，若成立则转到第③步执行，否则转到第⑥步。
⑥ 打印输出MAX。

利用计算机解决问题，实际上也包括了设计算法和实现算法两部分工作。首先设计出解决问题的算法，然后根据算法的步骤，利用程序设计语言编写出程序，在计算机上调试运行，得出结果，最终实现算法。可以这样说，算法是程序设计的灵魂，而程序设计语言是表达算法的形式。

6.4.1 算法的特征

1. 有穷性（finiteness）

算法的有穷性是指算法必须能在执行有限个步骤之后终止。有穷性要求算法必须是能够结束的。

2. 确定性（definiteness）

算法的每一步骤必须有确切的定义。即算法中所有的执行动作必须严格而不含糊地进行规定，不能有歧义性。

3. 输入项（input）

一个算法有0个或多个输入，以刻画运算对象的初始情况，所谓0个输入是指算法本身定出了初始条件。

4. 输出项（output）

一个算法有一个或多个输出，以反映对输入数据加工后的结果。没有输出的算法是毫无意义的。

5. 可行性（effectiveness）

算法中执行的任何计算步骤都是可以被分解为基本的可执行的操作步骤，即每个计算步骤都可以在有限时间内完成（又称有效性）。

6.4.2 算法的评价

同一问题可用不同算法解决，而一个算法的质量优劣将影响到算法乃至程序的效率。不同的算法可能用不同的时间、空间或效率来完成同样的任务。算法分析的目的在于选择合适算法和改进算法。一个算法的评价主要从时间复杂度和空间复杂度来考虑。

1. 时间复杂度

算法的时间复杂度是指执行算法所需要的时间。一般来说，计算机算法是问题规模n的函数$f(n)$，算法的时间复杂度也因此记作$T(n)$。

$$T(n)=O(f(n))$$

因此，问题的规模n越大，算法执行时间的增长率与$f(n)$的增长率正相关，称作渐进时间复杂度（asymptotic time complexity）。

例如，顺序查找平均查找次数$(n+1)/2$，它的时间复杂度为$O(n)$，二分查找算法的时间复杂度为$O(\log n)$，插入排序、冒泡排序、选择排序的算法时间复杂度为$O(n^2)$。

2. 空间复杂度

算法的空间复杂度是指算法需要消耗的内存空间。其计算和表示方法与时间复杂度类似，一般都用复杂度的渐近性来表示。

6.4.3 算法的描述

算法的描述（表示方法）是指对设计出的算法，用一种方式进行详细的描述，以便与人交流。描述可以使用自然语言、伪代码，也可使用程序流程图，但描述的结果必须满足算法的五个特征。

1. 自然语言

用中文或英文等自然语言描述算法。但容易产生歧义性，在程序设计中一般不用自然语言表示算法。

2. 流程图

流程图由一些特定意义的图形、流程线及简要的文字说明构成，它能清晰、明确地表示程序的运行过程，传统流程图的常用图形如图6-4所示。

图6-4 传统流程图的常用图形

① 起止框：说明程序起点和结束点。
② 输入/输出框：输入/输出操作步骤写在这种框中。
③ 处理框：算法大部分操作写在此框图中，例如下面处理框就是加1操作。

$$i \leftarrow i+1$$

④ 判断框：代表条件判断以决定如何执行后面的操作。
⑤ 流程线：代表计算机执行的方向。
例如，网上购物的流程图如图6-5所示。

3. N-S图

在使用过程中，人们发现流程线不一定是必需的，为此人们设计了一种新的流程图——N-S图，它是较为理想的一种方式，它是1973年由美国学者艾纳斯西（I.Nassi）和施耐德曼（B.Shneiderman）提出的。在这种流程图

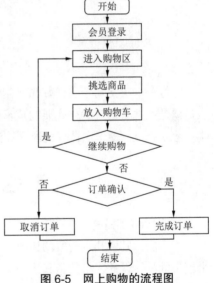

图6-5 网上购物的流程图

中，全部算法写在一个大矩形框内，该框中还可以包含一些从属于它的小矩形框。例如网上购物的N-S图，如图6-6所示。N-S图可以实现传统流程图功能。N-S图最基本形式如图6-7所示。

> **注意**
>
> 在N-S图中，最基本形式在流程图中的上下顺序就是执行时的顺序，程序在执行时，也按照从上到下的顺序进行。

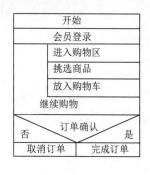

图 6-6 网上购物的 N-S 图

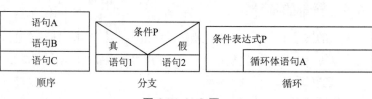

图 6-7 N-S 图

对初学者来说，先画出流程图很有必要，根据流程图编程序，会避免不必要的逻辑错误。

4．伪代码

伪代码是用介于自然语言和计算机语言之间的文字和符号来描述算法，即计算机程序设计语言中具有的关键字用英文表示，其他的可用汉字，也可用英文，只要便于书写和阅读就可以。例如：

```
IF 九点以前 THEN
    do 私人事务；
ELSE 9点到18点 THEN
    工作；
ELSE
    下班；
END IF
```

它像一个英文句子一样好懂。用伪代码写算法并无固定的、严格的语法规则，只需把意思表达清楚，并且书写的格式要写成清晰易读的形式。它不用图形符号，因此书写方便、格式紧凑、容易修改，便于向计算机语言算法（即程序）过渡。

6.5 结构化程序设计

自从1968年提出"软件工程"这一概念以来，研究软件工程的专家学者们陆续提出了软件开发的方法，其中开发阶段的概要设计，就是利用结构化思想进行模块划分，详细设计是对每个模块的具体设计，目的是利用规范化的设计方法开发软件，以满足软件产业发展的需要。结构化程序设计就是一种先进的程序设计技术，由著名的计算机科学家E.W.Dijkstra于1969年提出，此后专家学者进行了广泛深入的研究，设计了Pascal、C等多种结构化程序设计语言，其中，Raptor的子图和子程序也是结构化程序设计的体现。

结构化程序设计强调程序设计的风格和程序结构的规范化，提倡清晰的结构，其基本思想是将一个复杂问题的求解过程划分成若干阶段，每个阶段要处理的问题都容易被理解和处理。这种思想也可应用到生活的每个方面。

6.5.1 结构化程序设计的原则

结构化程序设计的基本思想是采用"自顶向下，逐步细化"的程序设计方法，把一个问题划分成各个模块，各模块使用"顺序、选择、循环"的控制结构进行连接，并且只有一个入口，一个出口。

结构化程序设计的基本思想如下：

1. 自顶向下

自顶向下分析问题的方法，就是把大问题分解成小问题再解决，面对一个复杂的问题，首先进行上层（整体）的分析，按组织和功能将问题分解成子问题，如果子问题仍然十分复杂，再进一步分解，直到处理的对象相对简单，容易解决为止。当所有的子问题都得到了解决，整个问题也就解决了。在这个过程中，每一次的分解都是对上一层问题的细化，最终形成一种类似于树的层次结构。注意不要一开始就过多追求众多的细节，先从最上层总目标开始设计，逐步使问题具体化。

2. 模块化设计

经过问题分析，设计好层次结构后，需要进行模块划分了。在这个阶段需要将模块组织成良好的层次系统，顶层模块调用下层模块，下层模块再调用其下层的模块，以实现程序的完整功能。层次越低的模块其功能越具体、越简单。

模块化使程序设计结构更清晰，易于理解和实现。当某部分程序有问题时，只需要改动其模块及相关链接就可以了。一般模块都不大，如果模块大，功能复杂可以再分。例如学生成绩管理系统，可以划分为学生成绩的输入和输出、计算学生平均成绩、按照学生的平均成绩排序以及查询、修改学生的成绩等功能，如图6-8所示。

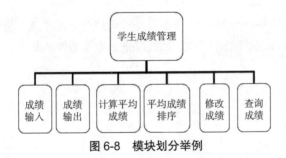

图 6-8 模块划分举例

3. 单入口单出口

"单入口单出口"的思想：用顺序、选择和循环三种基本程序结构通过组合、嵌套构成一个复杂的程序，那么这个程序一定是一个入口一个出口的程序。这样的程序流程清晰，结构良好，容易编写，易于调试。

实现单入口、单出口的程序，只需要使用顺序、选择、循环三种基本的控制结构，这种程序成为经典的结构程序设计。除此之外还使用了多分支的选择结构和下部判断循环条件的循环结构，则称为扩展的结构程序设计，若还使用了从循环中退出的结构，则称为修正的结构程序设计。

6.5.2 结构化程序的基本结构

解决任何问题，都可以由顺序、选择、循环三种基本结构来完成。这三种基本结构构成的算法称为结构化算法，该算法不存在无规律的跳转，只有在本结构内存在分支或者向前、向后的跳转。由结构化算法编写的程序称为结构化程序。结构化程序便于阅读和修改，该程序具有可读性和可维护性。

1. 顺序结构

顺序结构是程序设计中最简单、最常用的基本结构。程序是由一条条语句组成的，在顺序结构中，各语句按照出现的先后顺序依次执行。顺序结构是任何程序的主体基本结构，即使在选择结构或循环结构中，也常常存在顺序结构。

2. 选择结构

在信息处理、数值计算以及日常学习生活中，经常会遇到需要根据特定情况选择某种解决方案的问题，选择无处不在。选择结构是在计算机语言中用来实现上述分支现象的重要手段，它能根据给定条件，从事先设定好的各个不同分支中执行，且仅执行某一分支的操作。

选择结构又称为分支结构，其流程图如图6-9所示。该结构能根据表达式（条件P）成立与否（真或假），选择执行语句B操作或语句C操作。

3. 循环结构

当需要在指定条件下反复执行某一操作时，可以用循环结构来实现。使用循环可以简化程序，提高工作效率。循环结构有当型和直到型两种类型。

（1）当型循环

当型循环结构如图6-10所示，算法含义是：当条件P成立时，执行处理框A，执行完处理框A后，再判断条件P是否成立，若条件P仍然成立，则再次执行处理框A，如此反复，直至条件P不成立才结束循环。

（2）直到型循环

直到型循环结构如图6-11所示。算法含义是：先执行处理框A，再判断条件P是否成立，如果条件P不成立，则再次执行处理框A，如此反复，直至条件P成立才结束循环。

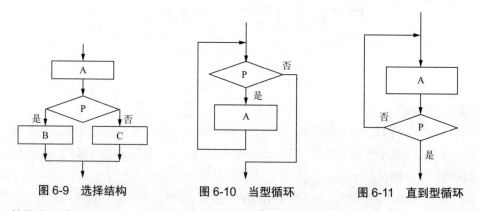

图6-9　选择结构　　　　图6-10　当型循环　　　　图6-11　直到型循环

结构化程序设计由于采用了模块分解与功能抽象，自顶向下，逐步求精的方法，从而有效地将一个较复杂的程序系统设计任务分解成许多易于控制和处理的子任务，便于开发和维护。虽然结构化程序设计方法具有很多的优点，但它仍是一种面向过程的程序设计方法，它把数据和处理数据的过程分离为相互独立的实体。当数据结构改变时，所有相关的处理过程都要进行相应的修改，程序的可重用性较差。

由于 Windows 图形用户界面的应用，程序运行由顺序运行演变为事件驱动，使得软件使用起来越来越方便，但开发起来却越来越困难，对这种图形用户界面软件的功能很难用过程来描述和实现，使用面向过程的方法来开发和维护都将非常困难。

6.6 面向对象的程序设计

面向对象程序设计（object oriented programming，简称 OOP）是软件系统设计与实现的方法，这种新方法既吸取了结构化程序设计的绝大部分优点，又考虑了现实世界与面向对象空间的映射关系而提出的一种新思想，所追求的目标是将现实世界的问题求解尽可能地简单化。

在自然界和社会现实生活中，一个复杂的事物总是由很多部分组成的。例如，一个人是由姓名、性别、年龄、身高、体重等特征描述；一部汽车是由车轮、车身、发动机、油箱、方向盘等部件组成；一台计算机由主机、显示器、键盘、鼠标等部件组成。当人们生产一台计算机的时候，并不是先要生产主机再生产显示器再生产键盘、鼠标等，不是顺序执行的，而是可以同时进行，并行生产，然后把生产设计的主机、显示器、键盘、鼠标等组装起来。这些部件通过事先设计好的接口连接，组成一个系统，各部件相互关联，以便协调地工作。比如操作计算机时通过键盘输入，主机处理就可以在显示器上显示字符或图形。

现实生活中存在着各种形态不同的事物，这些事物之间存在着各种各样的联系。在程序中使用对象来映射现实中的事物，使用对象的关系来描述事物之间的联系，这就是面向对象程序设计的基本思路。

面向对象的程序设计使程序设计更加贴近现实世界，更符合人类思维习惯，用于开发较大规模的程序，以提高程序开发的效率。面向对象程序设计方法提出了一些新的概念，比如类、对象、消息等。还有一些新的特性，比如封装、继承、多态。

6.6.1 基本概念

1. 对象

对象又称实例，是客观世界中一个实际存在的事物，是现实中事物的个体。它既具有静态的属性（或称状态），又具有动态的行为（或称操作）。所以，现实世界中的对象一般可以表示为：属性+行为。例如一个盒子就是一个对象，它具有的属性为该盒子的长、宽和高等；具有的操作为求盒子的容量等。再如，张三是现实世界中一个具体的人，他具有身高、体重（静态特征），能够思考和做运动（动态特征）。

2. 类

在面向对象程序设计中，类是具有相同属性数据和操作的对象的集合，它是对一类对象的抽象描述。例如，我们把载人数量5~7人的、各种品牌的、使用汽油或者柴油的、四个轮子的汽车统称为小轿车，也就是说，从众多的具体车辆中抽象出小轿车类。

对事物进行分类时，依据的原则是抽象，将注意力集中在与目标有关的本质特征上，而忽略事物的非本质特征，进而找出这些事物的所有共同点，把具有共同性质的事物划分为一类，得到一个抽象的概念。日常生活中的书、房子、人、衣服等概念都是人们在长期的生产和生活实践中抽象出来的概念。

面向对象方法中的"类",是具有相同属性和行为的一组对象的集合,它为属于该类的全部对象提供了抽象的描述,其内部包括属性和行为两个主要部分。

例如,可以将玩具模型看作一个类,将一个个具体的玩具看作对象,从玩具模型和玩具之间的关系便可以看出类和对象之间的关系。类是创建对象的模板,它包含着所创建对象的属性描述和方法定义。一般是先定义类,再由类创建其对象,按照类模板创建一个个具体的对象(实例)。

3. 消息

面向对象技术的封装使得对象相互独立,各个对象要相互协作实现系统的功能则需要对象之间的消息传递机制。消息是一个对象向另一个对象发出的服务请求,进行对象之间的通信。也可以说是一个对象调用另一个对象的方法(method)或称为函数(function)。

通常,把发送消息的对象称为发送者,接收消息的对象称为接收者。在对象传递消息中只包含发送者的要求,他指示接受者要完成哪些处理,但并不告诉接收者应该如何完成这些处理,接收者接收到消息后要独立决定采用什么方式完成所需的处理。同一对象可接收不同形式的多个消息,产生不同的响应;相同形式的消息可送给不同的对象,不同的对象对于形式相同的消息可以有不同的解释,做出不同的响应。

在面向对象设计中,对象是节点,消息是纽带。应注意不要过度侧重如何构建对象及对象间的各种关系,而忽略对消息(对象间的通信机制)的设计。

4. 面向对象程序设计

面向对象程序设计(object oriented programming,OOP)是将数据(属性)及对数据的操作算法(行为)封装在一起,作为一个相互依存、不可分割的整体来处理。面向对象程序设计的结构如下:

对象=数据(属性)+算法(行为)

程序=对象+对象+…+对象

面向对象程序设计的优点表现在:可以解决软件工程的两个主要问题——软件复杂性控制和软件生产效率的提高,另外它还符合人类的思维方式,能自然地表现出现实世界的实体和问题。

6.6.2 面向对象程序设计的特点

面向对象程序设计具有封装、继承、多态三大特性。

1. 封装性

封装是一种数据隐藏技术,在面向对象程序设计中可以把数据和与数据有关的操作集中在一起形成类,将类的一部分属性和操作隐藏起来,不让用户访问,另一部分作为类的外部接口,用户可以访问。类通过接口与外部发生联系、沟通信息,用户只能通过类的外部接口使用类提供的服务、发送和接收消息,而内部的具体实现细节则被隐藏起来,对外是不可见的,增强了系统的可维护性。

封装是面向对象的核心思想,将对象的属性和行为封装起来,不需要用户知道具体实现的过程和步骤。如人们使用计算机,只需要使用鼠标、键盘输入数据信息,达到目的就可以了,不需要知道计算机主机是如何工作的。

2. 继承性

继承是指新建的类从已有的类那里获得已有的属性和操作。已有的类称为基类或父类,继承基类而产生的新建类称为基类的子类或派生类。由父类产生子类的过程称为类的派生。继承有效地实现了软件代码的重用,增强了系统的可扩充性,提高了软件开发效率。下面以交通工具的层次结构来说明,如图6-12所示。

交通工具类是一个基类(也称父类),交通工具类包括速度、额定载人数量和驾驶等交通工具所共同具备的基本特征。对交通工具进行细分,有汽车类、火车类和飞机类等,汽车类、火车类和飞机类同样具备速度和额定载人数量这样的特性,而这些特性是所有交通工具所共有的,那么当建立汽车类、火车类和飞机类的时候无需再定义基类已经有的数据成员,而只需要描述汽车类、火车类和飞机类所特有的特性即可。例如燃油汽车的特性,刹车、离合、油门、发动机等。飞机类、火车类和汽车类是在交通工具类原有基础上增加自己的特性而来的,就是交通工具类的派生类(也称为子类)。依此类推,层层递增,这种子类获得父类特性的概念就是继承。继承是实现软件重用的一种方法。

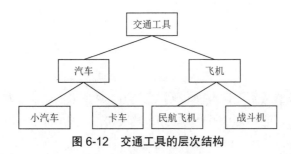

图6-12 交通工具的层次结构

3. 多态性

面向对象的通信机制是消息,面向对象技术是通过向未知对象发送消息来进行程序设计的,当一个对象发出消息时,对于相同的消息,不同的对象具有不同的反应能力。这样,一个消息可以产生不同的响应效果,这种现象称为多态性。

在操作计算机时,如果执行"双击"这个操作,不同的对象会有不同的反应。比如,"文件夹"对象收到双击消息后,其产生的操作是打开这个文件夹;而"可执行文件"对象收到双击消息后,其产生的操作是执行这个文件;如果是音乐文件,会播放这个音乐;如果是图形文件,会使用相关工具软件打开这个图形。很显然,打开文件夹、播放音乐、打开图形文件需要不同的程序代码。但是在这里,它们可以被同一条消息"双击"来触发。

再如,当听到"CUT"这个词时,理发师的行为是剪发理发,演员的行为是停止表演,不同的对象所表现的行为不一样,这就是多态性。

多态性是面向对象程序设计的一个重要特征。它允许出现重名现象,它指在一类中定义的属性和方法被其他类继承后,可以有不同的数据类型和表现出不同的行为,也就是使得同一属性和方法在不同的类中具有不同的语义。它减轻了程序员的记忆负担,使程序的设计和修改更加灵活,多态性的好处是,用户不必知道某个对象所属的类就可以执行多态行为,从而为程序设计带来更大方便。利用多态性可以设计和实现一个易于扩展的系统。

6.6.3 面向对象和面向过程的区别

面向过程就是分析出解决问题所需要的步骤,然后用函数把这些步骤一步一步实现,使用的时候一个一个依次调用就可以了。

面向对象是把解决的问题按照一定规则分解成多个独立的对象，通过调用对象的方法来解决问题。当一个应用程序包含多个对象时，通过多个对象的相互配合来实现应用程序的整体功能，当程序某部分功能发生变动时，只需要修改个别的对象就可以了。所以建立对象的目的不是为了完成一个步骤，而是为了描述这个问题的一个独立方面。

例如五子棋游戏，面向过程的设计思路就是首先分析解决问题的步骤：

① 开始游戏。

② 黑子先走。

③ 绘制画面。

④ 判断输赢。

⑤ 白子再走。

⑥ 绘制画面。

⑦ 判断输赢。

⑧ 返回步骤②。

⑨ 输出最后结果。

然后把上面每个步骤分别设计函数，函数之间通过调用来实现整个游戏功能。

而面向对象的设计思想则是从另外的思路来解决问题。整个五子棋游戏可以分为：

① 黑白双方，这两方的行为是一模一样的。

② 棋盘程序，负责绘制画面。

③ 规则程序，负责判定犯规、输赢等。

第一类对象（玩家对象即黑白双方）负责接收用户输入，并告知第二类对象（棋盘系统）棋子布局的变化，棋盘系统接收到了棋子的变化就要负责在屏幕上面显示出这种变化，同时利用第三类对象（规则系统）来对棋局进行判定。

可以明显地看出，面向对象是以功能来划分问题，而不是步骤。同样是绘制棋局，这样的行为在面向过程的设计中分散在了多个步骤中，很可能出现不同的绘制版本，因为通常设计人员会考虑到实际情况进行各种各样的简化。而面向对象的设计中，绘图只可能在棋盘系统中出现，从而保证了绘图的统一。

功能上的统一保证了面向对象设计的可扩展性。比如要加入悔棋的功能，如果要改动面向过程的设计，那么从输入到判断到显示这一连串的步骤都要改动，甚至步骤之间的顺序都要进行大规模调整。如果是面向对象的话，只用改动棋盘系统就行了，棋盘系统保存了黑白双方的棋谱，简单回溯就可以了，而玩家对象和规则判断则不用考虑，同时整个对象功能的调用顺序都没有变化，改动只是局部的。

再比如要把这个五子棋游戏改为围棋游戏，如果是面向过程设计，那么五子棋的规则就分布在程序的每一个角落，要改动还不如重写。但是如果是面向对象的设计，那么只用改动规则系统就可以了，因为五子棋和围棋的区别主要是规则不同，而下棋的大致步骤从面向对象的角度来看没有任何变化。

需要注意的是，要达到改动只是局部需要设计人员有足够的经验，使用对象不能保证你的程序就是面向对象，初学者或者很蹩脚的程序员很可能以面向对象之虚而行面向过程之实，这样设计出来的所谓面向对象的程序很难有良好的可移植性和可扩展性。

面向对象的思想概念和应用不仅存在于程序设计和软件开发中，在数据库系统、交互式界面、分布式系统、网络管理、CAD技术、人工智能等诸多领域都有所渗透。

拓展练习

一、填空题

1. 计算思维是运用计算机科学的基础概念进行_____、_____以及_____等涵盖计算机科学之广度的一系列思维活动的统称。
2. 算法的特征：_____、_____、_____、_____、_____。
3. 面向对象的特征：_____、_____、_____。
4. 结构化程序设计的思路：_____、_____、_____。

二、简答题

1. 什么是计算，其有什么特点？
2. 从思维上讲，简述人计算和机器自动计算的异同。
3. 举例说明你理解的面向对象和面向过程的区别。

第 7 章 Raptor 可视化程序设计

生产和生活是遇见问题、解决问题的过程，培养人的思维能力，首先要培养分析问题、解决问题的能力。在使用计算机程序解决实际问题时，需要理清思路，确定已知条件，需要解决的具体问题。对于复杂的问题使用模块化将大问题分解成小问题，进而简化成可解决的问题。本章学习可视化的快速算法设计工具 Raptor 的使用，通过流程图符号来设计算法，然后调试、运行解决相关问题。

> **学习目标：**
> - 了解 Raptor 系统。
> - 了解 Raptor 程序设计环境。
> - 理解掌握 Raptor 的基本概念。
> - 掌握使用 Raptor 进行问题的求解。
> - 理解常用经典算法。

7.1 Raptor 简介

Raptor（the rapid algorithmic prototyping tool for ordered reasoning，有序推理的快速算法原型工具）是可视化的快速算法设计工具，简单易用，利用该工具可以生成可执行的流程图。Raptor 是一种基于流程图仿真的可视化的程序设计环境，为程序和算法设计的基础课程的教学提供实验环境，目的是培养解决问题的技能和提高算法思维的能力。

Raptor 专门用于解决非可视化环境的语法困难和缺点，其目标是通过缩短现实世界中的行动与程序设计的概念之间的距离，来减少学习上的认知负担。Raptor 程序实际上是一个流程图，运行一次执行一个图形符号，以便帮助用户跟踪 Raptor 程序的指令流执行过程。开发环境可以在最大限度地减少语法要求的情形下，帮助用户编写正确的程序指令。程序员在具体使用高级程序设计语言编写代码之前，通常使用流程图来设计其算法，现在可以应用 Raptor 来运行算法设计的流程图，使抽象问题具体化。

Raptor 用连接基本流程图符号来创建算法，然后，可以在其环境下直接调试和运行算法，包括单步执行或连续执行的模式。该环境可以直观地显示当前执行符号所在的位置以及所有变量的内容。此外,Raptor 提供了一个基于 AdaGraph 的简单图形库。这样不仅可以可视化创建算法,所求解的问题本身也可以是可视化的。

总之 Raptor 具有下列主要特点:

① Raptor 简洁灵活,用流程图实现程序设计,可使初学者不用花太多时间就能进入计算思维中关于问题求解的算法设计阶段。

② Raptor 具有基本的数据结构、数据类型和运算功能。

③ Raptor 具有结构化控制语句,支持面向过程及面向对象的程序设计。

④ Raptor 语法限制较宽松,程序设计灵活性大。具备单步执行、断点设置等调试方法,便于发现和解决问题。

⑤ Raptor 可以实现计算过程的图形表达及图形输出。

⑥ Raptor 对常量、变量及函数名中所涉及的英文字母大小写视为同一字母,但只支持英文字符。

⑦ 程序设计可移植性较好,可直接运行得出程序结果,也可将其转换为其他程序语言,如 C++、C#、Ada、Java,也可转化成独立的 exe 可执行文件。

Raptor 是一款免费的工具软件,从官方网站下载即可,安装比较简单,双击运行安装。

7.2 Raptor 基本知识

Raptor 程序是一组连接的符号,表示要执行的一系列动作。符号间的连接箭头确定所有操作的执行顺序。Raptor 程序执行时,从开始(Start)符号起步,并按照箭头所指方向执行程序。Raptor 程序执行到结束(End)符号时停止。在开始符号和结束符号之间插入一系列 Raptor 语句/符号,就可以创建有意义的 Raptor 程序。

Raptor 软件的运行界面如图 7-1 所示。

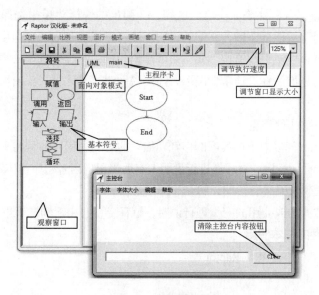

图 7-1 运行界面

1. 基本符号及说明

Raptor 有六种基本符号，每个符号代表一个独特的指令类型。基本符号包含赋值（assignment）、调用（call）、输入（input）、输出（output）、选择（selection）和循环（loop），如图 7-2 所示。

不同的基本符号，分别代表一种不同的语句类型。各图形所代表的语句含义及功能如下：

① 赋值语句：用于更改变量的值。比如，对赋值的右侧进行求值，并将结果值放置在左侧的变量中。请注意，赋值与数学等式不同。

② 过程调用：调用系统自带的子程序，或用户定义的子图等程序块，在某种情况下可能改变参数的值。

③ 输入语句：输入数据给一个变量（变量是计算机内存的位置，用于保存数据，在任何时候，一个变量只能有一个值）。

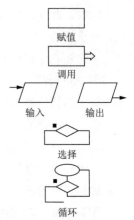

图 7-2 基本符号

④ 输出语句：用于显示变量的值（或保存到文件中）。

⑤ 选择语句：选择结构用于决策。在菱形中输入一个计算结果为 yes（true）或 no（false）的表达式。这样的表达式在形式上被称为布尔表达式。根据菱形中表达式的结果，程序的控制将向左（yes，或 true）或向右（no，或 false）执行。

⑥ 循环语句：菱形中布尔表达式的结果用于循环结构中的决策。允许重复执行一个或多个语句构成的语句体，直到循环条件不成立。

2. Raptor 注释

Raptor 的开发环境像其他许多编程语言一样，可以对程序进行注释。注释是用来帮助他人阅读理解程序的，特别是在团队合作开发时或程序代码比较复杂、很难理解的情况下。注释本身对计算机毫无意义，并不会被执行。一般程序设计都加注释，注释得当，程序的可读性就大大提高，提高效率，减少工作量。

添加注释的方法：右击要添加注释的语句，在弹出的快捷菜单中选择"注释"命令，然后，在弹出的"注释"对话框中输入相应的说明。注释可以在 Raptor 窗口中移动，但建议不要移动注释的默认位置，以防引起错位不知道是哪个语句的注释，引起不必要的麻烦。注释也可以编辑修改，方法同添加注释。通常情况下，需要说明时再加注释，没有必要注释每一个程序语句。

注释一般包括以下几种类型：

编程标题：在 Start 符号中添加程序的作者、编写的时间、程序的目的等需要说明的信息。

分节描述：用于标记程序，对程序进行说明，有助于用户理解程序整体结构中的主要部分。

逻辑描述：对逻辑关系进行说明，解释非标准逻辑。

变量说明：对重要的或公用的变量进行说明，解释变量的用途和注意事项。

3. Raptor 软件的基本使用

【例 7-1】输出"你好，我是 Raptor"。

① 单击选中输出图符。

② 单击 Start 和 End 之间连线，添加输出图符。

③ 双击添加的输出图符，打开"输出"对话框，如图7-3所示输入待输出的内容："你好，我是Raptor"，注意：双引号为英文且不能省略。

④ 单击"完成"按钮，产生流程图。

⑤ 运行、保存生成源程序。

运行：在菜单栏单击"运行"按钮，在下拉列表中有单步、运行、重置等，或者从工具栏中 选择，单击运行按钮 ，运行结果在主控台中显示，如图7-4所示。请注意，Raptor不支持汉字，不能正常显示汉字，最好用英文。

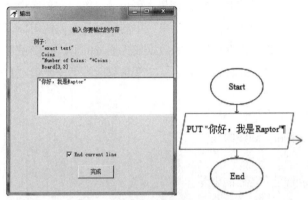

图 7-3　输出对话框及流程图

图 7-4　Raptor 主控台

保存：单击"文件"选项卡，选择"保存"命令，也可从工具栏中单击"保存"按钮 ，文件扩展名为.rap。

生成源程序：从菜单栏中单击"生成"按钮，从下拉列表中选择所需生成的源程序。

7.3　常量、变量、函数

1. 常量

常量又称为常数，是指在整个操作过程中其值保持不变的量，通常在命令或程序中直接给出其值，用做常量的数据类型有数值型、字符型、日期型、逻辑型等类型。

（1）数值常量

数值（number）：如12，567，-4，3.141 5，0.000 371。

字符串（string）：如"Hello, how are you?" "James Bond"。

字符（character）：如'A'，'!'。

（2）符号常量

pi（圆周率）定义为3.141 6。

e（自然对数的底）定义为2.718 3。

true /yes（布尔值：真）定义为1。

false/no（布尔值：假）定义为0。

（3）日期、时间常量

Current_Day、Current_Hour、Current_Minute、Current_Month、Current_Second、Current_

Time、Current_Year

一般来说，不同类型的数据不可比较；不同类型的数据不能进行运算。字符串可以相加，如"student"+"name"="studentname"。空格也是字符" "。

2. 变量

除了常量之外，有时在程序设计中还会用到一些数值可以发生变化的量，例如，记录时间的变化，用一个标识符T记录一天中不同的时间节点，用一个标识符name记录一个班级中所有同学的姓名。与常量不同，标识符的值是可以不断改变的，这就是变量。

变量（variable）用于保存数据值。有数值变量、字符变量、数组变量等，在程序中经常使用，它们被存储在内存单元中，为了访问、使用和修改内存单元中的数据，人们使用标识符来标识存储单元，这些标识符就是变量的名称，内存中存储的数据成为变量的值。把变量看作一个存储区域并在程序的计算过程中参与计算。在任何时候，一个变量只能容纳一个值。在程序执行过程中，变量的值可以改变。

（1）变量命名规则

① 必须由字母开头，由字母、数字和下划线组成。

② 变量名不区分大小写。

③ 名称中不允许有空格，空格标记变量名称的末尾。

④ 保留字不能作变量，如：e、pi和red等。

⑤ 给变量命名时要直观、可以拼读、见名知义。

⑥ 最好采用英文单词或其组合，切忌使用汉语拼音。

还有一些常见的命名约定应避免混淆，一般应给予变量有意义的和具有描述性的名称。变量名应该与该变量在程序中的作用有关，即见名知义。使用下划线使复合词可读。最大限度地减少错误的发生。表7-1显示了一些合法的、不建议使用的和非法的变量名。

表 7-1　变量名实例

合法的变量名	不建议使用的变量名	非法的变量名
tax_rate sales_tax distance_in_miles mpg	a(没有描述) my4to(没有描述)	4sale(不可以，应以字母开头) sales tax(包括空格) sales$(包括无效字符)

（2）变量的赋值

基本原则：

① 任何变量在被引用前必须存在并被赋值。

② 变量的类型由最初的赋值语句所给的数据决定。

设置方法：

① 通过输入语句赋值。

② 通过赋值语句中的公式运算后赋值。

③ 通过调用过程的返回值赋值。

Raptor程序开始执行时，没有变量存在。当Raptor遇到一个新的变量，它会自动创建一个新的内存位置并将该变量的名称与该位置相关联。在程序执行过程中，该变量将一直存在，直到程序运行结束。

一旦给变量赋值确定了类型等属性，在该程序运行期间它们就无法更改。名称将始终与初始类型和结构相关联。初始化为字符串类型的变量必须始终用作字符串变量。初始化为一维数值数组的变量以后不能更改为标量（单个）变量。可以使用函数 Is_String、Is_Array、Is_Number 和 Is_2D_Array 来验证变量的类型和结构。

3．函数

函数是 Raptor 系统提供的可直接调用使用的程序集。

基本调用方法：函数名(参数1，参数2……，参数n)，部分函数使用也有例外。

（1）基本数学函数（见表7-2）

表 7-2　基本数学函数

函　数	说　明	范　例
Abs	绝对值	Abs(-9)=9
Ceiling	向上取整，取大于或等于本数的整数	Ceiling(3.1)=4,Ceiling(-3.9)=-3
Floor	向下取整，取小于本数的整数	Floor(3.9)=3,Floor(-3.9)=-4
Log	自然对数（以 e 为底）	Log(e)=1
Max	两个数的最大数	Max(5,7)=7
Min	两个数的最小数	Min(5,7)=5
Powermod	乘方取余	Powermod(5,2,7)=4
Random	生成一个 [0.0,1.0) 之间的随机数	Random*100，产生 0～99.999 9 的随机数
Length_of	数组或字符串的长度	str="sell now" Length_of(str)=8 arra[10]=56 Length_of(arra)=10
Sqrt	平方根	Sqrt(4)=2

（2）常用三角函数（见表7-3）

表 7-3　常用三角函数

函　数	说　明	范　例
Sin	正弦（以弧度表示）	Sin(pi/6)=0.5
Cos	余弦（以弧度表示）	Cos(pi/3)=0.5
Tan	正切（以弧度表示）	Tan(pi/4)=1.0
Cot	余切（以弧度表示）	Cot(pi/4)=1
Arcsin	反正弦，返回弧度	Arcsin(0.5)=pi/6
Arccos	反余弦，返回弧度	Arccos(0.5)=pi/3
Arctan	反正切，返回弧度	Arctan(10,3)=1.2793
Arccot	反余切，返回弧度	Arccot(10,3)=0.2915

（3）转换函数

To_Ascii（字符）、To_Character（ASCII）

（4）类型检测函数

Is_Array（变量名）、Is_Character（ ）、Is_Number（ ）、Is_String（ ）

说明：Raptor系统提供的函数大小写不区分。

4. 表达式

（1）算术运算符及算术表达式

算术运算符：-（负号）、^（幂）、**（幂）、*、/、（rem、mod）、+、-

（2）字符运算符及字符表达式

字符运算符：+（字符串连接运算符）

例如，"ABC"+"EFG"，结果为"ABCEFG"，"ABC"+123结果为"ABC123"，设b=123则"x="+b+"!"，结果为"x=123!"。

（3）关系运算符及关系表达式

关系运算符：<、<=、=、!=（不等于）、>、>=

（4）布尔运算符及布尔表达式

Not(非)、And(与)、Or(或)、Xor(异或)，逻辑关系见表7-4。

表7-4 逻辑关系表

X	Y	Not X	X And Y	X Or Y	X Xor y
0	0	1	0	0	0
0	1	1	0	1	1
1	0	0	0	1	1
1	1	0	1	1	0

5. Raptor表达式的计算优先顺序

由高到低的顺序为：

① 计算的所有函数。

② 计算括号中的所有表达式。

③ 计算乘幂(^,**)。

④ 从左到右，计算乘法和除法。

⑤ 计算余数。

⑥ 取模。

⑦ 从左到右，计算加法和减法。

⑧ 从左到右，进行关系运算（=、>、<、/=、>=、<=）。

⑨ 从左到右，进行Not逻辑运算。

⑩ 从左到右，进行And逻辑运算。

⑪ 从左到右，进行Xor逻辑运算（同为0，异为1）。

⑫ 从左到右，进行Or逻辑运算。

7.4　Raptor 基本控制结构

1. Raptor 顺序结构

使用顺序结构的控制语句一般是：赋值、计算、输出。

【例7-2】夏天用电高峰期容易断电，请编写程序预测断电一段时间以后冰箱冷冻室的温度 T（^{0}C）。假设该温度 T 可以用以下公式计算得到结果：$T=4t^2/(t+2)-20$（t 是断电后经过的时间，单位为小时）

（1）键盘输入语句

① 单击选中输入流程图符号，单击主界面"start"和"end"之间连线，便增加了输入符号（其他符号也是用同样方法增加）。

② 输入语句/符号允许用户在程序执行过程中输入程序变量的数据值。当定义一个输入语句时，一定要在提示（prompt）文本中说明所需要的输入。提示应尽可能明确，如果预期值需要单位（如英尺、米或英里），应该在提示文本中说明。

当定义一个输入语句时，用户必须指定提示文本和变量名称，该变量的值将在程序运行时由用户输入。如双击输入符号打开图7-5所示"输入"对话框，输入提示信息："please input time" 和变量名 time，再单击"完成"按钮。用户输入值由输入语句赋给变量。

图 7-5　"输入"对话框

> **注意**
>
> 输入提示一定有英文状态的双引号。

③ 输入内容后的语句在流程图中的状态窗如图7-6所示。右击输入符号，从弹出的快捷菜单中选择"注释"命令，然后输入"请输入断电后经过的时间time，单位为小时。"

图 7-6　输入语句及注释

④ 输入语句对话框运行如图7-7所示，等待输入断电后经过的时间，比如输入6，单击"确定"按钮。

（2）变量赋值语句

赋值符号是先执行计算，然后将计算结果存在变量中。一个赋值语句只能改变一个变量的值。如果这个变量在先前的语句中未曾出现过，则Raptor会创建一个新的变量。如果这个变量在先前的语句已经出现，那么先前的值就将被目前所执行的计算所得的值取代。

① 同样的方法，双击赋值流程图图符，打开"赋值"对话框，如图7-8所示。

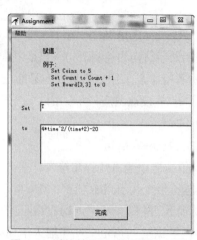

图7-7 输入语句运行状态　　　　图7-8 赋值符号及"赋值"对话框

② 赋值对话框

"Set"为输入变量名或数组名，"to"为输入表达式。

③ 赋值后的流程图中形式，如图7-9所示。

图7-9 赋值语句及注释

（3）输出流程图

Raptor环境中，执行输出语句时，在主控台（master console）窗口显示输出结果。当定义一个输出语句，在"输出"对话框中需要说明：如何显示文字或表达式结果；是否需要在输出结束时输出一个换行符，若勾选"End current line"表示输出数据的同时输出一个换行符。

> **注意**
>
> 可以在"输出"对话框中使用字符串加号运算符将文本和多个值一起输出，但一定要将文本用英文双引号括起来，用来区分文本和数值。

① 双击输出流程图符号弹出"输出"对话框，如图7-10所示。

② 规范的输出语句（"提示信息"+变量）和输出结果，如图7-11所示。

图7-10 输出符号及"输出"对话框

图7-12所示为最后的流程图。

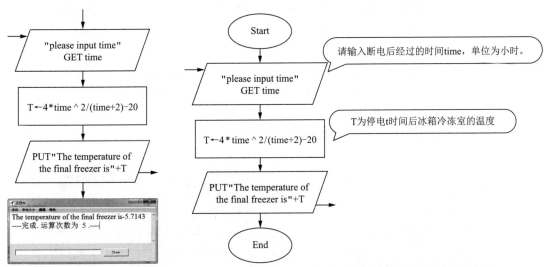

图 7-11　规范输出的流程图及输出结果

图 7-12　断电后求冰箱冷冻室的温度算法流程图

2. Raptor选择结构

生活无处不在选择，比如路口选择去向，高考报志愿，午餐食堂选择吃什么等，在编程时也存在选择，为此Raptor引入了选择结构。

（1）选择结构类型

选择结构分单向分支结构、双向分支结构、多项分支结构，算法流程图如图7-13所示，T（True）条件表达式（判断条件）成立，F（False）条件表达式（判断条件）不成立。左边的单分支结构，中间的是双分支结构，右边是多项分支结构，又称分支嵌套结构，也称级联选择。

（2）选择结构语句符号（见图7-14）

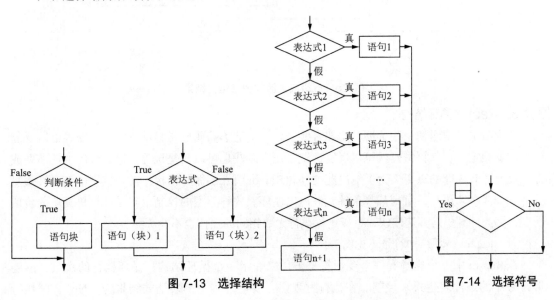

图 7-13　选择结构

图 7-14　选择符号

（3）级联选择控制

单一的选择控制语句可以在一个或两个选择之间选择。如果需要做出两个以上的选择、决策，则需要有多个选择控制语句。例如，把百分制的成绩换算成五级制（A，B，C，D，E）等级，就需要在五个选项中选择。

【例7-3】编写程序，要求输入一个考试分数（0~100），根据分数，判定成绩的等级，大于等于90，小于等于100为A；大于等于80，小于90为B；大于等于70，小于80为C；大于等于60，小于70为D；小于60为E。

这样的题目，需要用到级联选择控制结构，流程图如图7-15所示。

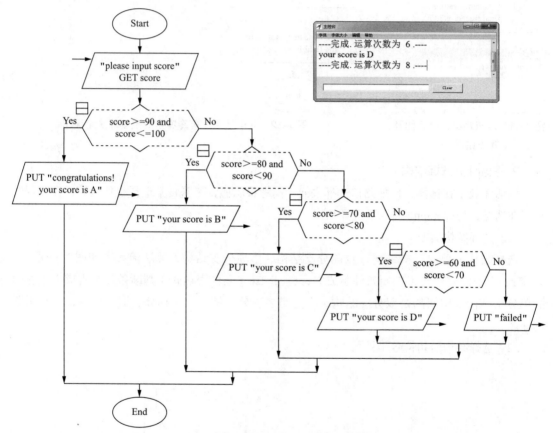

图 7-15　五级成绩流程图及运行结果

3. Raptor循环结构

在生活中经常遇到一些事情，比如有些密码记不清了需要反复尝试，银行卡密码可以反复试三次就锁定了，邮箱密码就可以反复尝试，还有游戏也可以反复玩等，像这样的事情需要或存在反复的有规律的重复。为了解决此类问题Raptor引入了循环结构。循环控制语句允许重复执行一个或多个语句，直到某些条件允许退出循环。这种类型的控制语句是计算机真正的价值所在，因为计算机运算速度快，可以重复执行无数相同的操作也不会厌烦。

（1）Raptor循环结构符号（见图7-16）

在Raptor中一个椭圆和一个菱形符号被用来表示一个循环结构。循环执行的次数，由菱形符号中的条件表达式来控制。在执行过程中，菱形符号中的表达式结果为"No"，则执行

"No"的分支，菱形符号中的表达式结果为"Yes"时，将循环语句重复执行。要重复执行的语句可以放在菱形符号上方或下方。直到型循环是指直到条件满足时跳出循环；当型循环是指当条件满足时进行循环。

提示：分支、循环结构中的Yes、No位置的转换，将模式换为面向对象。

（2）直到型循环

【例7-4】编程实现求10以内所有奇数的和。

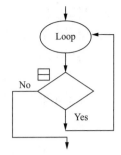

图7-16 Raptor循环结构符号

分析：10以内的奇数有1、3、5、7、9，把他们加起来，小学都学过，太简单了。要是让求10 000以内的所有奇数的和呢，100 000以内呢？人工就不好解决了。需要用到计算机，通过编程瞬间解决，计算机的特长就是解决工作量大、反复进行、有规律的事情。

① 分析10以内所有奇数之间的关系，第一个数是1，依次增2。

② 可以利用变量的特点，用变量存储数据，一个变量number存储参与运算的数，一个变量sum用来存运算结果。

最后输出结果即可。流程图如图7-17所示。

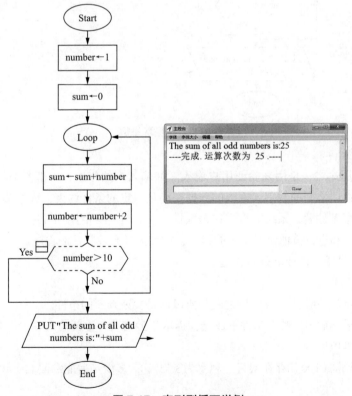

图7-17 直到型循环举例

这个流程图算法，进入循环先进行赋值求和，number加2再赋值给number，然后判断number是否大于10，大于10退出，不大于10继续。这是直到型循环。

（3）当型循环

下面用当型循环解决上面的例子。

使用当型循环，先进行判断number是否大于10，不大于10就求和赋值，number加2再赋值给number，然后再判断number是否大于10，若大于就退出循环，输出结果，小于等于就继续循环。流程图如图7-18所示。

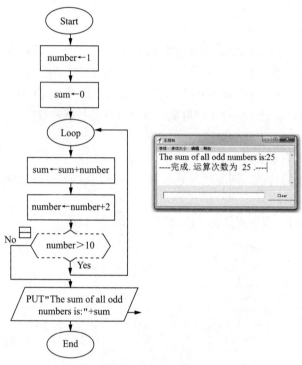

图7-18 当型循环举例

（4）循环举例

循环常见的用途之一是用来验证用户输入。如输入人的年龄，一般是1～110之间，再如输入一个介于1和10之间的数字，输入的数据要满足一定的条件约束，程序输入数据时需要验证，确保满足约束条件后，系统才接受这个数据，然后将变量值用到程序的某个地方。能在运行时验证用户输入和进行其他错误检查的程序，被称为具有健壮性的程序。

【例7-5】验证输入的年龄是否合适。

【分析】

条件：人的年龄一般在0～110岁之间，所以这是验证判断的条件。

输出：条件成立输出年龄，条件不成立，提示年龄错误，重新输入。

流程图如图7-19所示。

【例7-6】计算将100元存在银行（利率为3.35%），多少年后能拿回150元？

【分析】

条件：循环终止条件cun>=150。

循环条件控制：cun=cun*（1+0.033 5）。

输出：年数n 存款余额cun(初值100)。

流程图如图7-20所示。

【例7-7】求n!

【分析】

变量：需要两个变量，一个变量num表示每个整数，初始值是1，依次增1，num=num+1。另一个变量fac表示存阶乘，fac=fac*num。

循环的条件：num>=n。

输出：输出n阶乘。

流程图如图7-21所示。

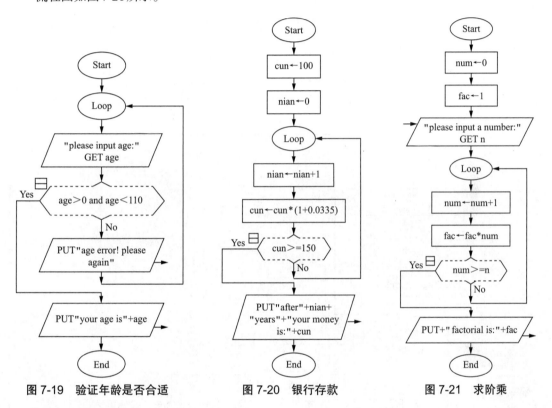

图7-19 验证年龄是否合适　　图7-20 银行存款　　图7-21 求阶乘

【例7-8】求1!+2!+3!+4!+…+n!

【分析】

变量：需要三个变量，一个变量num表示每个整数，初始值是1，依次增1，num=num+1。另一个变量fac表示存阶乘，fac=fac*num。变量sum存储和，sum=sum+fac。

循环的条件：num>=n

输出：输出n以内阶乘的和。请读者自行完成流程图。

【例7-9】幼儿园分班。某幼儿园招生，要求2～6岁可以入园，3岁前入婴班（baby class），3～4岁入小班（lower class），4～5岁入中班（middle class），5～6岁入大班（higher class）。先要求编程实现，输入年龄显示年龄，输出班名、该班已有多少人。

【分析】

变量：需要四个变量分别记录婴班（baby class）、小班（lower class）、中班（middle class）、大班（higher class）的人数；age变量接受通过键盘输入的年龄；flag变量记录不再输入，循环结束的条件。

181

循环的条件：flag=0。

输出：班名、该班已有多少人。

流程图如图7-22所示。

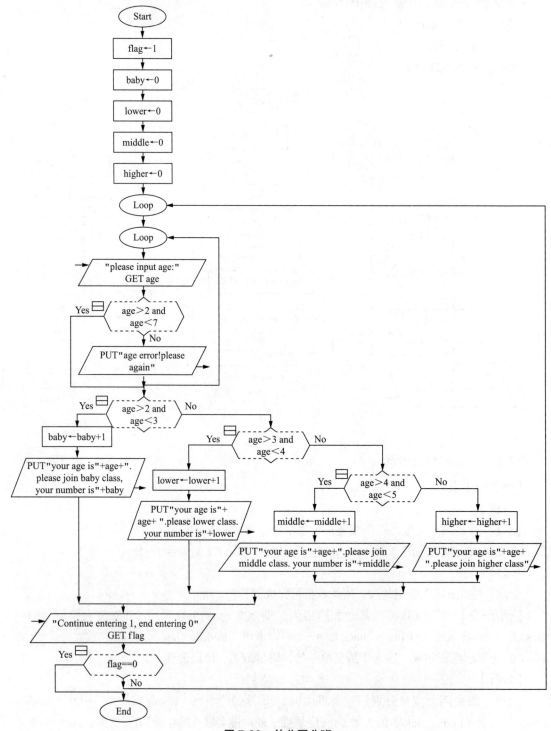

图 7-22　幼儿园分班

【例7-10】求出所有的"水仙花数"。所谓"水仙花数"是指一个三位正整数,其各个数字的立方和等于该数本身,如,$153=1^3+5^3+3^3$,153就是"水仙花数"。

【分析】

变量:"水仙花数"是个三位数,需要把个位、十位、百位分解出来,再保存到变量里,还需要一个变量存放某个三位数,所以需要四个变量,i表示个位数,t表示十位数,h表示十位数,num表示某个三位数。若$sum=i^3+t^3+h^3$,那么该数就是"水仙花数"。

数字分离:i=Floor(num/100),t=Floor((num-i*100)/10),h=num Mod 10。Floor()函数是向下取整。

循环的条件:num>100并且num<999。

输出:输出num。

流程图如图7-23所示。

【例7-11】用字符串相加输出星号直角三角形。

【分析】

变量:用str存储要打印的星,用变量i记录打印的个数。

条件:打印5行,当i>5退出循环。

输出:把循环变量的值作为输出星的个数。

流程图如图7-24所示。

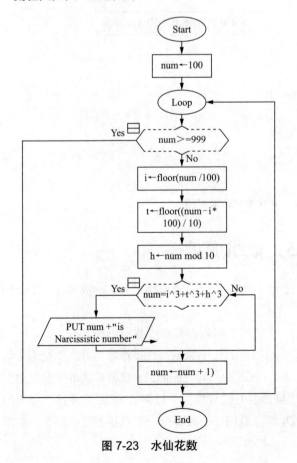

图7-23 水仙花数　　　　　　　　　　图7-24 直角三角形

4. 伪随机数

伪随机数是用确定性的算法计算出来自[0,1]均匀分布的随机数序列。并不真正的随机，但具有类似于随机数的统计特征，如均匀性、独立性等。在计算伪随机数时，若使用的初值（种子）不变，那么伪随机数的数序也不变。伪随机数可以用计算机大量生成，在模拟研究中为了提高模拟效率，一般采用伪随机数代替真正的随机数。用相同的样本去测试往往更能体现出系统优化的效果。

Raptor中的Random产生一个[0,1)区间上均匀分布的随机数。100*Random生成一个[0,100)的随机数 b+（a-b）*Random=[b,a）的随机数。注：[b,a）指大于等于b小于a。

【例7-12】生成一个长度为10的一维数组，数据是1~10之间的整数，如图7-25所示。

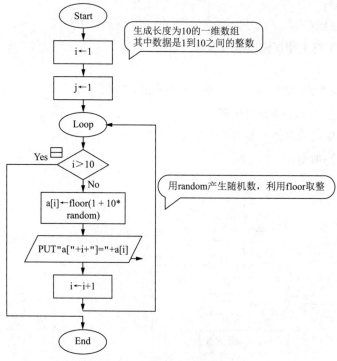

图 7-25　产生随机数流程图

7.5　数组变量

在程序中，经常需要对一批数据进行操作，如，统计某个班期末考试的成绩，如果使用变量存放这些数据，需要定义很多变量。

在计算机程序中的一个变量是内存的一个位置，可以存储单个数据，如，stu_name1、stu_name2、stu_name3，这是三个独立的变量，可以存储三个数据。现在将命名方式改变为变量名加上方括号中的数字，如，stu_name[1]、stu_name[2]、stu_name[3]，这样形式的变量仍然在程序中具有唯一性，存储不同的值，这种变量命名方式被称为"数组表示法"，并且括号中的数据可以换成变量，这样就可以存储一批数据了。数组是一种存储一批数据的数据集合，数组中的每个成员成为数组元素。

数组变量不是简单变量，是一种构造数据类型，它是有序数据的集合。可以把数组看作一个用小格子盛放数据的容器，小格子的编号可以看做数组的索引，每个带有编号的元素称为数组元素。也就是说，stu_name是一个数组，stu_name[1]、stu_name[2]、stu_name[3]是三个数组元素即三个数组变量。

数组在使用前必须先定义，定义的格式：数组名[下标1，下标2，下标3，…，下标n]
说明：

① 数组中方括号中下标的个数表示数组的维数，根据维数的不同，分为一维数组，二维数组等，二维以上的称为多维数组。

② 数组的下标可以是常量、变量或表达式，但必须是正整数，不能是0、负数、小数。

③ Raptor规定，已经定义为数组名的，不能再用做其他普通变量名。

④ 数组是个有序的集合，也就是说数组元素在内存中存储是有序的。

⑤ Raptor中的数组中每个数组元素可以存储相同类型的数据，也可以存储不同类型的数据。

7.5.1 一维数组及使用

1. 一维数组

数组的下标个数是1的，成为一维数组。

定义形式：数组名[下标]

一维数组通常用赋值语句或输入语句来创建，数组的大小由下标确定，默认下标从1开始。如图7-27用输入语句创建了有五个数组元素的一维数组。包括stu_num[1]、stu_num[2]、stu_num[3]、stu_num[4]、stu_num[5]五个数组元素，其中stu_num[5]=4，其他未赋值的默认是0，如图7-26（左）所示。图中可以看到运行时给数组元素赋值字符时，最大下标的数组元素是"b"，其他默认是空字符，如图7-26（右）所示。用输入语句创建数组时，只可以给最大数组元素赋值。

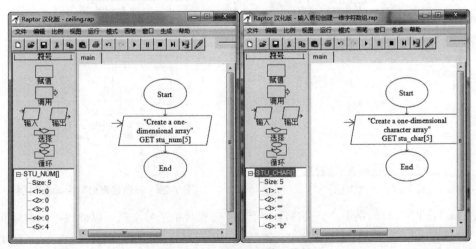

图7-26 输入语句创建一维数组

在同一个程序中可以对数组进行扩大，如图7-27所示，本来是五个数组元素，通过第二个输入语句可以将数组元素扩大到八个,且数组元素的值可以是不同类型,stu_num[5]=1122, stu_num[8]="t"。一个数值型,一个字符型。

2. 一维数组举例

【例7-13】利用一维数组计算6名同学的《计算思维与信息技术》的成绩,输出最高分和平均分。假如6名同学的成绩是:87、89、66、55、99、76,按学号依次存入6个数组元素。流程图如图7-28所示。

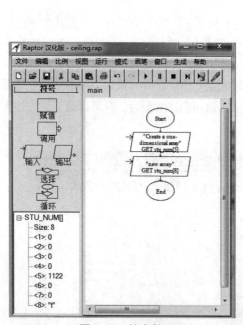

图 7-27 扩大数组

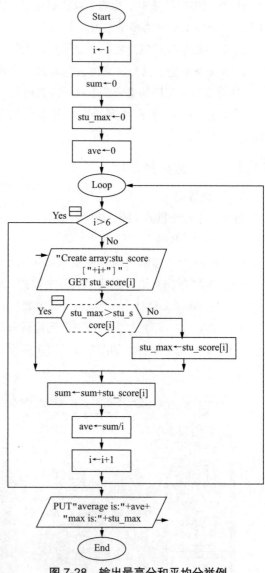

图 7-28 输出最高分和平均分举例

这是6名同学成绩的例子,只要修改一个数据(循环的条件)就可以处理不同数量同学的成绩,并且在本程序运行期间所有数组元素的值可以反复使用,这是因为一旦定义了数组,就在计算机内存中开辟了一块连续的区域,依次存放数组元素,直到程序结束。从该例题看到了一维数组的作用。假如需要处理两门课成绩怎么办呢?这就需要二维数组。

> **注意:**
> ① 如果程序运行所产生的结果不是你想要的结果,这是程序的语义错误(逻辑错误)。
> ② 在输入成绩时可以先输入简单的能口算出结果的数据,比如,1、2、3、4、5、6,这样能快速验证程序有没有逻辑错误。
> ③ 调试程序:在程序中查找错误并修改错误的过程。
> ④ 调试的方法:

设置断点:右击要设置断点的图标,从弹出的快捷菜单中选择设置断点。当程序运行到断点处就暂停,可以监视变量,调试程序。再按运行按钮从断点处继续,再遇到断点又暂停,直到调试完成,删除断点(同样右击删除断点)。

单步跟踪:按【F10】键可以一步一步看程序的执行过程,再按【F10】键继续。

调试是一个需要耐心和经验的工作,也是程序设计最基本的技能之一。

数组的最大特点就是统一的数组名和相应的索引值可以唯一地确定数组变量中的元素,索引是数值型,必须是正整数。

数组变量必须在使用之前创建,可以在输入和赋值语句中通过给一个数组元素赋值而产生。数组在使用过程中,数组变量名不能与其他变量同名;此外,可以动态增加数组元素,但不能将一维数组扩展成二维数组。

数组变量的好处是可以在方括号内执行数学计算,换句话说,Raptor可以计算数组的索引值。因此,表达式计算所得相同的索引值,均指向相同的变量,例如,

```
stu_name[2]
stu_name[1+1]
```

在Raptor中,数组应用是有一些限制的,在方括号内的表达式应该是能产生一个正整数的任何合法的表达式,在涉及数组变量时,Raptor会重新计算索引值的表达式,而这一特性与循环控制结构的配合使用,才是数组变量和数组表示法的力量所在。

(1)数组运算

使用索引可以对数组中的元素进行访问,例如,两个人的身高之和weight[1] + weight[2]。

(2)一维数组的大小

一维数组中元素的数量,或者说一维数组的大小,可以利用Length_of()函数得到,其用法如下:

```
Length_of(一维数组名)
```

这里的数组名只是一个名称,例如,Length_of(weight),而不能是某个数组元素。

7.5.2 二维数组及使用

1. 二维数组

二维数组的下标个数有2个,第1个下标表示行,第2个下标表示列,所以二维数组可以处理多行多列的一批数据,可以处理二维表格中的数据。

二维数组的定义形式:数组名[下标1,下标2]

下标1表示数组元素所在的行，下标2表示数组元素所在的列。

例如二维数组array[2,3]，包括array[1,1]、array[1,2]、array[1,3]、array[2,1]、array[2,2]、array[2,3]6个数组元素，下标默认从1开始，先按行存放，然后按列存放，数组元素个数由两个下标大小来决定，是两个下标的乘积。

同一维数组一样，二维数组可以用赋值语句和输入语句对数组元素赋值，未赋值的数组元素默认为0，如图7-29所示。

【例7-14】用二维数组实现，输入6个数，每行输出3个数。

【分析】因为是二维数组，由行列组成一个数值元素，需要两个变量，一个行变量 i，一个列变量 j，也需要双循环输入数据，双循环输出数据。流程图如图7-30所示。

需要注意的是，因要求输出3个数后换行，所以在

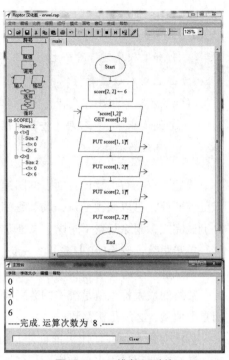

图7-29 二维数组赋值

输出时不勾选"End current line"，在输出部分加入输出空字符并勾选"End current line"的控制。

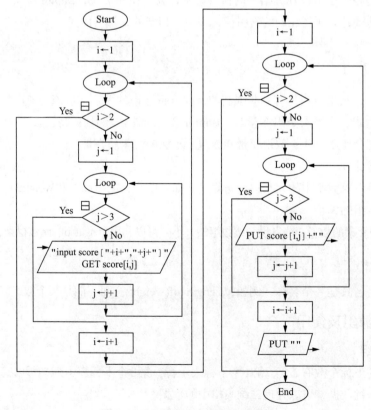

图7-30 二维数组实现输入和输出

7.5.3 字符数组

字符串常量就是用一对双引号括起来的字符序列,即一串字符。如字符串"String Variables & Assignment",有29个字符构成,如图7-31所示,该字符串的第8个字符是V。

当一串字符作为一个整体时,可以作为特殊的一维字符数组,其长度也可以用Length_of()函数来获取。对于字符串中的某个字符,可通过使用字符串变量名后跟方括号进行访问,例如,str为"String Variables & Assignment",则str[29]为't',使用数组访问方式取出的字符为字符类型数据。

【例7-16】输入一个字符串,判断该字符串是不是回文。回文就是字符串中心对称,即正向拼写和反向拼写都是一样的字符串。如"adcda"。

【分析】定义三个变量,i、k分别记录索引的位置,i的初始值是1,k的初始值是字符串的长度,k=length(str)。利用循环,从两头向中间逼近,依次判断str[i]和str[k]是否相等。如果直到i大于等于k了,说明是回文;如果某一步str[i]和str[k]不相等,就退出循环,这时i肯定小于k。

流程图如图7-32所示。

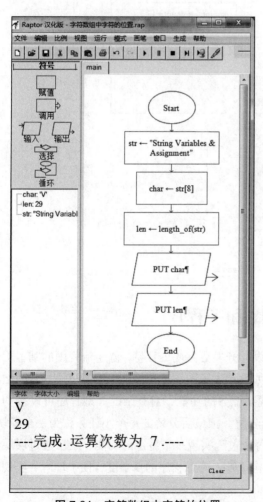

图 7-31 字符数组中字符的位置

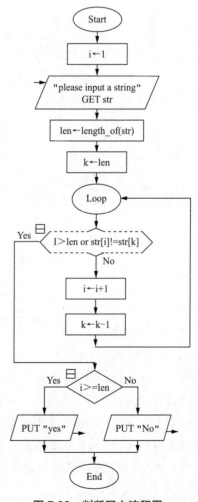

图 7-32 判断回文流程图

【例7-17】密码验证。允许输入三次密码，如果密码对，输出"success"退出；如果三次输入密码都不对，输出"more than three times,sorry"退出，如图7-33所示。

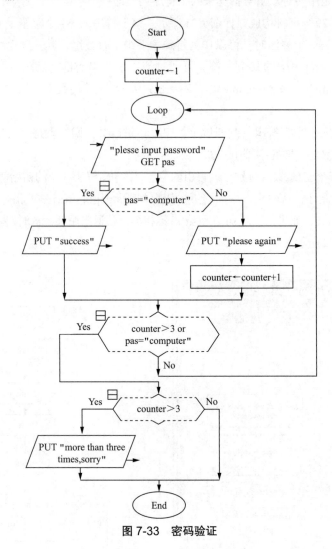

图 7-33 密码验证

7.6 子图和子程序

Raptor是原型化的开发工具，为了使程序设计开发更方便更容易，除了流程图的基本构建块之外，Raptor还为程序员提供了许多工具，如设计了子图和子程序，采用了模块划分的结构化程序设计方法，通过调用子图和子程序实现某部分的功能，对复杂的大型程序可以按功能分解成若干个小任务，每个小任务还可进一步分解，把最后分解的每个小任务称为一个模块，每个模块编写成一个过程（子图或子程序），每个过程实现一个特定的功能，最后通过层层调用，组合成一个完整的大程序。这样使程序结构清晰，降低程序的复杂度，便于理解、实现和维护。

将一个复杂的问题进行模块划分，必须明确各模块要完成的功能，把原来的一个问题按功能抽象出相应的自定义模块，需要软件工程的思想，需要调研、需求分析、抽象概括，好像中学做数学题，分析很重要。

在Raptor中，过程分为内置过程和自定义过程两种。内置过程（即函数，例如，floor(x)）由系统开发者已编写好，可以直接拿来使用，只要给出函数名和参数就可以直接得到需要的结果，而不用关心函数内部的结构和定义，它们代表程序员执行各种各样的任务，节省了开发时间，减少了出错的机会。

7.6.1 子图

1. 创建子图

Raptor编写的程序不但有主程序main，也有主图，还可以增加子图和子程序，子图和子程序可以被主程序、其他子图子程序和本身调用。

【例7-18】输入一个数n，求$n!$。

【分析】用"input_n"子图实现键盘输入，用"fac_n"子图求阶乘并输出结果。

未使用子图的程序流程图，前面例7-7已介绍过。如果使用子图功能实现，先定义一个主程序factorial，通过主程序factorial调用"input_n"子图，实现键盘输入的数据，通过调用"fac_n"子图，实现求阶乘和输出。

① 先将Raptor模式改为"中级"：选择"模式"选项卡下拉列表中的"中级"命令。

② 右击主程序main，选择"增加一个子图"，输入子图的名称"input_n"，以同样方式增加"fac_n"子图，如图7-34所示。

③ 在主程序、各子图界面中，创建流程图。

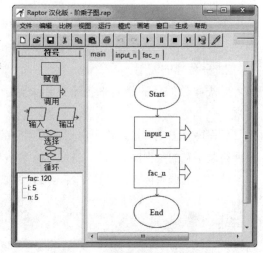

图7-34 增加子图和子图的使用

子图的调用过程：主程序main→子图input_n→子图fac_n→主程序main。通过两种方法比较，可以看到使用子图这样结构更清晰、简洁、明了。

7.6.2 子程序

通过子图的讲解和举例可以看出使用自定义过程的优势，自定义过程也分为两种：子图和子程序。

使用子图（subchart）可以实现过程的无参数传递，Raptor的主程序和子图，子图与子图之间共享所有的变量，不需要参数传递。

子程序和子图的使用方法类似，都是先创建再调用，使用子程序可以通过参数向被调用子程序提供完成任务所需要的数据，这就是参数传递，通过参数传递可以调整子程序运行的值，或将输出数据返回到被调用的程序中。

对于子程序来说，还需要分析调用程序和子程序之间的数据传递，包括数据的内容含义、数据类型、个数和属性，以此确定子程序的接口参数。

1. Raptor子程序的定义

Raptor程序的运行是从已有的main主程序开始，在主程序界面中可创建多个用户自己的子程序，创建子程序也是必须在Raptor中级模式下才可完成。

创建子程序的方法同创建子图类似，先右击主程序main，在弹出的快捷菜单中选择"增加一个子程序"，然后在打开的"创建子程序"对话框中设置子程序名、参数，最后在新创建的子程序的编辑窗口中编写程序。

子程序创建过程中用到的接口参数被称为形式参数（简称为形参），在Raptor中，形参的个数可以是1个或多个，最多不能超过6个，其类型可以是单个变量或数组。

形参有三种传递方式：

① 输入（input）：表示调用向被调用单向传递，即形参传给实参，实参必须是变量，在调用前，形参必须有值。

② 输出（output）：表示被调用的程序向调用它的程序返回的变量，即反向单向传递，即实参传给形参。

③ 输入和输出（input/output）：表示被调用程序和调用它的程序都能共享和修改该变量，即双向参数传递，实参也必须是变量。

2. 子程序的调用

形式参数的目的是用来接收调用该函数时传入的数据，在解决具体问题时，赋予实际参数。

子程序一般没有输入输出语句，因为它的数据来源于调用它的主程序，它的计算结果也将返回给调用它的主程序。

子程序的调用格式：子程序名（实际参数1,…）。

> **注意**
>
> ① 子程序就像原料加工厂，接受原料加工处理，输出成品。
>
> ② 主程序调用子程序是通过参数与子程序交接的。程序之间彼此独立，只有参数传递，主程序不能使用子程序的变量，子程序也不能使用主程序的变量，它们之间只能传递参数，并且是一一对应传递。
>
> ③ 子程序运行中的所有变量都是私有的，与调用它的程序没有关系，即使变量名相同也是如此。
>
> ④ 子程序中的所有变量在子程序运行过程中存在，运行结束后，除了传递回调用程序的参数，其它变量被系统立即删除。

【例7-19】利用子图求1！+…+n！的和，如图7-35所示。

【例7-20】求斐波那契数列的前18项

$$1,1,2,3,5,8,13,21,34,…$$

子程序用于生成n位斐波那契数列，并提取最后一项的值，主程序调用子程序需要传递两个参数变量，一个是前几项n，一个是每次要输出的值data，由于值和位置有关，需要定义数组变量fib[]用于存储数列fib[1]=1,fib[2]=1,fib[n]=fib[n-1]+fib[n-2],用循环结构来依次生成数列的每一项,循环变量更新为i=i+1,循环终止条件为i＞n,如图7-36所示。

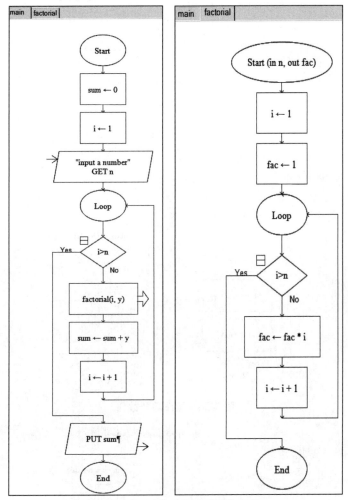

图7-35　1!+…+n!的和的流程图

【例7-21】已知6个人的体重,找出最胖的那个人。

子程序inputdata用于输入并存储n个数(用数组变量data[]来存储)。

子程序maxdata用于求元素个数为n的数组data的最大值的位置maxid(最大值的序号),相当于对于长度为n的数组,返回最大元素的位置序号,这里就需要三个变量,数组长度length,数组变量的值,以及要返回的maxid,三个形式参数。不管是找到6个人当中的最高的,或是找到20头牛中最重的,还是要找到检测数据的峰值时刻,都只需要调用子程序,将实际数据传递给形式参数即可。无须重新编写程序,如图7-37所示。

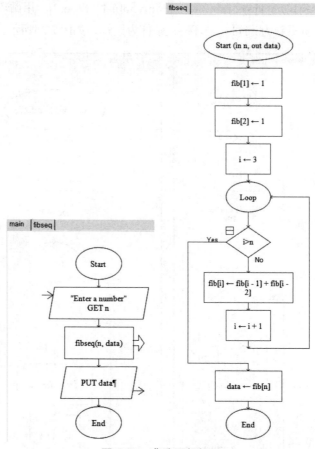

图 7-36　斐波那契数列

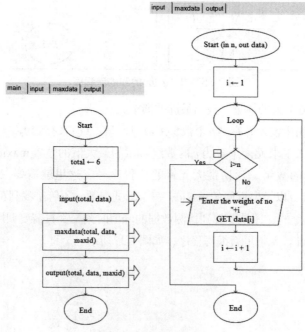

图 7-37　体重求解

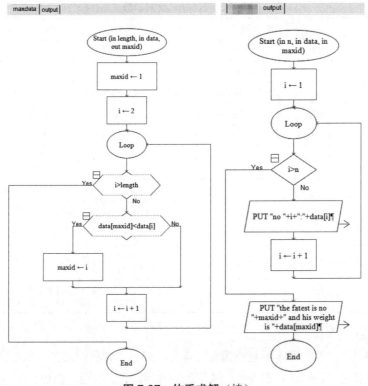

图 7-37 体重求解（续）

3. 子图与子程序的区别

① 子图创建时只定义子图名称不用设置参数，子程序需要定义名称，设置输入和输出参数。

② 调用子图是指需要指定子图的名称，调用子程序时需要指定子程序名称和参数。

③ 子图与主程序之间存在依赖关系，它们之间共享变量，即如果主程序调用了子图，那么子图的所有变量就是主程序的了。

7.7 图形编程

Raptor除了计算、输出文本和数值外，还可以输出图形，Raptor系统提供了一系列的绘图函数，绘图函数是预先定义好的过程，用于在计算机屏幕上绘制图形对象。要使用Raptor绘图函数，必须打开一个图形窗口。可以在图形窗口中绘制各种颜色的线条、矩形、圆、弧和椭圆，也可以在图形窗口中显示文本。此外，它还提供了通过鼠标和键盘操作图形。

1. 图形函数

Raptor图形有九个绘图函数，用于在图形窗口中绘制形状。这些在表7-5中有概括性地说明。最新的图形命令执行后所绘制的图形会覆盖在先前绘制的图形之上。因此，绘制图形的顺序是很重要的。所有图形程序需要设置参数指定要绘制的形状、大小和颜色，而且，如果它覆盖了一个区域，则需说明是一个轮廓或实心体。

表 7-5 Raptor 绘图函数

形　状	过程调用	描　述
单个像素	Put_Pixel(X,Y,Color)	设置单个像素为特定的颜色
线段	Draw_Line(X1,Y1,X2,Y2,Color)	在 (X1,Y1) 和 (X2,Y2) 之间画出特定颜色的线段
矩形	Draw_Box(X1,Y1,X2,Y2,Color,Filled/Unfilled)	以 (X1,Y1) 和 (X2,Y2) 为对角，画出一个矩形
圆	Draw_Circle(X,Y,Radius,Color,Filled/Unfilled)	以 (X,Y) 为圆心，以 Radius 为半径，画圆
椭圆	Draw_Ellipse(X1,Y1,X2,Y2,Color,Filled/Unfilled)	在以 (X1,Y1) 和 (X2,Y2) 为对角的矩形范围内画椭圆
弧	Draw_Arc(X1,Y1,X2,Y2,Startx,Starty,Endx,Endy,Color)	在以 (X1,Y1) 和 (X2,Y2) 为对角的矩形范围内画出椭圆的一部分
封闭区域填色	Flood_Fill(X,Y,Color)	在一个包含 (X,Y) 坐标的封闭区域内填色（如果该区域没有封闭则整个窗口全部被填色）
显示文本	Display_Text(X,Y,Text,Color)	在 (X,Y) 位置上，显示 Text 的文本字符串，显示方式从左到右，水平伸展
显示死数字	Display_Number(X,Y,Number,Color)	在 (X,Y) 位置上，显示 Number 的数字，显示方式从左到右，水平伸展
设置字号大小	Set_Font_Size（Size）	设置图形窗口文本字符串字号大小，默认的文本高度为 8 像素，在两行文本之间的垂直间距默认为 12 像素

2. 绘图颜色

Raptor 支持以下十六种基本颜色：黑色、蓝色、绿色、青色、红色、品红色、棕色、浅灰色、深灰色、浅蓝色、浅绿色、浅青色、浅红色、浅品红色、黄色、白色。

在设置绘图命令的颜色参数时，可以通过名称或使用数字 0～15 来指代这些颜色，其中 0 是黑色，1 是蓝色，15 是白色。例如，如果变量 BoxColor 的值为 2，则以下三种方式都会绘制相同的矩形框：

Draw_Box（X1，Y1，X2，Y2，BoxColor，Filled）

Draw_Box（X1，Y1，X2，Y2，Green，Filled）

Draw_Box（X1，Y1，X2，Y2，2，Filled）

Raptor 允许使用最大为 241 的颜色值。大于 15 的值称为"扩展颜色"，它们没有关联的名称。还可以调用 Closest_Color(Red,Green,Blue)，选取最接近的颜色。

Closest_Color 是一个返回 0 到 241 之间的扩展颜色值的函数。返回的颜色值与给定的 RGB 值（Red,Green,Blue）最匹配。Red、Green、Blue 的值必须介于 0 和 255 之间，否则运行时将发生错误。

如，Color<-Closest_Color(50,30,110)；是指把最接近红色强度为 50、绿色强度为 30 和蓝色强度为 110 的颜色赋给 Color。

有两种功能可用于生成随机颜色。它们是 Random_Color 和 Random_Extended_Color。图形窗口不需要打开就可以使用这些函数，而且这两个函数都不接受任何参数。

Random_Color 返回一个从 0 到 15 的随机生成值，是十六种基本颜色之一。

如，Display_Text（100,100,"Message",Random_Color）。

Random_Extended_Color 返回一个随机生成的扩展颜色值，该值介于 0 和 241 之间。

如，Display_Number(100,100,Score,Random_Extended_Color)。

3. 绘图举例

用Raptor绘图编程时，也就是在调用绘制任何图形函数之前，需要调用创建图形窗口函数Open_Graph_Window(Width,Height)，其中参数(Width,Height)为窗口宽度和高度，图形窗口默认是以白色为背景。图形窗口起点坐标(X,Y)，在窗口的左下角，x轴由1开始从左到右，y轴由1开始自底向上。

> **注意**
>
> ① 开始前不调用函数 Open_Graph_Window(Width,Height) 创建图形窗口，程序将无法运行。
>
> ② 小技巧：在 Raptor 绘图编程时，绘图函数名都比较长，可以先输入一个单词，在下面的提示框里双击选择相关的函数名，只输入参数即可。也可以使用 tab 键的自动补全功能，比如要输入 Open_Graph_Window() 这个函数，在输入 O 后按下【Tab】键这条命令就会自动补全。
>
> ③ 当程序完成所有图形命令后，应该调用图形窗口关闭过程 Close_Graph_Window 关闭图形窗口。图形窗口的打开和关闭通常是图形编程的第一个和最后一个调用的命令。一般在关闭之前调用等待键盘操作函数 Wait_For_Key，使图形窗口处于显示状态，便于调试和查看。

【例7-22】Raptor绘制图形。要求：
① 创建一个500*300的图形窗口。
② 创建一个以（40，80）和（450，220）分别为椭圆所在矩形对角端点坐标的椭圆，填充红色。
③ 再创建一个以（150，150）为圆心半径为50的圆，无填充色。
④ 再创建一个以（350，150）为圆心半径为50的圆，无填充色。
⑤ 创建等待键盘操作。
⑥ 最后关闭图形窗口。

具体绘制流程图及结果如图7-38所示。

表7-6给出的两个函数可以修改图形窗口中的图形。

表7-6 修改图形窗口的函数

效 果	过程调用	描 述
清除窗口	clear_Window(Color)	使用指定的颜色清除（擦除）整个窗口
绘制图像	Draw_Bitmap(Bitmap, X, Y, Width, Height)	绘制（通过 Load_Bitmap 调用载入）图像，(X,Y)定义左上角的坐标，Width 和 Height 定义图像绘制的区域

Draw_Bitmap 函数是一个非常重要的绘图函数，它的功能是将预先准备好的图片或照片等装载到图形界面下，这个功能在游戏和软件封面以及许多场合可以发挥重要的作用。

Load_Bitmap是一个将文件中的图像读取到内存中并返回可用于引用图像的值的函数。特别地，该函数可以在对 Draw_Bitmap 的调用中使用，可以在Raptor窗口中显示图像。格式为Load_Bitmap("图像文件名")。使用该函数载入写有中文说明的图片，就能够解决Raptor不支持中文的问题。

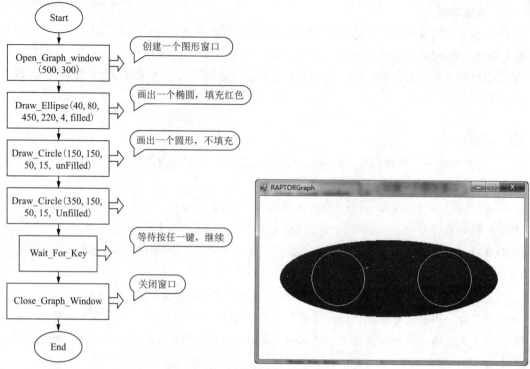

图 7-38　绘椭圆和圆流程图及运行结果

> **注意**
>
> ① 指定的文件必须是支持的图像文件格式之一，否则将发生运行时错误。支持的格式包括位图（.bmp）、JPEG（.jpg）和 GIF（.GIF）。
> ② 调用 Load_Bitmap 时必须打开图形窗口，否则将不会加载图像。
> ③ Raptor 不会缩小或扩大图像。如果图像不符合指定的宽度或高度，则图像的右侧或底部将被剪切。如果指定的宽度和高度大于图像的实际尺寸，则图像将以其实际宽度或高度显示。
> ④ 导入的图像文件应与程序文件在同一文件夹下。

【例7-23】在图形窗口中绘制 Raptor 图标（调用外部文件 rap.jpg），效果如图 7-41 所示。(170,100) 为绘制后的宽和高。

Draw_Bitmap(Load_Bitmap("rap.jpg"),130,285,170,100)，Draw_Bitmap(Load_Bitmap("rap.jpg"),30,130,170,100)。

> **注意**
>
> 在程序运行过程中，当运行到 Wait_For_Key 时，需要单击绘图窗口，按任意键继续。

程序实现如图 7-39 所示。

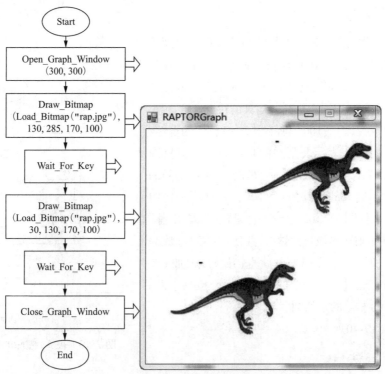

图 7-39　绘制 Raptor 图标流程图及运行结果

4. 鼠标应用编程

图形化程序中往往需要使用鼠标操作，可以通过确定图形窗口中鼠标的位置，并确定鼠标按钮左右键是否被单击，与一个图形程序交互。在图形窗口中通过多次清屏，并每次重新绘制在稍有不同的位置上，就可以在图形窗口中创建动画效果。

在 Raptor 中 Get_Mouse_Button(Which_Button, X,Y) 等待按下鼠标键并返回鼠标指针的坐标。Get_Mouse_Button 是一个调用，它将鼠标单击的位置（指定按钮上）放入其两个输出参数 X 和 Y 中。如果鼠标没有在 RaptorGraph 窗口中单击（使用所需的鼠标按钮），它将等待鼠标按钮被单击。

Get_Mouse_Button() 函数等待、直到指定的鼠标键(Left_Button 或 Right_Button)按下，并返回鼠标的坐标位置。例如，Get_Mouse_Button(Right_Button,My_X,My_Y) 等待用户右击，然后将右击坐标位置赋给变量 My_X 和 My_Y。

Get_Mouse_Button() 函数通常用于定点鼠标输入的场合，用于获取用户鼠标单击的具体坐标，这个函数通常用来设计 Raptor 图形程序的菜单、按钮或者操控某个点。

7.8　经典算法案例

算法被誉为计算机系统之灵魂，问题求解的关键是设计算法，设计可在有限时间与空间内执行的算法。所有的计算问题最终都体现为算法。"是否会编写程序"本质上讲首先是"能否想出求解问题的算法"，其次才是将算法用计算机可以识别的计算机语言写出程序。算法的学习没有捷径，只有不断地训练才能达到一定高度。

7.8.1 枚举算法

枚举算法又称为穷举法。此算法将所有可能出现的情况一一进行测试，从中找出符合条件的所有结果。枚举法常用于解决"是否存在"或"有多少种可能"等类型问题。这种算法充分利用计算机高速运算的特点。

【例7-24】找出1～100中所有能被13整除的自然数。

【分析】用变量i表示要列举的自然数，取值范围从1到100；用循环结构一一列举，列举出1～100之间的所有自然数，循环结束的条件为$i>100$；在循环结构中使用选择结构逐个检测i的值，检测条件是i能否被13整除，如果能被13整除则输出该自然数i，并使i的值加1成为下一个自然数，如果不能被13整除就直接使i的值加1成为下一个自然数；通过一个一个的列举，逐个检测结束后，输出所有能被13整除的自然数。

流程图如图7-40所示。

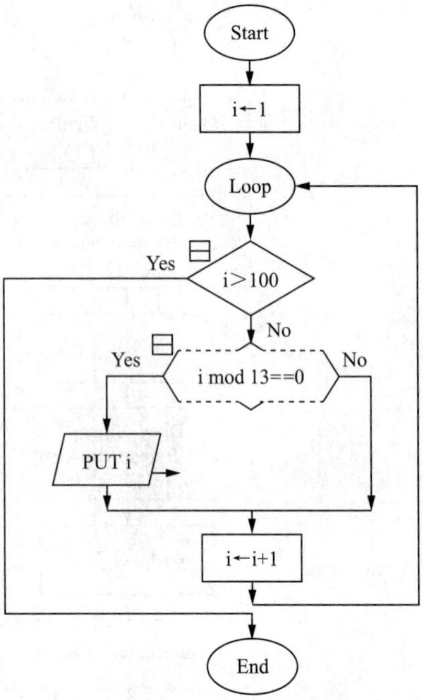

图7-40 被13整除的自然数流程图

7.8.2 查找算法

1. 顺序查找

【例7-25】给数组list输入10个数，然后再输入一个待查找的数x，要在数组中用顺序查找的方法查找x。若找到则输出该数及在数组中的位置，否则输出没找到。

数组如图7-41所示：

list	51	32	18	96	2	75	29	82	11	125
	[1]	[2]	[3]	[4]	[5]	[6]	[7]	[8]	[9]	[10]

图7-41 有10个元素的数组

现在，希望找到数据75在list数组中的位置。顺序查找算法的查找过程如下：

① 首先比较75和list[1]，list[1]是51，相当于比较75和51；由于list[1]不等于75，因此75顺序比较下一个元素list[2]。

② list[2]是32，由于75不等于32，因此75顺序比较下一个元素list[3]。

③ 一直持续下去，当75与list[6]比较时，两者相等，这时搜索终止，75在list中的位置为下标6。

但是如果要查找的数据是91，结果在list中没有发现与91匹配的元素，则这次搜索失败。一般地，如果没有找到匹配的元素，则flag=0，表示没有找到指定的元素。

下面使用自然语言给出顺序搜索算法的思想。自然语言描述在list数组中进行顺序查找算法如下：

① 初始化元素的索引下标i，将其赋值为1，list数组元素个数N赋值为10。

② 输入查找的数据x的值。

③ 判断i是否大于N（最后一个元素的下标）。如果$i>N$，则说明没有找到，输出没找到not

found，并结束搜索。

④ 比较 x 与 list[i] 的值，如果相同则输出该数及对应的索引下标 i。否则元素的索引下标 i 增加 1，即 i=i+1，转到第③步。

也可以使用流程图的形式描述顺序查找算法的思想。假设存放元素的数据集是 list 数组，长度是 N，其对应的流程图如图 7-42 所示。

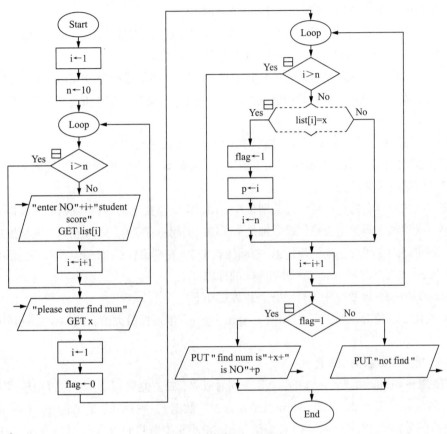

图 7-42　顺序查找算法

2．二分查找法（折半查找）

顺序查找算法是针对无序数据集的典型查找算法，如果数据集中的元素是有序的，那么顺序查找算法就不适用了。为了提高查找算法的效率，针对有序数据集，可以使用二分查找算法。

二分查找算法(binary search)是指在一个有序数据集中，假设元素递增排列，查找项与数据集的中间位置的元素进行比较，如果查找项小于中间位置的元素，则只搜索数据集的前半部分；否则，查找数据集的后半部分。如果查找项等于中间位置的元素，则返回该中间位置的元素的地址，查找成功结束。

下面通过一个示例来讲述二分查找算法的过程。图 7-43 有 10 个元素的有序数组，有 10 个元素递增排列。

图 7-43 有 10 个元素的有序数组

【例 7-26】找到数据 75 在 list 数组中的位置。二分查找过程如下：

① 第一次搜索空间是整个数组，最左端的位置是 1，最右端的位置是 10，则其中间位置是 5。因为 75>list[5]，所以 75 应该落在整个数组的后半部分。

② 这时开始第二次查找，搜索空间最左端的位置是 6，最右端的位置依然是 10，计算得中间位置是 8。比较 75 与 list[8]，因为 75<list[8]，继续折半搜索。

③ 第三次搜索空间的最左右端的位置分别是 6 和 7，中间位置 6，75>list[6]，继续折半搜索。

④ 第四次搜索空间的最左右端的位置都是 7，中间位置是 7，且 75=list[7]，停止查找，75 的位置是 7。

相应地，如果要查找数据 91 在 list 数组中的位置，查找过程如下：

① 第一次的搜索空间，左端位置是 1，右端位置是 10，中间位置是 5，比较 91 和 list[5]，91>list[5]，继续折半搜索。

② 第二次搜索空间的左右端位置分别是 6 和 10，中间位置是 8，91>list[8]。继续折半搜索。

③ 第三次搜索空间的左右端位置分别是 9 和 10，中间位置是 9，91<list[9]。继续折半搜索。

④ 第四次搜索空间的左端位置是 9，右端位置是 8，左端位置 9>右端位置 8，查找以失败结束，返回在 list 中没有发现元素与搜索项匹配的标志 -1。

自然语言描述在 list 数组中进行二分查找算法如下：

① 初始化左端位置 left 为 1，右端位置 right 为 list 数组下标最大值，同时设置找到标志 flag 为 0。

② 输入要查找的数据 x 的值。

③ 判断 left<=right 和找到标志 flag=0 是否同时成立，成立则转到第④步，否则转到第⑤步。

④ 计算中间位置 mid，如果 list[mid] 是要查找的数据 x，则找到标志 flag=1。如果 list[mid] 大于要查找的数据 x，则 right=mid-1；如果 list[mid] 小于要查找的数据 x，则 left=mid+1；转到第③步。

⑤ 判断 flag 是否为 1，是 1 说明找到了，则输出 mid 的值。否则，说明没有找到，输出 not found 并结束搜索。

二分查找算法对应的流程图如图 7-44 所示。

第 7 章 Raptor 可视化程序设计

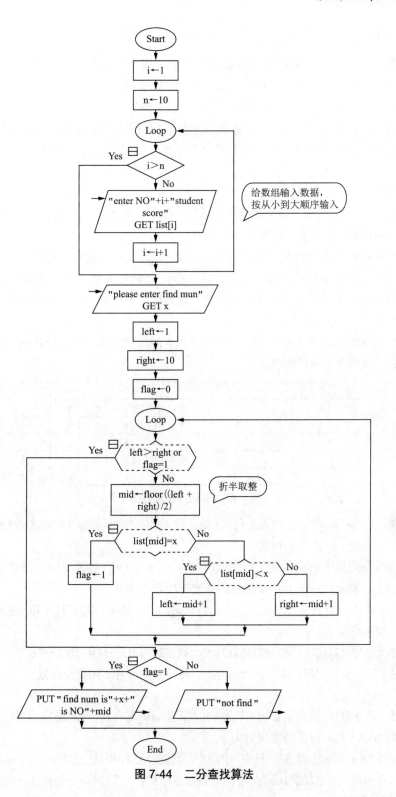

图 7-44 二分查找算法

7.8.3 排序算法

在处理数据过程中,经常需要对数据进行排序。甚至有人认为,在许多商业计算机系统中,可能有一半的时间都花费在了排序上面。这也说明了排序的重要性。许多专家对排序问题进行了大量研究,提出了许多有效的排序思想和算法。排序算法(sorting algorithms)是指将一组无序元素序列整理成有序序列的方法。根据排序算法的特点,可以分为互换类排序、插入类排序、选择类排序、合并类排序以及其他排序类算法等。下面,主要介绍冒泡排序、插入排序、选择排序等常用的排序算法。

1. 冒泡排序

冒泡排序(bubble sort)是一种简单的互换类排序算法,其基本思想是比较序列中的相邻数据项,如果存在逆序则进行互换,重复进行直到有序。

冒泡排序是每轮将相邻的两个数两两进行比较,若满足排序次序,则进行下一次比较,若不满足排序次序,则交换这两个数,直到最后。总的比较次数为 $n-1$ 次,此时最后的元素为最大数或最小数,此为第一轮排序。接着进行第二轮排序,方法同前,只是这次最后一个元素不再参与比较,比较次数为 $n-2$ 次,依次类推。

冒泡排序基本思想如图 7-45 所示,黑体加下画线的数字表示正在比较的两个数,最左列为最初的情况,最右列为完成后的情况。

A[1]	**8**	5	5	5	5	**5**	2	2	2	**2**	2	2	**2**	2
A[2]	**5**	**8**	2	2	2	**2**	**5**	4	4	**4**	**4**	3	**3**	3
A[3]	2	**2**	**8**	4	4	4	**4**	**5**	3	3	**3**	**4**	4	4
A[4]	4	4	**4**	**8**	3	3	3	**3**	**5**	5	5	**5**	5	5
A[5]	3	3	3	**3**	8	8	8	8	**8**	8	8	8	8	8
	第一轮					第二轮				第三轮			第四轮	

图 7-45 冒泡排序示意图

可以推知,如果有 n 个数,则要进行 $n-1$ 轮比较(和交换)。在第 1 轮中要进行 $n-1$ 次两两比较,在第 j 轮中要进行 $n-j$ 次两两比较。

假设数组 a 存储从键盘输入的 10 个整数。对数组 a 的 10 个整数(为了描述方便,不使用 a[0] 元素,10 个整数存入 a[1] 到 a[10] 中)的冒泡排序算法为:

第 1 轮遍历首先是 a[1] 与 a[2] 比较,如 a[1] 比 a[2] 大,则 a[1] 与 a[2] 互相交换位置;若 a[1] 不比 a[2] 大,则不交换。

第 2 次是 a[2] 与 a[3] 比较,如 a[2] 比 a[3] 大,则 a[2] 与 a[3] 互相交换位置;

第 3 次是 a[3] 与 a[4] 比较,如 a[3] 比 a[4] 大,则 a[3] 与 a[4] 互相交换位置;

……

第 9 次是 a[9] 与 a[10] 比较,如 a[9] 比 a[10] 大,则 a[9] 与 a[10] 互相交换位置;第 1 轮遍历结束后,使得数组中的最大数被调整到 a[10]。

第 2 轮遍历和第 1 轮遍历类似,只不过因为第 1 轮遍历已经将最大值调整到了 a[10] 中,第 2 轮遍历只需要比较 8 次,第 2 轮遍历结束后,使得数组中的次大数被调整到 a[9]……直到所有的数按从小到大的顺序排列。

【例 7-27】利用随机函数产生 20 个人的身高,然后根据身高从低到高排成一排。冒泡排序流程图如图 7-46 所示。

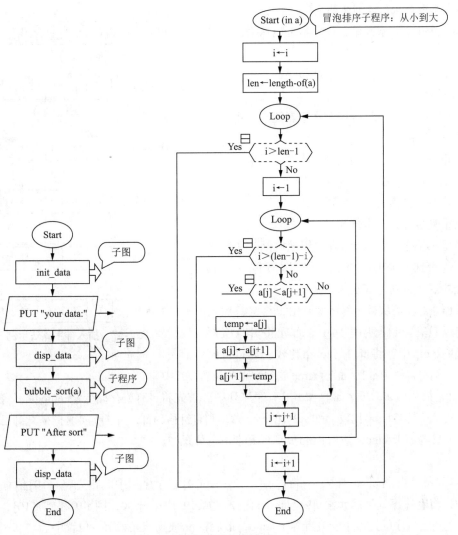

图 7-46 冒泡排序

2. 插入排序

插入排序(insertion sort)是一种将无序列表中的元素通过依次插入到已经排序好的列表中的算法。插入排序算法具有实现简单、对于少量数据排序效率高、适合在线排序等特点。

下面,通过一个示例来讲述插入排序的基本过程。对于一个有6个数据的无序数组:(12,6,1,15,3,19),现在希望将该数组中的数据采用插入排序方法从小到大排列。排序过程如图 7-47 所示。在每一个阶段,未被插入到排序列表中的数据使用阴影方框表示,列表中已排序的数据用白色方框表示,圆框表示数据的临时存储位置。在初始顺序中,第1个数据12表示已经排序,其他数据都是未排序数据。在排序过程的每个阶段中,第1个未排序数据被插入到已排序列表中的恰当位置。为了为这个插入值腾出空间,首先要把该插入值存储在临时圆框中,然后从已排序列表的末尾开始,逐个向前比较,移动数据项,直到找到该数据的合适位置为止。移动的数据使用箭头表示。

插入排序算法具体描述如下：

① 从第1个元素开始，该元素可以认为已经被排序。

② 取出下一个元素，在已经排序的元素序列中从后向前扫描。

③ 如果该元素（已排序）大于新元素，将该元素移到下一位置。

④ 重复步骤③，直到找到已排序的元素小于或者等于新元素的位置。

⑤ 将新元素插入下一位置中。

⑥ 重复步骤②~步骤⑤。

【例7-28】假设数组a存储用随机函数和取整函数产生的10个整数。将10个整数分别存入a[1]到a[10]中，插入排序算法为：

第1轮插入是从第2个元素开始，将a[2]插入最初仅仅只有a[1]有序序列中。首先将a[2]值存储在变量temp中，将a[1]与temp比较。如a[1]比temp大，则a[1]移到a[2]，最后temp放到空出的位置a[1]中。

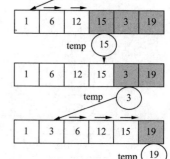

图7-47　插入排序算法示例

第2轮插入将a[3]插入a[1]和a[2]有序序列中。首先将a[3]值存储变量temp中，将有序序列最后元素a[2]与temp比较，如a[2]比temp大，则a[2]移到a[3]，继续向前扫描直到已排序的元素小于或者等于temp，最后temp放到该元素下一位置中。

……

第9轮插入是将a[10]插入到a[1]，a[2]，……a[9]有序序列中。首先将a[10]值存储变量temp中，将有序序列最后元素a[9]与temp比较，如a[9]比temp大，则a[9]移到a[10]，继续向前扫描直到已排序的元素小于或者等于temp，最后temp放到该元素下一位置中。

流程图如图7-48所示。

3. 选择排序

插入排序的一个主要问题是，即使大多数数据已经被正确排序在序列的前面，后面在插入数据时依然需要移动前面这些已排序的数据。选择排序算法可以避免大量已排序数据的移动现象。选择排序(selection sort)的主要思想是，每一轮从未排序的数据中选出最小的数据，顺序放到已排好序列的后面，重复前面的步骤直到数据全部排序为止。

对于前面示例中的包含了6个数据的无序数组(12, 6, 1, 15, 3, 19)，现在希望将该数组中的数据采用选择排序方法从小到大排列，排序过程如图7-49所示。图中的阴影方框表示未排序数据。

在第1轮，未排序序列就是整个序列，从整个序列找到最小元素1，然后将元素1与第1个位置的元素12互换。

在第2轮，在未排序序列中找到最小元素3，然后将元素3与第2个位置的元素6互换。

继续进行，在第6轮时，由于只有1个数据19，因此排序结束。

【例7-29】设有10个数，存放在数组A中，选择法排序的算法如下：

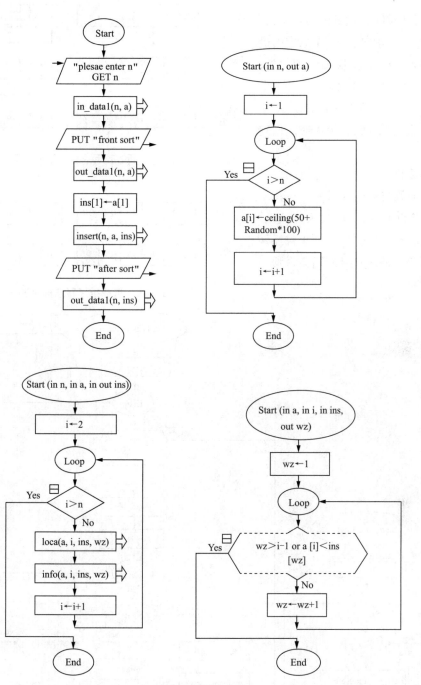

图 7-48 插入排序

首先引入一个指针变量k，用于记录每次找到的最小元素位置。

第1轮：k初始为1，即将指针指向第1个数（先假定第1个数最小）。将A[k]与A[2]比较，若A[k]>A[2]，则将k记录2，即将指针指向较小者。再将A[k]与A[3]～A[10]逐个比较，并在比较的过程中将k指向其中的较小数。完成比较后，k指向10个数中的最小者。如果k≠1，交换A[k]和A[1]；如果k=1，表示A[1]就是这10个数中的最小数，不需要进行交换。

第2轮：将指针k初始为2（先假定第2个数最小），将A[k]与A[3]～A[10]逐个比较，并在比较的过程中将k指向其中的较小数。完成比较后，k指向余下9个数中的最小者。如果k≠2，交换A[k]和A[2]；如果k=2，表示A[2]就是这余下9个数中的最小数，不需要进行交换。

继续进行第3轮、第4轮，直到第9轮。

选择法排序每轮最多进行一次交换，以n个数按升序排列为例，其流程图如图7-50所示。其中，k≠i表示在第i轮比较的过程中，指针k曾经移动过，需要互换A[i]与A[k]，否则不进行任何操作。

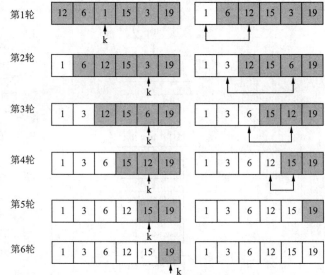

图 7-49　选择排序算法排序过程

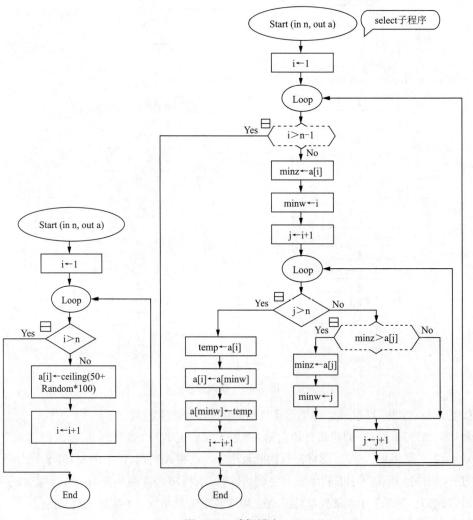

图 7-50　选择排序

7.8.4 迭代算法

利用迭代算法，可以将一个复杂的问题转换为一个简单过程的重复执行。它是按照一定的规律来计算序列中的每一项，通常是通过前面的一些项来得出序列中指定项的值。

迭代算法又称辗转法，是一种不断用变量的旧值递推新值的过程。迭代算法是用计算机解决问题的一种基本方法。它利用计算机运算速度快、适合做重复性操作的特点，让计算机对一组指令（或一定步骤）进行重复执行，在每次执行这组指令（或这些步骤）时，都从变量的原值推出它的一个新值。

【例7-30】猴子吃桃问题。猴子第一天摘下若干个桃子，当即吃了一半，还不过瘾，又多吃了一个；第二天早上又将剩下的桃子吃掉一半，又多吃了一个。以后每天早上都吃了前一天剩下的一半再多一个。到第十天早上想再吃时，见只剩下一个桃子了。求第一天共摘了多少。

这是一个迭代问题，采取逆向思维的方法，从后往前推。因为猴子每次吃掉前一天的一半再多一个，若设 X_n 为第 n 天的桃子数，则

$$X_n = X_{n-1}/2 - 1$$

那么第 $n-1$ 天的桃子数的递推公式为

$$X_{n-1} = (X_n + 1) \times 2$$

已知第十天的桃子数为一，由递推公式得出第九天，第八天，……，最后第一天为 1 534，则有图 7-51 所示的流程图。

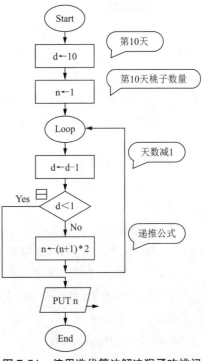

图 7-51 使用迭代算法解决猴子吃桃问题的流程图

拓展练习

一、填空题

1. Raptor程序可以在编译方式下运行，也可以在_____方式下运行。
2. 在Raptor中实现程序模块化的主要手段是_____和_____。
3. 在Raptor中变量名必须以_____开头，可以包含字母、数字、下画线(但不可以有空格或其他特殊字符)。
4. 变量的类型由最初的_____所给的数据决定。
5. 数组是由_____语句中通过给一个数组元素赋值而创建的。
6. 二维数组array[2,2]有_____个数组元素，分别是_____。
7. 若定义了数组，有的数组元素被赋了数值型数据，没被赋值数组元素的值默认为_____。
8. 若定义了数组，有的数组元素被赋了字符类型数据，没被赋值数组元素的值默认为_____。

9. 关于Raptor中input和output中的提示语句_____内。

10. 在Raptor软件中，字符串需要加_____号。

11. Raptor中常用的向上取整与求最大值有关系的功能函数有_____。

12. Raptor中向下取整可以通过_____函数完成。

二、编程题

1. 为了节约用水，现实行阶梯水价，居民用水：每年用水量0~100 m^2，单价4.9元，应缴纳水费=用水量×4.9；每年用水量181~240 m^2，单价6.2元，应缴纳水费=180×4.9+（用水量-180）×6.2；每年用水量240 m^{2}以上，单价8元，应缴纳水费=180×4.9+60×6.2+（用水量-240）×8。非居民用水：单价5.55元，应缴纳水费=用水量×5.55。请画出流程图。

2. 智能电子秤。判断某人是否属于肥胖。根据身高和体重的关系，得出体证指数与肥胖程度的关系：

体证指数t=体重w/（身高h）×2，其中w的单位为kg，h的单位为m。

当t＜18时，为低体重。

当18≤t＜25时，为正常体重。

当t≥25时，为肥胖。

3. 判断闰年。能整除4且不能整除100或能整除400的是闰年。

4. 判断输入的数是不是素数？（带输入验证）

5. 随机生成10个数，并统计超过500的个数。

提示：初始n=0。

退出循环条件：i＞10。

更新：i=i+1。

循环体：a[i]=floor(random*900+100)，判断是否大于500，更新n=n+1。

6. 一张纸折几下可以比珠穆朗玛峰高。（每张纸的厚度是0.5 mm，珠穆朗玛峰高8 848 m）

7. 求解10个数中的最小值。要求：输出最小值及其所在位置。

8. 在一档电视节目中，有一个猜商品价格的游戏，竞猜者如在规定的时间内大体猜出某种商品的价格，就可获得该件商品。现有一件商品，其价格在0~8 000元之间，采取怎样的策略才能在较短的时间内说出正确（大体上）的答案呢？请设计算法并画出相应的流程图。

提示：采用折半（二分）查找的思路。

9. 使用Raptor设计开发三子棋游戏。